DEUTSCHE AKADEMIE DER WISSENSCHAFTEN ZU BERLIN

BIOGRAPHISCHER INDEX DER MITGLIEDER

Nach M. Bernigeroth (1703)

Gottfried Wilhelm Leibniz

Gründer und erster Präsident der Kurfürstlich-Brandenburgischen Sozietät der Wissenschaften

DEUTSCHE AKADEMIE DER WISSENSCHAFTEN ZU BERLIN

BIOGRAPHISCHER INDEX DER MITGLIEDER

BEARBEITET
VON
KURT-R. BIERMANN UND GERHARD DUNKEN

AKADEMIE-VERLAG · BERLIN
1960

Erschienen im Akademie-Verlag GmbH, Berlin W 1, Leipziger Str. 3—4
Lizenz-Nr. 202 · 100/158/60
Gesamtherstellung: Druckhaus „Maxim Gorki“, Altenburg
Bestellnummer 5367
Printed in Germany
ES 1 D

Inhaltsverzeichnis

Vorwort

Zum 250jährigen Bestehen der Deutschen Akademie der Wissenschaften zu Berlin im Jahre 1950 legte Herr Dr. Erik AMBURGER ein Verzeichnis ihrer Mitglieder vor*), das sich in kurzer Zeit als ein unentbehrliches Nachschlagewerk bewährt hat. Der von Herrn Dr. AMBURGER unter schwierigen Umständen geleisteten Arbeit ist häufig Anerkennung gezollt worden.

Seit dem Erscheinen des wertvollen Werkes sind fast 10 Jahre vergangen. Die Deutsche Akademie der Wissenschaften zu Berlin hat sich in dieser Zeit erheblich vergrößert. Es wurde daher der Wunsch nach einem neuen Mitglieder-Verzeichnis laut, dem das Präsidium der Deutschen Akademie der Wissenschaften zu Berlin stattzugeben beschloß. Es beauftragte die Unterzeichneten mit der Erarbeitung eines „Biographischen Index", der sowohl die eingetretenen Veränderungen als auch die mit dem AMBURGERschen Verzeichnis gemachten Erfahrungen berücksichtigt.

Es wäre wenig zweckmäßig gewesen, das Akademie-Jubiläum von 1950 als Termin für den Beginn der Übersichten zu wählen; als Zäsur bot sich vielmehr der 1. Juli 1946, der Tag der Wiedereröffnung der Akademie als „Deutsche Akademie der Wissenschaften zu Berlin" an. Die Wahl dieses Zeitpunktes, der also noch in dem von Herrn Dr. AMBURGER behandelten Abschnitt liegt, ermöglicht sowohl einen kontinuierlichen Übergang vom alten zum neuen Verzeichnis als auch eine geschlossene Zusammenfassung der Übersichten der Deutschen Akademie der Wissenschaften zu Berlin.

Zur Gliederung vorliegenden Bandes seien nun einige Erläuterungen gegeben:

1. Akademiemitglieder 1700—1959

Um die Benutzbarkeit für wissenschaftliche Zwecke auch außerhalb des Problemkreises der Akademiegeschichte noch zu erleichtern und um auch den an der Gelehrtengeschichte interessierten Wissenschaftlern, die nicht im Besitz des AMBURGERschen Verzeichnisses sind, eine Generalübersicht zu gewähren, wurde dem Index 1946—1959 ein alphabetisches Verzeichnis aller Akademiemitglieder von 1700 bis zum Leibniztag 1959 (2. Juli 1959), also von der Gründung der Kurfürstlich-Brandenburgischen Sozietät der Wissenschaften bis zur Gegenwart, vorangestellt. Es weist Namen, Vornamen, Lebensdaten, die Art der Mitgliedschaft (s. Abkürzungsverzeichnis) und die Daten des Inkrafttretens der Wahl(en) aus.

*) Die Mitglieder der Deutschen Akademie der Wissenschaften zu Berlin 1700—1950; im Auftrage der Deutschen Akademie der Wissenschaften zu Berlin bearbeitet von Erik AMBURGER, Berlin 1950.

Bei Akademiemitgliedern, deren Mitgliedschaft vor ihrem Ableben endete, ist der Tag des Ausscheidens mit angegeben.

2. *Biographischer Index 1946—1959*

2.1 Den Index eröffnet ein chronologisch-systematisches Verzeichnis der Mitglieder seit der Wiedereröffnung der Akademie 1946. Die mit der Bearbeitung Beauftragten haben sich bei der Gliederung dieses Abschnittes weitgehend an die Disposition des AMBURGERschen Verzeichnisses angelehnt. Es werden bei jedem Mitglied aufgeführt:

Name, Vorname(n), Datum des Inkrafttretens der Wahl(en), die zu diesem Zeitpunkt bekleidete Dienststellung und die Lebensdaten.

2.2 Es folgen Übersichten über die ordentlichen Mitglieder nach ihrer Klassenzugehörigkeit. Hierzu diene folgendes als Erläuterung:
Nach der Wiedereröffnung der Akademie als „Deutsche Akademie der Wissenschaften zu Berlin" am 1. Juli 1946 wurden die akademischen Arbeiten in den bestehenden naturwissenschaftlichen und gesellschaftswissenschaftlichen Einrichtungen in erweitertem Umfange wiederaufgenommen. Die Akademie behielt gemäß der am 26. November 1946 bestätigten Satzung vom 31. Oktober 1946 die Teilung in folgende zwei Klassen bei:

Mathematisch-naturwissenschaftliche Klasse,
Philosophisch-historische Klasse.

Eine erste Veränderung erfolgte auf Grund von Vorschlägen der Akademie durch die „Verordnung über die Erhaltung und Entwicklung der deutschen Wissenschaft und Kultur, die weitere Verbesserung der Lage der Intelligenz und die Steigerung ihrer Rolle im öffentlichen Leben" (Kulturverordnung) der damaligen Deutschen Wirtschaftskommission vom 31. März 1949. Die bisherige Zweiklassen-Einteilung wurde aufgehoben; am 21. April 1949 wurden nachstehende sechs Klassen gebildet:

Klasse für Mathematik und allgemeine Naturwissenschaften,
Klasse für medizinische Wissenschaften,
Klasse für landwirtschaftliche Wissenschaften,
Klasse für technische Wissenschaften,
Klasse für Sprachen, Literatur und Kunst,
Klasse für Gesellschaftswissenschaften.

Im Verlauf der weiteren Entwicklung wurde bald auch eine Überarbeitung der Satzung vom Jahre 1946 notwendig. Am 27. Februar 1951 erfolgte zunächst eine gewisse Änderung in der Leitung der Akademie, die in die Hände des Präsidiums gelegt wurde, das sich aus dem Präsidenten, dem Vizepräsidenten, den Sekretaren der Klassen sowie dem Direktor bei der Akademie als wissenschaftlichem Sekretär des Präsidiums zusammensetzte. Ein am 22. Juni 1951 bestätigter Beschluß des Plenums vom 14. Juni 1951 sah weiterhin vor, daß aus Gründen der Kontinuität hinsichtlich der Amtsgeschäfte des Präsidenten der aus dem Amte scheidende Präsident als Vizepräsident für die Dauer der Amtsperiode des neuen Präsidenten im Präsidium verbleibt. Von diesem Zeitpunkt an setzte sich die Leitung der Akademie also aus dem Präsidenten, zwei Vizepräsidenten, den Sekretaren der Klassen und dem Direktor bei der Akademie zusammen.

Ein neues, am 17. Juni 1954 bestätigtes Statut, das den veränderten Aufgaben der Akademie Rechnung trug, brachte eine Einteilung in folgende fünf Klassen:

Klasse für Mathematik, Physik und Technik,
Klasse für Chemie, Geologie und Biologie,
Klasse für Medizin,
Klasse für Sprachen, Literatur und Kunst,
Klasse für Philosophie, Geschichte, Staats-, Rechts- und Wirtschaftswissenschaften.

Die Klasse für landwirtschaftliche Wissenschaften war im Juli 1951 nach der am 11. Januar 1951 erfolgten Gründung der Deutschen Akademie der Landwirtschaftswissenschaften zu Berlin aufgelöst worden.

An die Stelle der zwei seit 1951 tätigen Vizepräsidenten treten nun nach dem Statut vom 17. Juni 1954 drei Vizepräsidenten. Der aus dem Amte geschiedene Präsident verbleibt für die Dauer der ersten Amtsperiode des neuen Präsidenten als Vizepräsident im Präsidium, während das Plenum für die Dauer von vier Jahren je einen weiteren Vizepräsidenten für den naturwissenschaftlichen und den gesellschaftswissenschaftlichen Bereich wählt.

Zur stärkeren Förderung der Montanwissenschaften und zur Verbesserung der internationalen Beziehungen dieser Wissenschaften auf akademischer Ebene wurde vom Plenum am 4. April 1957 die

Klasse für Bergbau, Hüttenwesen und Montangeologie

gebildet (bestätigt am 15. April 1957), so daß sich die Akademie von diesem Zeitpunkt ab in sechs Klassen gliedert.

Um gleichzeitig auch der wachsenden Bedeutung der technischen Wissenschaften gerecht zu werden, wurde am 4. April 1957 vom Plenum die Stelle eines vierten Vizepräsidenten beschlossen (bestätigt am 15. April 1957) und im Interesse des nationalen und internationalen Ansehens der Akademie an Stelle des Direktors bei der Akademie (seit 20. April 1953 „Wissenschaftlicher Direktor der Akademie") vom Plenum am 20. Juni 1957 ein Akademiemitglied als Generalsekretär gewählt (bestätigt am 24. Juni 1957).

Eine Strukturveränderung der Akademie brachte die Gründung der „Forschungsgemeinschaft der naturwissenschaftlichen, technischen und medizinischen Institute der Deutschen Akademie der Wissenschaften zu Berlin" vom 16. Mai 1957 (bestätigt am 20. Mai 1957). Die Forschungsgemeinschaft stellt als Zusammenfassung von Forschungsinstituten, die seit 1946 den naturwissenschaftlichen Klassen zugeordnet waren, eine bisher in der Geschichte der Akademie nicht aufgetretene Organisationsform dar. Sie ist eine Synthese zwischen der LEIBNIZschen Konzeption der universalen Vereinigung aller Wissenschaftsgebiete in der Akademie und der Auffassung

Adolf von HARNACKS*), daß die Gründung großer selbständiger Forschungsinstitute notwendig sei. Kuratorium und Vorstand der z. Zt. aus 57 Institutionen bestehenden Forschungsgemeinschaft stehen unter dem Vorsitz eines Vizepräsidenten der Akademie.
Seit 1949 beträgt die Höchstzahl der ordentlichen Mitglieder 120 zuzüglich der gemäß Statut vom 17. Juni 1954 nach Vollendung des 70. Lebensjahres von der Pflicht der aktiven Teilnahme entbundenen ordentlichen Mitglieder.

2.3 Der dann folgende Abschnitt gibt einen Überblick über die Inhaber der Wahlfunktionen. Hier wurden Erweiterungen der AMBURGERschen Konzeption vorgenommen, und zwar sind die folgenden neuen alphabetischen Übersichten hervorzuheben:

Das Verzeichnis der Mitglieder des Vorstandes der Forschungsgemeinschaft,
das Verzeichnis der Vorsitzenden der Sektionen,
das Verzeichnis der Direktoren bzw. Leiter von Instituten bzw. Einrichtungen sowie der Vorsitzenden der Kommissionen und
das Verzeichnis der wissenschaftlichen Direktoren.

Zur Organisationsform der Sektionen sei folgendes bemerkt:
Die Verbindungen der Akademie mit den vielfältigen Problemen der Praxis erforderte die Heranziehung außerakademischer Fachgelehrter zu den immer umfangreicher werdenden Arbeiten und Aufgaben. So begann im Jahre 1951 die Bildung von Sektionen, in denen neben Akademiemitgliedern namhafte Fachgelehrte aus Universitäten und Hochschulen, aus der Industrie, dem Gesundheits- und dem Unterrichtswesen tätig sind. Bis zum Jahre 1959 wurden 25 Sektionen gegründet, die den einzelnen Klassen zugeordnet sind.

Auf der anderen Seite konnte auf Übersichten als entbehrlich oder nicht mehr zu führen verzichtet werden (z. B. die der wissenschaftlichen Beamten).

3. *Anhang*

Den LEIBNIZ-Medaillen-Inhabern (erneuert 1952) treten nun noch Inhaber zweier weiterer akademischer Auszeichnungen zur Seite: die der HELMHOLTZ-Medaille (erneuert 1954) und die des FRIEDRICH-ENGELS-Preises (gestiftet 1956). Den Benutzern des Index wird es willkommen sein, daß jetzt eine kurze Begründung für jede Auszeichnung gegeben wird.

4. *Namenregister*

Ein Namenregister, das sich natürlich nur auf die Abschnitte 2.1 bis 3.3 bezieht, beschließt den Band.

Zur leichteren Orientierung wurden Kolumnentitel und in den Abschnitten 2.1, 2.32 und 3 eine Numerierung der Namen je Seite, die auch im Register fest-

*) Denkschrift betr. die Errichtung der Kaiser-Wilhelm-Gesellschaft für naturwissenschaftliche Forschung zur Jubelfeier der Berliner Universität. Berlin, den 11. Nov. 1909. 11 S.; als Manuskript gedruckt.

gehalten ist, eingeführt. Eine Erleichterung in der Benutzung soll auch durch Übergang zu einem handlicheren Format erreicht werden.

Die Transliteration der Namen nach 1945 hinzugewählter Mitglieder aus der UdSSR erfolgte nach den Empfehlungen „Transliteration und Transkription kyrillischer Schriftzeichen" der Zentralstelle für wissenschaftliche Literatur vom 7. Dezember 1955. Bei den betr. Familiennamen wurden zusätzlich (in Klammern), soweit erforderlich, in der Literatur auftretende abweichende Transkriptionsformen mit aufgeführt. Im übrigen wurde in der Regel die im AMBURGERschen Verzeichnis eingeführte Schreibweise beibehalten.

Es ist den Bearbeitern ein aufrichtiges Bedürfnis, all denen, die durch mitgeteilte Bemerkungen und Vorschläge zur Vervollkommnung und Gestaltung der Übersichten beitrugen, auch an dieser Stelle den herzlichsten Dank zu sagen, wobei sie sich berechtigt glauben, im Namen der Benutzer sprechen zu dürfen. Sie konnten auch auf Korrekturen zurückgreifen, die Herr Dr. AMBURGER selbst vorgenommen hat*), soweit dies für die neue Fassung notwendig war. Wertvolle Ratschläge verdanken sie ferner dem Leiter des Akademie-Archivs, Herrn Fritz G. LANGE, Berlin. Seinen und der unermüdlichen Helferin Frau Ingeborg SCHNEIDER-KASEMANN, Berlin, Anteil am Zustandekommen des Werkes hier hervorzuheben ist den Bearbeitern eine angenehme Verpflichtung. Dank schulden sie schließlich Herrn Erich NEUMANN, Berlin, für gewissenhafteste Mithilfe bei den Korrekturen.

Die Bearbeiter geben endlich der Hoffnung Ausdruck, daß die guten Wünsche, die Herr Dr. Erik AMBURGER, Gießen, für das neue Verzeichnis brieflich ausgesprochen hat, in Erfüllung gehen mögen und daß es sich weitere Freunde erwerben möchte, die es nicht nur benutzen, sondern die auch künftig mit Hinweisen und Berichtigungen zur fortlaufenden Vervollständigung beitragen.

Berlin, Sommer 1959

Kurt-R. Biermann *Dr. Gerhard Dunken*

---

*) Mitgeteilt durch H. MITGAU, in: Familie und Volk, *2*, Göttingen 1953, S. 421.

Abkürzungsverzeichnis

AM	Auswärtiges Mitglied
abw M	abwesendes Mitglied
aoM	außerordentliches Mitglied
ausw OM	auswärtiges ordentliches Mitglied
EM	Ehrenmitglied
KM	Korrespondierendes Mitglied
OM	ordentliches Mitglied
geb.	geboren
gest.	gestorben
gt.	getauft (wenn Tauftag, jedoch nicht Geburtstag bekannt ist)
begr.	begraben (wenn Beisetzungstag, jedoch nicht Todestag bekannt ist)
em.	emeritiert

1. Akademiemitglieder 1700—1959

Alphabetisches Verzeichnis der Mitglieder der Akademie
von der Gründung bis zur Gegenwart

Zur alphabetischen Ordnung ist zu bemerken, daß keine Zwischenverweise gegeben werden. Vermißte Namen sind daher an den anderen jeweils in Frage kommenden Stellen zu suchen. Also: LEJEUNE-DIRICHLET siehe unter DIRICHLET; de LA METHERIE siehe unter LA METHERIE; van 't HOFF siehe unter HOFF; TSCHEBYSCHEW siehe unter ČEBYŠEV; usw.

ABBE, *Ernst* Karl
geb. Eisenach 23. 1. 1840
gest. Jena 14. 1. 1905
KM 29. 10. 1896

ABDERHALDEN, Emil
geb. Oberuzwyl (St. Gallen) 9. 3. 1877
gest. Zürich 5. 8. 1950
KM 29. 6. 1950

ABERT, Hermann
geb. Stuttgart 25. 3. 1871
gest. Stuttgart 13. 8. 1927
OM 16. 1. 1925

ABICH, Otto Wilhelm *Hermann*
geb. Berlin 11. 12. 1806
gest. Wien 1. 7. 1886
KM 14. 10. 1858

ABICHT, Johann Georg
geb. Königsee (Thür.) 21. 3. 1672
gest. Wittenberg 5. 6. 1740
abw M 2. 1. 1715

ACCUM, Friedrich Christian
geb. Bückeburg 29. 3. 1769
gest. Berlin 28. 6. 1838
KM 21. 12. 1815

ACHARD, Antoine
geb. Genf 21. 12. 1696
gest. Berlin 2. 5. 1772
OM 23. 1. 1744

ACHARD, François
geb. Genf 23. 7. 1699
gest. Berlin 28. 4. 1782
OM 23. 1. 1744

ACHARD, François Charles (Franz Karl)
geb. Berlin 28. 4. 1753
gest. Kunern (Schles.) 20. 4. 1821
OM 15. 6. 1776
EM 5. 3. 1812

ACHENBACH, Karl Konrad
geb. Kreuznach 26. 8. 1656
gest. Berlin 21. 3. 1720
OM 27. 10. 1710

ACKERMANN, Jakob Fidelis
geb. Rüdesheim 23. 4. 1765
gest. bei Rüdesheim 28. 10. 1815
KM 25. 6. 1812

ACOLUTH(US), Andreas
geb. Bernstadt (Schles.) 6. 3. 1654
gest. Breslau 4. 11. 1704
abw M 7. 11. 1701

ADELBURNER, Michael
geb. Nürnberg 3. 2. 1702
gest. Altdorf 21. (19.) 7. 1779
abw M 15. 9. 1735

ADELUNG, Johann Christoph
geb. Spantekow (Pomm.) 8. 8. 1732
gest. Dresden 10. 9. 1806
AM 26. 9. 1787

AEBISCHER, Paul
geb. Hauterive (Kt. Fribourg) 8. 12. 1897
KM 13. 1. 1955

AEPINUS, Franz Ulrich Theodosis
geb. Rostock 13. 12. 1724
gest. Dorpat 10./22. 8. 1802
OM 17. 4. 1755
AM 1757

AGASSIZ, Alexander
geb. Neuchâtel 17. 12. 1835
gest. Cambridge (Mass.) 22. 3. 1910
KM 18. 7. 1895

AGASSIZ, Jean-*Louis*-Rodolphe
geb. Motier (Kt. Fribourg) 28. 5. 1807
gest. New York 14. 12. 1873
KM 24. 3. 1836

AHLMANN, *Hans* Jakob Konrad
geb. Karlsborg 14. 11. 1889
KM 23. 6. 1938

AHLWARDT, *Wilhelm* Theodor
geb. Greifswald 4. 7. 1828
gest. Greifswald 2. 11. 1909
KM 2. 2. 1888

AIRY, Sir George Biddell
geb. Alnwick (Northumberland) 27. 7. 1801
gest. London 4. 1. 1892
KM 5. 6. 1834
AM 8. 2. 1879

ALBERS, Johann Abraham
geb. Bremen 20. 3. 1772
gest. Bremen 24. 3. 1821
KM 25. 6. 1812

ALBERTI, Michael
geb. Nürnberg 13. 11. 1682
gest. Halle/Saale 17. 5. 1757
abw M 19. 6. 1726

ALBRING, Werner
geb. Schwelm (Hessen) 26. 9. 1914
KM 23. 4. 1959

ALEKSANDROV (ALEXANDROW, ALEXANDROFF), Pavel Sergeevič
geb. Moskau 7. 5. 1896
KM 29. 6. 1950

ALEMBERT, Jean LE ROND D'
geb. Paris 16. 11. 1717
gest. Paris 29. 10. 1783
AM 2. 6. 1746

ALGAROTTI, Francesco Graf
geb. Venedig 11. 12. 1712
gest. Pisa 3. 3. 1764
EM 30. 5. 1747—1754

ALTHOFF, *Friedrich* Theodor
geb. Dinslaken/Rh. 19. 2. 1839
gest. Steglitz bei Berlin 20. 10. 1908
EM 5. 3. 1900

ALTMANN, Johann Georg
geb. Zofingen 1695, gt. 21. 4.
gest. Ins bei Bern 18. 3. 1758
AM 4. 11. 1751

AMBARCUMJAN (AMBARZUMIAN), Viktor Amazaspovič
geb. Tbilissi 18. 9. 1908
KM 24. 10. 1957

AMICI, Giovanni Battista
geb. Modena 25. 3. 1786
gest. Florenz 10. 4. 1864
KM 1. 12. 1836

AMIRA, *Karl* Konrad Ferdinand Maria v.
geb. Aschaffenburg 8. 3. 1848
gest. München 22. 6. 1930
KM 18. 1. 1900
AM 5. 12. 1925

AMPÈRE, *André*-Marie
geb. Lyon 20. 1. 1775
gest. Marseille 10. 6. 1836
KM 13. 12. 1827

ANCILLON, Charles
geb. Metz 29. 7. 1659
gest. Berlin 5. 7. 1715
OM 9. 5. 1707

ANCILLON, Jean Pierre Frédéric (*Friedrich*)
geb. Berlin 30. 4. 1767
gest. Berlin 19. 4. 1837
aoM 2. 8. 1803
OM 14. 2. 1805

ANCILLON, Louis Frédéric
geb. Berlin 21. 5. 1740
gest. Berlin 13. 6. 1814
OM 9. 11. 1786

ANCORA, Gaetano d'
geb. Neapel 8. 10. 1757
gest. Neapel 4. 3. 1816
AM 12. 1. 1794
EM 24. 1. 1812

ANDERSON, Walter
geb. Minsk 10. 10. 1885
KM 10. 12. 1936

ANDREAE, Johann Ernst
geb. Herborn 1671, gt. 1. 11.
gest. Berlin 29. 7. 1731
OM 7. 2. 1714

ANDREAS, Willy
geb. Karlsruhe i. B. 30. 10. 1884
KM 22. 7. 1942

ÅNGSTRÖM, Anders Jonas
geb. Lögdö bruk (Medelpad) 14. 8. 1814
gest. Uppsala 21. 6. 1874
KM 16. 12. 1867

ANHALT, Friedrich Graf v.
geb. Kleckewitz (Anhalt) 21. 5. 1732
gest. Petersburg 22. 5./2. 6. 1794
AM 24. 9. 1792

ANHALT, Heinrich
geb. (Perleberg) 1663
gest. Neuruppin 13. 3. 1737
abw M 1714

ANIÈRES, Jean Frédéric Benjamin LORIOL D'
geb. Berlin 9. 12. 1736
gest. Berlin 6. 4. 1803
OM 23. 2. 1783

ANTIPA, Gregor
geb. Botoşani 10. 12. 1867
gest. Bukarest 9. 3. 1944
KM 18. 4. 1944 (also nach dem Tode)

APPLETON, Sir (1941) Edward Victor
geb. Breadfort (Yorkshire) 6. 9. 1892
KM 13. 12. 1934

ARAGO, Dominique-*François*-Jean
geb. Estagel bei Perpignan 26. 2. 1786
gest. Paris 2. 10. 1853
AM 4. 1. 1828

ARGELANDER, *Friedrich* Wilhelm August
geb. Memel 22. 3. 1799
gest. Bonn 17. 2. 1875
KM 24. 3. 1836
AM 19. 3. 1870

ARGENS, Jean-Baptiste de BOYER, Marquis d'
geb. Aix (Provence) 24. 6. 1704
gest. Toulon 11. 1. 1771
OM 23. 1. 1744

ARGENSON, Marc-Antoine-René de VOYER, Marquis de PAULMY d'
geb. Valenciennes 22. 11. 1722
gest. Paris 13. 8. 1787
AM 2. 2. 1747

ARNAUD, François-Thomas-Marie de BACULARD d'
geb. Paris 15. 9. 1718
gest. Paris 8. 11. 1805
OM 11. 6. 1750
AM 1751

ARNETH, Joseph Calasanza Ritter v.
geb. Leopoldschlag (Oberösterr.) 12. 8. 1791
gest. Karlsbad 31. 10. 1863
KM 16. 6. 1853

ARNIM, Georg Dietloff v.
geb. Boitzenburg 8. 9. 1679
gest. Berlin 20. 10. 1753
EM 16. 2. 1744

ASCHHEIM, Selmar
geb. Berlin 4. 10. 1878
KM 10. 2. 1955

ASCOLI, Graziadio Isaia
geb. Görz 16. 7. 1829
gest. Mailand 21. 1. 1907
KM 10. 3. 1887

ASINGER, Friedrich
geb. Freiland (Nieder-Österr.) 26. 6. 1907
KM 23. 4. 1959

AUBIN, Hermann
geb. Reichenberg (Böhmen) 23. 12. 1885
KM 22. 7. 1942

AUER VON WELSBACH, Karl Freiherr
geb. Wien 1. 9. 1858
gest. Welsbach (Kärnten) 4. 8. 1929
KM 22. 5. 1913

Aufrecht, Theodor
geb. Leschnitz (Oberschles.) 7. 1. 1822
gest. Bonn 4. 4. 1907
KM 11. 2. 1864

Autenrieth, Johann Hermann Ferdinand
geb. Stuttgart 20. 10. 1772
gest. Tübingen 2. 5. 1835
KM 25. 6. 1812

Auwers, Julius Georg Friedrich *Arthur* v. (1912)
geb. Göttingen 12. 9. 1838
gest. Groß-Lichterfelde bei Berlin 24. 1. 1915
OM 18. 8. 1866

Avellino, Francesco Maria
geb. Neapel 14. 8. 1788
gest. Neapel 10. 1. 1850
KM 25. 6. 1812

Baer, Karl Ernst v.
geb. Piep (Estland) 17./28. 2. 1792
gest. Dorpat 16./28. 11. 1876
KM 13. 2. 1834
AM 31. 1. 1861

Baethgen, Friedrich
geb. Greifswald 30. 7. 1890
OM 27. 12. 1944

Baeumker, Clemens
geb. Paderborn 16. 9. 1853
gest. München 7. 10. 1924
KM 8. 7. 1915

Baeyer, Johann Friedrich Wilhelm *Adolf* Ritter v.
geb. Berlin 31. 10. 1835
gest. Starnberg 20. 8. 1917
KM 17. 1. 1884
AM 12. 8. 1905

Baeyer, Johann Jakob
geb. Müggelheim bei Berlin 5. 11. 1794
gest. Berlin 11. 9. 1885
EM 27. 5. 1865

Baiardi (Baiardo), Octavio Antonio
geb. Parma um 1690
gest. um 1765
AM 5. 4. 1759

Baily, Francis
geb. Newbury (Berkshire) 28. 4. 1774
gest. London 30. 8. 1844
KM 3. 2. 1842

Balbis, Giovanni Battista
geb. Moretta (Piemont) 17. 11. 1765
gest. Lyon 13. 2. 1831
KM 25. 6. 1812

Bancroft, George
geb. Worcester (Mass.) 3. 10. 1800
gest. Washington 17. 1. 1891
KM 27. 2. 1845

Bang Kaup, Wilhelm
geb. Wesel 9. 8. 1869
gest. Darmstadt 8. 10. 1934
KM 27. 2. 1919

Banks, Sir Joseph
geb. Revesby-Abbey (London) 13. 2. 1743
gest. London 19. 6. 1820
AM 5. 8. 1806
EM 24. 1. 1812

Baratier, Johann Philipp
geb. Schwabach 19. 1. 1721
gest. Halle/Saale 5. 10. 1740
abw M 31. 3. 1735

Baratier de Saint-Auban, Antoine
geb. Viviers (Vivarais) 4. 7. 1713
gest. Paris 5. 9. 1783
AM 19. 6. 1780

Barbeyrac, Jean
geb. Béziers 15. 3. 1674
gest. Groningen 3. 3. 1744
abw M 7. 6. 1713

Barbié du Bocage, Jean-Denis
geb. Paris 28. 4. 1760
gest. Paris 28. 12. 1825
KM 25. 6. 1812

BARDIN, Ivan Pavlovič
geb. bei Saratov (heute: Saratov-Gebiet) 13. 11. 1883
KM 13. 1. 1955

BARFEKNECHT, Otto Kasimir
geb. Köslin 1697
gest. (Berlin) 1739
OM 22. 8. 1737

BARKHAUSEN, Georg *Heinrich*
geb. Bremen 2. 12. 1881
gest. Dresden 20. 2. 1956
OM 25. 3. 1949

BARROS E VASCONCELLOS, José Joaquim SOARES DE
geb. Setubal (Portugal) 19. 3. 1721
gest. Lissabon 2. 11. 1793
AM 16. 1. 1755

BARTELS, August *Julius*
geb. Magdeburg 17. 8. 1899
OM 29. 4. 1939

BARTH, Johann *Heinrich*
geb. Hamburg 16. 2. 1821
gest. Berlin 25. 11. 1865
KM 9. 8. 1855

BARTHEZ, Paul-Joseph
geb. Montpellier 11. 12. 1734
gest. Montpellier 15. 10. 1806
AM 22. 6. 1780

BARTHOLMESS, Christian
geb. Geiselbronn (Elsaß) 26. 2. 1815
gest. Nürnberg 31. 8. 1856
KM 10. 6. 1847

BARTON, Benjamin Smith
geb. Lancaster (Pennsylvania) 10. 2. 1766
gest. Philadelphia 19. 12. 1815
KM 25. 6. 1812

BARY, Heinrich *Anton* de
geb. Frankfurt a. Main 26. 1. 1831
gest. Straßburg 19. 1. 1888
KM 12. 12. 1878

BASHUYSEN, Heinrich Jakob van
geb. Hanau 26. 10. 1679
gest. Zerbst 31. 12. 1758
abw M 9. 3. 1712

BASNAGE, Jacques
geb. Rouen 8. 8. 1653
gest. den Haag 22. 12. 1723
abw M 8. 1. 1711

BASNAGE DE BEAUVAL, Henri
geb. Rouen 7. 8. 1656
gest. den Haag 29. 3. 1710
abw M 4. 5. 1707

BASTIDE, Jean Baptiste
geb. Berlin 29. 5. 1745
gest. Paris 1. 4. 1810
OM 13. 12. 1792

BATTIER, Reinhard
geb. Basel 7. 3. 1724
gest. Neusalz/Oder 22. 11. 1779
OM 4. 7. 1748—1750

BAUDI DI VESME, Carlo Conte
geb. Cuneo 23. 7. 1809
gest. Turin 4. 3. 1877
KM 12. 11. 1874

BAUMGARTEN, *Arthur* Edwin Paul
geb. Königsberg i. Pr. 31. 3. 1884
OM 25. 3. 1949

BAUMGARTEN, Siegmund Jakob
geb. Wolmirstedt 14. 3. 1706
gest. Halle/Saale 4. 7. 1757
AM 4. 7. 1748

BAUSCHINGER, Julius
geb. Fürth 28. 1. 1860
gest. Leipzig 21. 1. 1934
KM 15. 12. 1927

BAYER, Gottlieb Siegfried
geb. Königsberg i. Pr. 6. 1. 1694
gest. Petersburg 10. /21. 2. 1738
abw M 1. 2. 1730

BEAUSOBRE, Charles Louis de
geb. Dessau 24. 3. 1690
gest. Berlin 10. 3. 1753
OM 14. 10. 1751

BEAUSOBRE, Louis Isaac de
geb. Berlin 19. 8. 1730
gest. Berlin 3. 12. 1783
OM 27. 2. 1755

BECHSTEIN, Johannes Matthäus
geb. Waltershausen 11. 7. 1757
gest. Dreißigacker 23. 2. 1822
KM 25. 6. 1812

BECKE, *Friedrich* Johann Karl
geb. Prag 31. 12. 1855
gest. Wien 18. 6. 1931
KM 9. 12. 1920

BECKER, Karl
geb. Speyer 14. 12. 1879
gest. Berlin 8. 4. 1940
OM 26. 11. 1935

BECKER, Richard
geb. Hamburg 3. 12. 1887
gest. Bad Schwalbach 16. 3. 1955
KM 10. 2. 1955

BECMANN, Bernhard Ludwig
geb. Pötnitz bei Dessau 18. 1. 1694
gest. Berlin 3. 12. 1760
OM 4. 7. 1748

BEC(K)MANN, Johann Christoph
geb. Zerbst 2. 9. 1641
gest. Frankfurt/Oder 6. 3. 1717
abw M 11. 3. 1701

BECKMANN, *Ernst* Otto
geb. Solingen 4. 7. 1853
gest. Berlin 12. 7. 1923
OM 11. 12. 1912

BECQUEREL, *Antoine*-César
geb. Châtillon-s.-Loing (Gâtinois) 7. 3. 1788
gest. Paris 18. 1. 1878
KM 19. 2. 1835

BECQUEREL, Antoine-*Henri*
geb. Paris 15. 12. 1852
gest. Croisic (Bretagne) 24. 8. 1908
KM 18. 2. 1904

BEER (BEHR), Johann Heinrich
geb. Schleiz 1648, gt. 31. 5.
gest. Berlin 7. 12. 1717
OM 12. 10. 1701

BEGER, Lorenz
geb. Heidelberg 19. 4. 1653
gest. Berlin 20. 2. 1705
OM 11. 3. 1701

BEGUELIN, Nicolas de
geb. Courtlari bei Biel (Schweiz) 25. 6. 1714
gest. Berlin 3. 2. 1789
OM 2. 11. 1747

BEHRENS, Friedrich
geb. Rostock 20. 9. 1909
OM 21. 12. 1956

BEHRENS, Konrad Barthold
geb. Hildesheim 26. 8. 1660
gest. Braunschweig 4. 10. 1736
abw M 12. 6. 1708

BEIGEL, Georg Wilhelm Sigismund
geb. Ippersheim (Fr.) 25. 9. 1753
gest. Dresden 25. 1. 1837
KM 25. 6. 1812

BEILSTEIN, *Friedrich* Konrad
geb. Petersburg 5./17. 2. 1838
gest. Petersburg 5./18. 10. 1906
KM 6. 12. 1888

BEKKER, August Emanuel (*Immanuel*)
geb. Berlin 21. 5. 1785
gest. Berlin 7. 6. 1871
OM 3. 5. 1815

BEKKER, Ernst Immanuel
geb. Berlin 16. 3. 1827
gest. Heidelberg 29. 6. 1916
KM 29. 7. 1897

BÉL, Matthias
geb. Neusohl 24. 3. 1684
gest. Preßburg 29. 8. 1749
abw M 5. 11. 1722

BÉLIDOR, Bernard FORREST DE
geb. in Katalonien um 1693
gest. Paris 8. 9. 1761
abw M 17. 7. 1726

BELOW, Georg v.
geb. Königsberg i. Pr. 19. 1. 1858
gest. Badenweiler 20. 10. 1927
KM 22. 6. 1922

BELTRAMI, Eugenio
geb. Cremona 16. 11. 1835
gest. Rom 18. 2. 1900
KM 6. 1. 1881

BENECKE, Ernst Wilhelm
geb. Berlin 16. 3. 1838
gest. Straßburg 7. 3. 1917
KM 8. 2. 1900

BENECKENDORFF, Karl Friedrich v.
geb. Blumenfelde
gest. Blumenfelde 1788
AM 4. 2. 1788

BENEDEN, *Edouard*-Joseph-Louis-Marie van
geb. Löwen 5. 3. 1846
gest. Lüttich 28. 4. 1910
KM 3. 11. 1887

BENEDEN, Pierre Joseph van
geb. Mecheln 19. 12. 1809
gest. Löwen 8. 1. 1894
KM 26. 7. 1855

BENEŠEVIČ (BENESCHEWITSCH), Vladimir Nikolajevič
geb. Druja (Gouv. Vitebsk) 21. 8. 1874
gest. 19. 12. 1943
KM 30. 5. 1929

BENFEY, Theodor
geb. Nörten (Hann.) 28. 1. 1809
gest. Göttingen 26. 6. 1881
KM 26. 4. 1860

BENNDORF, Friedrich August *Otto*
geb. Greiz 13. 9. 1838
gest. Wien 2. 1. 1907
KM 30. 11. 1893

BENTHAM, George
geb. Slote (Devon) 22. 9. 1800
gest. London 10. 9. 1884
KM 26. 7. 1855

BENTLEY, Richard
geb. Oulton (Yorkshire) 27. 1. 1662
gest. Cambridge 14. 7. 1742
abw M 29. 3. 1713

BERGEAT, *Alfred* Edmund
geb. Passau 17. 7. 1866
gest. Kiel 30. 7. 1924
KM 9. 12. 1920

BERGK, Wilhelm *Theodor*
geb. Leipzig 22. 5. 1812
gest. Ragaz 20. 7. 1881
KM 27. 2. 1845

BERGMANN, Gustav v.
geb. Würzburg 24. 12. 1878
gest. München 17. 5. 1955
KM 10. 12. 1953

BERNARD, Claude
geb. Saint-Julien (Rhône) 12. 7. 1813
gest. Paris 10. 2. 1878
KM 29. 3. 1860

BERNAYS, Jakob
geb. Hamburg 11. 9. 1824
gest. 26. 5. 1881
KM 12. 1. 1865

BERNHARDY, Gottfried
geb. Landsberg/Warthe 18. 3. 1800
gest. Halle/Saale 14. 5. 1875
KM 19. 3. 1846

BERNOULLI, Daniel (I.)
geb. Groningen 9. 2. 1700
gest. Basel 17. 3. 1782
AM 30. 6. 1746

BERNOULLI, Jakob (I.)
geb. Basel 27. 12. 1654
gest. Basel 16. 8. 1705
abw M 19. 1. 1702

BERNOULLI, Johann (I.)
geb. Basel 27. 7. 1667
gest. Basel 1. 1. 1748
abw M 11. 3. 1701

BERNOULLI, Johann (II.)
geb. Basel 18. 5. 1710
gest. Basel 18. 7. 1790
AM 30. 6. 1746

BERNOULLI, Johann (III.)
geb. Basel 4. 11. 1744
gest. Köpenick bei Berlin 13. 7. 1807
OM 5. 1. 1764

BERNOULLI, Nikolaus (I.)
geb. Basel 10. 10. 1687
gest. Basel 29. 11. 1759
abw M 17. 5. 1713

BERNSTEIN, Georg Heinrich
geb. Kospeda (Thür.) 12. 1. 1787
gest. Lauban 5. 4. 1860
KM 30. 6. 1859

BERSU, Gerhard
geb. Jauer (Schles.) 26. 9. 1889
KM 13. 1. 1955

BERTHELOT, Pierre-Eugène-*Marcellin*
geb. Paris 25. 10. 1827
gest. Paris 18. 3. 1907
AM 5. 3. 1900

BERTHIER, Pierre
geb. Nemours 3. 7. 1782
gest. Nemours 24. 8. 1861
KM 10. 12. 1829

BERTHOLET, Alfred
geb. Basel 9. 11. 1868
gest. Basel 24. 8. 1951
OM 10. 1. 1938

BERTHOLLET, *Claude*-Louis Comte
geb. Talloires (Savoyen) 9. 11. 1748
gest. Arcueil (Seine) 6. 11. 1822
AM 16. 7. 1812

BERTRAND, Jean-*Elie*
geb. Orbe (Waadt) 1713, gt. 17. 5.
gest. Yverdun 1797, begr. 23. 8.
AM 29. 6. 1752

BERTRAND, Louis
geb. Genf 3. 10. 1731
gest. Genf 15. 5. 1812
AM 18. 9. 1754

BERTSCH, Heinrich
geb. Rosenfeld 11. 1. 1897
OM 19. 3. 1953

BERZELIUS, Johann Jakob Freiherr (1835)
geb. Västerlösa bei Linköping 29. 8. 1779
gest. Stockholm 7. 8. 1848
KM 25. 6. 1812
AM 28. 6. 1825

BERZEVICZY v. Berzevicze, Albert
geb. Berzevicze 7. 6. 1853
gest. Budapest 22. 3. 1936
KM 15. 12. 1927

BESSEL, Friedrich Wilhelm
geb. Minden (Westf.) 22. 7. 1784
gest. Königsberg i. Pr. 14. 3. 1846
AM 16. 7. 1812

BETHMANN, Ludwig Konrad
geb. Helmstedt 23. 6. 1812
gest. Wolfenbüttel 5. 12. 1867
KM 17. 6. 1852

BETHMANN-HOLLWEG, Moritz *August* v.
geb. Frankfurt a. Main 8. 4. 1795
gest. Schloß Rheineck bei Andernach 14. 7. 1877
EM 21. 7. 1862

BETTI, Enrico
geb. bei Pistoja 21. 10. 1823
gest. Soiana (Prov. Pisa) 11. 8. 1892
KM 6. 1. 1881

BEVIS, John
geb. Old Sarum (Wiltshire) 31. 10. 1695
gest. London 6. 11. 1771
AM 11. 6. 1750

BEYER, Friedrich August *Kurt*
geb. Dresden 27. 12. 1881
gest. Dresden 9. 5. 1952
OM 19. 7. 1949

BEYERLE, Konrad
geb. Waldshut 14. 9. 1872
gest. München 26. 4. 1933
KM 10. 7. 1930

BEYRICH, Heinrich *Ernst*
geb. Berlin 31. 8. 1815
gest. Berlin 9. 7. 1896
OM 15. 8. 1853

BEZOLD, Friedrich v.
geb. München 26. 12. 1848
gest. Bonn 3. 5. 1928
KM 14. 2. 1907

BEZOLD, Johann Friedrich *Wilhelm* v.
geb. München 21. 6. 1837
gest. Berlin 17. 2. 1907
OM 5. 4. 1886

BIANCHI, Giovanni
geb. Rimini 3. 1. 1693
gest. Rimini 3. 12. 1775
AM 7. 9. 1758

BIANCONI, Giovanni Luigi
geb. Bologna 30. 9. 1717
gest. Perugia 1. 1. 1781
AM 4. 9. 1749

BIDEZ, *Joseph* Marie Auguste
geb. Framéries (Hainaut) 9. 4. 1867
gest. Oostakker bei Gent 20. 9. 1945
KM 9. 7. 1914

BIEBERBACH, Ludwig
geb. Goddelau (Hessen) 4. 12. 1886
OM 11. 4. 1924—11. 7. 1945

BIELFELD, Jakob Friedrich Freiherr v.
geb. Hamburg 31. 3. 1717
gest. Altenburg (Thür.) 5. 4. 1770
EM 23. 1. 1744

BIELFELDT, Hans Holm
geb. Lübeck 6. 3. 1907
OM 19. 3. 1953

BIESTER, Johann Erich
geb. Lübeck 17. 11. 1749
gest. Berlin 20. 2. 1816
OM 9. 4. 1798

BIEZENO, Cornelis Benjamin
geb. Delft 2. 3. 1888
KM 2. 10. 1939

BILFFINGER, Georg Bernhard
geb. Kannstatt 23. 1. 1693
gest. Stuttgart 18. 2. 1750
AM 4. 9. 1749

BILKENROTH, Georg
geb. Osendorf bei Halle/Saale 24. 2. 1898
OM 18. 3. 1955

BILTZ, *Wilhelm* Eugen
geb. Berlin 8. 3. 1877
gest. Heidelberg 13. 11. 1943
KM 18. 2. 1937

BINDER, Ludwig
geb. Ingolstadt 26. 5. 1881
gest. Dresden 12. 9. 1958
OM 25. 3. 1949

BIOT, Jean-Baptiste
geb. Paris 21. 4. 1774
gest. Paris 3. 2. 1862
KM 1. 6. 1820
AM 27. 2. 1850

BIRCH, Samuel
geb. London 3. 11. 1813
gest. London 27. 11. 1885
KM 10. 4. 1851

BIRKENSTOCK, Johann Melchior Edler v.
geb. Heiligenstadt (Eichsfeld) 11. 5. 1738
gest. Wien 30. 10. 1809
AM 24. 9. 1792

BISCHOFF, *Theodor* Ludwig Wilhelm v.
geb. Hannover 28. 10. 1807
gest. München 5. 12. 1882
KM 27. 4. 1854

BITAUBÉ, Paul Jérémie
geb. Königsberg i. Pr. 24. 11. 1732
gest. Paris 22. 11. 1808
OM 29. 5. 1766
(1792—1795 unterbrochen)

BJERKNES, Vilhelm
geb. Christiania 14. 3. 1862
gest. Oslo 9. 4. 1951
KM 10. 5. 1928

BLACKETT, Patrik Maynard Stuart
geb. London 18. 11. 1897
KM 29. 6. 1950

BLÄSING, David
geb. Königsberg i. Pr. 29. 12. 1660
gest. Königsberg i. Pr. 9. 10. 1719
abw M 11. 3. 1701

BLARAMBERG, Johann v.
geb. 1772
gest. Odessa 31. 12. 1831/12. 1. 1832
KM 18. 3. 1830

BLASCHKE, Wilhelm
geb. Graz 13. 9. 1885
EM 7. 4. 1957

BLASS, *Friedrich* Wilhelm
geb. Osnabrück 22. 1. 1843
gest. Halle/Saale 5. 3. 1907
KM 18. 1. 1900

BLOCH, Ernst
geb. Ludwigshafen 8. 7. 1885
OM 18. 3. 1955

BLOHM, *Georg* Friedrich
geb. Thürkow (Meckl.) 25. 10. 1896
OM 15. 8. 1949

BLÜMEL, Carl
geb. Berlin 13. 4. 1893
OM 18. 3. 1955

BLUMENBACH, Johann Friedrich
geb. Gotha 11. 5. 1752
gest. Göttingen 22. 1. 1840
AM 16. 7. 1812

BOAS, Franz
geb. Minden (Westf.) 9. 7. 1858
gest. New York 21. 12. 1942
KM 15. 7. 1920

BOATON, Pierre François de
geb. Aubonne (Waadt) 12. 9. 1734
gest. Berlin 3. 6. 1794
OM 15. 3. 1792

BOCK, Johann Georg
geb. Königsberg i. Pr. 12. 5. 1698
gest. Königsberg i. Pr. 7. 7. 1762
abw M 1732

BOCRIS(IUS), Johann Heinrich
geb. Eberbach (Fr.) 19. 11. 1687
gest. Schweinfurt 18. 10. 1716
abw M 11. 7. 1714

BODE, Johann Elert
geb. Hamburg 19. 1. 1747
gest. Berlin 23. 11. 1826
OM 9. 11. 1786

BODE, Wilhelm v.
geb. Calvörde (Braunschweig) 10. 12. 1845
gest. Berlin 1. 3. 1929
EM 9. 12. 1925

BODENSTEIN, Ernst August *Max*
geb. Magdeburg 15. 7. 1871
gest. Berlin 3. 9. 1942
OM 21. 1. 1925

BÖCKH, Philipp *August*
geb. Karlsruhe i. B. 24. 11. 1785
gest. Berlin 3. 8. 1867
OM 14. 5. 1814

BÖCKING, Eduard
geb. Trarbach/Mosel 21. 5. 1802
gest. Bonn 3. 5. 1870
KM 30. 6. 1859

BÖHM, Jaroslav
geb. Holešově 8. 3. 1901
KM 13. 1. 1955

BÖHMER, Johann Friedrich
geb. Frankfurt a. Main 22. 4. 1795
gest. Frankfurt a. Main 22. 10. 1865
KM 27. 2. 1845
AM 21. 5. 1862

BÖHMER, Philipp Adolf
geb. Halle/Saale 25. 8. 1717
gest. Halle/Saale 1. 11. 1789
AM 19. 10. 1752

BOEHTLINGK, Otto v.
geb. Petersburg 30. 5./11. 6. 1815
gest. Leipzig 1. 4. 1904
KM 10. 5. 1855
AM 18. 6. 1885

BOEKE, Jan
geb. Hengelo (Niederlande) 23. 10. 1874
gest. Bandung (Indonesien) 12. 9. 1956
KM 29. 6. 1950

BÖTTIGER, Karl August
geb. Reichenbach (Vogtl.) 8. 6. 1760
gest. Dresden 17. 11. 1835
KM 25. 6. 1812

BOHNENBERGER, Johann Gottlieb Friedrich v.
geb. Simmolzheim (Schwarzwald) 5. 6. 1765
gest. Tübingen 19. 4. 1831
KM 22. 6. 1826

BOHR, Niels
geb. Kopenhagen 7. 10. 1885
KM 1. 6. 1922

BOIE, Werner
geb. Dresden 26. 9. 1901
KM 17. 5. 1956
OM 27. 4. 1959

BOLTE, Johannes
geb. Berlin 11. 2. 1858
gest. Berlin 25. 7. 1937
OM 23. 10. 1922

BOLTZMANN, Ludwig
geb. Wien 20. 2. 1844
gest. Duino bei Triest 5. 9. 1906
EM 29. 6. 1888 (ursprünglich zum OM gewählt)

BONAPARTE, Prinz von CANINO, Charles-Lucien
geb. Paris 24. 5. 1803
gest. Paris 29. 7. 1857
EM 27. 3. 1843

BONCOMPAGNI LUDOVISI, Baldassarre Principe
geb. Rom 10. 5. 1821
gest. Rom 13. 4. 1894
EM 21. 7. 1862

BONHOEFFER, Karl Friedrich
geb. Breslau 13. 1. 1899
gest. Göttingen 18. 5. 1957
OM 21. 4. 1947

BONITZ, Hermann
geb. Langensalza 29. 7. 1814
gest. Berlin 25. 7. 1888
OM 27. 12. 1867

BONNET, Charles
geb. Genf 13. 3. 1720
gest. Genthod bei Genf 20. 5. 1793
AM 7. 12. 1786

BONNET DE SAINT-GERMAIN, Louis Frédéric
geb. Genf 12. 12. 1670
gest. Genf 7. 4. 1761
abw M 15. 11. 1713

BOOR, Hanns *Otto* de
geb. Schleswig 9. 9. 1886
gest. Göttingen 10. 2. 1956
OM 25. 3. 1949

BOPP, Franz
geb. Mainz 14. 9. 1791
gest. Berlin 23. 10. 1867
OM 18. 4. 1822

BORCHARDT, Karl *Wilhelm*
geb. Berlin 22. 2. 1817
gest. Rüdersdorf bei Berlin 27. 6. 1880
OM 10. 12. 1855

BORCHLING, Conrad
geb. Hitzacker/Elbe 20. 3. 1872
gest. Hamburg 1. 11. 1946
KM 11. 6. 1942

BORCKE, Adrian Heinrich Graf v.
geb. Stettin 4. 4. 1715
gest. Stargard (Pomm.) 17. 4. 1788
EM 8. 6. 1752

BORCKE, Friedrich Ludwig Felix v.
geb. in Pommern 14. 1. 1702
gest. Freienwalde/Oder 19. 5. 1751
EM 23. 1. 1744

BORCKE, Friedrich Wilhelm v.
geb. in Pommern 20. 1. 1692
gest. Hueth (Hzm. Kleve) 26. 9. 1769
EM 6. 12. 1754

BORETIUS, Matthias Ernst
geb. Lötzen (Ostpr.) 18. 5. 1694
gest. Königsberg i. Pr. 4. 10. 1738
abw M 9. 6. 1723

BORGHESI, Bartholomeo Conte
geb. Savignano bei Rimini 11. 7. 1781
gest. San Marino 16. 4. 1860
KM 23. 6. 1836

BORGSTEDE, Albrecht August Heinrich v.
geb. Hoya (Hann.) 12. 12. 1757
gest. Stargard (Pomm.) 7. 7. 1824
OM 9. 4. 1798
EM 12. 3. 1812

BORMANN, Eugen
geb. Hilchenbach (Westf.) 6. 10. 1842
gest. Klosterneuburg 5. 3. 1917
KM 24. 7. 1902

BORN, Ignaz Edler v.
geb. Karlsburg (Siebenbürgen) 26. 12. 1742
gest. Wien 24. 7. 1791
AM 21. 11. 1786

BORN, Max
geb. Breslau 11. 12. 1882
KM 31. 10. 1929 (19. 11. 1942–30. 6. 1946 unterbrochen)

BORRELLY, Jean-Alexis
geb. Salernes (Provence) 1738
gest. um 1810
OM 15. 10. 1772–1792

BOSCH, Carl
geb. Köln 27. 8. 1874
gest. Heidelberg 26. 4. 1940
EM 20. 6. 1936

BOSS, Lewis
geb. Providence (Rhode Island) 26. 10. 1846
gest. Albany 5. 10. 1912
KM 27. 10. 1910

BOTHE, Walther
geb. Oranienburg (Mark) 8. 1. 1891
gest. Heidelberg 8. 2. 1957
KM 28. 7. 1939

BOUF(F)LERS, Stanislas Marquis de
geb. bei Nancy 31. 5. 1738
gest. Paris 18. 1. 1815
OM 26. 2. 1795
AM 1800
EM 24. 1. 1812

BOURDELIN, Louis-Claude
geb. Paris 18. 10. 1696
gest. Paris 13. 9. 1777
AM 30. 6. 1746

BOURGELAT, Claude
geb. Lyon 27. 3. 1712
gest. Lyon 3. 1. 1799
AM 28. 6. 1764

BOURGUET, Louis
geb. Nîmes 23. 4. 1678
gest. Neuchâtel 31. 12. 1742
abw M 13. 6. 1731

BOUSSINGAULT, *Jean-Baptiste*-Joseph-Dieudonné
geb. Paris 2. 2. 1802
gest. Paris 11. 5. 1887
KM 24. 4. 1856

BOUTERWEK, *Friedrich* Ludwig
geb. Oker a. Harz 15. 4. 1766
gest. Göttingen 9. 8. 1828
KM 25. 6. 1812

BOUTROUX, Etienne-*Emile*-Marie
geb. Montrouge (Seine) 28. 7. 1845
gest. Paris 22. 11. 1921
KM 27. 2. 1908—26. 5. 1916

BOWDITSCH, Nathaniel
geb. Salem (Mass.) 26. 3. 1773
gest. Boston 16. 3. 1838
KM 24. 3. 1836

BOWER, Sir Frederick Orpen
geb. Ripon (Yorkshire) 4. 11. 1855
gest. Ripon (Yorkshire) 11. 4. 1948
KM 21. 11. 1935

BOZE, Claude GROS DE
geb. Lyon 28. 1. 1680
gest. Paris 10. 9. 1753
AM 14. 1. 1751

BRACKMANN, Albert
geb. Hannover 24. 6. 1871
gest. Berlin 17. 3. 1952
OM 3. 7. 1925

BRADLEY, James
geb. Sherbourn (Gloucestershire) 1693
gest. Chalford 13. 7. 1762
AM 30. 6. 1746

BRAGG, Sir William Henry
geb. Wigton (Cumberland) 2. 7. 1862
gest. London 12. 3. 1942
KM 31. 10. 1929

BRAGG, William Lawrence
geb. Adelaide 31. 3. 1891
KM 29. 6. 1950

BRANCO, seit 1907 BRANCA, *Wilhelm* Karl Franz v.
geb. Potsdam 9. 9. 1844
gest. München 12. 3. 1928
OM 18. 12. 1899
EM 6. 5. 1918
AM 26. 11. 1925

BRANDENBURG, Erich
geb. Stralsund 31. 7. 1868
gest. Leipzig 22. 1. 1946
KM 18. 6. 1925

BRANDES, Karl Philipp
geb. Berlin 1720, gt. 12. 11.
gest. Berlin 19. 5. 1776
AM 23. 10. 1755
OM 30. 10. 1760

BRANDI, Karl
geb. Meppen 20. 5. 1868
gest. Göttingen 9. 3. 1946
KM 11. 6. 1936

BRANDIS, Christian August
geb. Hildesheim 13. 2. 1790
gest. Bonn 24. 7. 1867
KM 12. 4. 1832
AM 21. 5. 1862

BRANDL, Alois
geb. Innsbruck 21. 6. 1855
gest. Berlin 5. 2. 1940
OM 3. 4. 1904

BRANDT, Johann Friedrich
geb. Jüterbog 25. 5. 1802
gest. Merreküll (Estland) 3./15. 6. 1879
KM 19. 12. 1839

BRANDWEINER, Heinrich
geb. Wien 20. 3. 1910
KM 10. 2. 1955

BRAUER, August
geb. Oldenburg i. O. 3. 4. 1863
gest. Berlin 10. 9. 1917
OM 31. 12. 1914

BRAUN, *Alexander* Heinrich
geb. Regensburg 10. 5. 1805
gest. Berlin 29. 3. 1877
OM 16. 7. 1851

BRAUN, August *Emil*
geb. Gotha 19. 4. 1809
gest. Rom 11. 9. 1856
KM 3. 8. 1843

BRAUN, Karl *Ferdinand*
geb. Fulda 6. 6. 1850
gest. New York 20. 4. 1918
KM 19. 11. 1914

BRAUNE, Theodor *Wilhelm*
geb. Großthiemig (Prov. Sachsen) 20. 2. 1850
gest. Heidelberg 10. 11. 1926
KM 11. 5. 1922

BRAUNSCHWEIG, Wilhelm Adolf, Herzog zu
geb. Wolfenbüttel 18. 5. 1745
gest. in der Moldau 24. 8. 1770
EM 20. 12. 1764

BRAUNSCHWEIG-OELS, Friedrich August, Herzog v.
geb. Wolfenbüttel 29. 10. 1740
gest. Eisenach 8. 10. 1805
EM 20. 12. 1764

BREASTED, James Henry
geb. Rockford (Illinois) 27. 8. 1865
gest. Chicago 2. 12. 1935
KM 13. 6. 1907

BREDOW, Asmus Ehrenreich v.
geb. Senzke (Westhavelland) 29. 4. 1693
gest. Halberstadt 15. 2. 1756
EM 30. 11. 1752

BREDT, Heinrich
geb. Oberneudorf (Siebenbürgen) 29. 1. 1906
OM 18. 3. 1955

BREFELD, Oskar
geb. Telgte (Westf.) 19. 8. 1839
gest. Berlin 7. 1. 1925
KM 19. 1. 1899

BRENTANO, Franz v.
geb. Marienberg bei Boppard 16. 1. 1838
gest. Zürich 17. 3. 1917
KM 19. 2. 1914

BRERA, Valeriano Luigi
geb. Pavia 15. 9. 1772
gest. Venedig 4. 10. 1840
KM 25. 6. 1812

BRESSLAU, Harry
geb. Dannenberg (Hann.) 22. 3. 1848
gest. Heidelberg 27. 10. 1926
KM 9. 5. 1912

BREWSTER, Sir David
geb. Jedburgh (Schottland) 11. 12. 1781
gest. Allerly bei Melrose 10. 2. 1868
KM 13. 12. 1827
AM 11. 3. 1846

BRIOSCHI, Francesco
geb. Mailand 22. 12. 1824
gest. Mailand 13. 12. 1897
KM 6. 1. 1881

BROCH, Olaf
geb. Horten 4. 8. 1867
KM 5. 12. 1935

BROCH, Ole Jacob
geb. Frederikstad 14. 1. 1818
gest. Christiania 5. 2. 1889
KM 3. 2. 1876

BROCKELMANN, Carl
geb. Rostock 17. 9. 1868
gest. Halle/Saale 6. 5. 1956
KM 4. 5. 1939

BROCKHAUS, Hermann
geb. Amsterdam 28. 1. 1806
gest. Leipzig 5. 1. 1877
KM 16. 1. 1868

BRÖGGER, *Waldemar* Christofer
geb. Christiania 10. 11. 1851
gest. Oslo 17. 2. 1940
KM 17. 1. 1924

BRÖNDSTED, Peter Oluf (Ole)
geb. Fruering (Jütland) 17. 11. 1780
gest. Kopenhagen 26. 6. 1842
KM 22. 6. 1815

BRONGNIART, *Adolphe*-Théodore
geb. Paris 14. 1. 1801
gest. Paris 18. 2. 1876
KM 7. 5. 1835

BROGNIART, Alexandre
geb. Paris 5. 2. 1770
gest. Paris 7. 10. 1847
KM 13. 12. 1827

BRONN, Heinrich Georg
geb. Ziegelhausen bei Heidelberg 3. 3. 1800
gest. Heidelberg 5. 7. 1862
KM 6. 2. 1851

BROSSET, Marie-Félicité
geb. Paris 4. 2. 1798
gest. Châtellerault (Vienne) 3. 9. 1880
KM 15. 2. 1866

BROUWER, Luitzen *Egbertus* Jan
geb. Overschie bei Rotterdam 27. 2. 1881
KM 31. 10. 1929

BROWN, Robert
geb. Montrose 21. 12. 1773
gest. London 10. 6. 1858
KM 25. 6. 1812
AM 20. 3. 1834

BRUCKER, Jakob
geb. Augsburg 22. 1. 1696
gest. Augsburg 26. 11. 1770
abw M 5. 9. 1731

BRUCKMANN (BRÜCKMANN), Franz Ernst
geb. Marienthal bei Helmstedt 27. 9. 1697
gest. Wolfenbüttel 21. 3. 1753
abw M 7. 5. 1727

BRÜCKE, *Ernst* Wilhelm Ritter v.
geb. Berlin 6. 6. 1819
gest. Wien 7. 1. 1892
KM 27. 4. 1854

BRUGMANS, Sebaldus Justinus
geb. Franeker 24. 3. 1763
gest. Leiden 22. 7. 1819
KM 25. 6. 1812

BRUGNATELLI, Luigi Vincenzo
geb. Pavia 14. 2. 1761
gest. Pavia 24. 8. 1818
KM 25. 6. 1812

BRUGSCH (-Pascha), *Heinrich* Karl
geb. Berlin 18. 2. 1827
gest. Charlottenburg 9. 9. 1894
KM 13. 2. 1873

BRUGSCH, Karl Louis *Theodor*
geb. Graz 11. 10. 1878
OM 19. 7. 1949

BRUNACCI, Vincenzo
geb. Pisa 3. 3. 1768
gest. Pavia 16. 6. 1818
KM 25. 6. 1812

BRUNN, Heinrich Ritter v. (1882)
geb. Wörlitz (Anhalt) 23. 1. 1822
gest. Schliersee 23. 7. 1894
KM 26. 7. 1866
AM 13. 3. 1893

BRUNNER, Heinrich
geb. Wels (Oberösterr.) 21. 6. 1840
gest. Bad Kissingen 11. 8. 1915
OM 9. 4. 1884

BRUNS, Ernst *Heinrich*
geb. Berlin 4. 9. 1848
gest. Leipzig 23. 9. 1919
KM 11. 1. 1906

BRUNS, Karl Georg
geb. Helmstedt 24. 2. 1816
gest. Berlin 10. 12. 1880
OM 6. 3. 1875

BUBNOFF, Serge v.
geb. Petersburg 15. 7. 1888
gest. Berlin 16. 11. 1957
KM 27. 2. 1941
OM 19. 7. 1949

BUCH, Christian *Leopold* v.
geb. Stolpe (Uckermark) 25. 4. 1774
gest. Berlin 4. 3. 1853
aoM 27. 3. 1806
OM 15. 8. 1808

BUCHOLZ, Christian Friedrich
geb. Eisleben 19. 9. 1770
gest. Erfurt 9. 6. 1818
KM 25. 6. 1812

BUDDEUS, Augustin
geb. Anklam 7. 8. 1695
gest. Berlin 25. 12. 1753
OM 13. 9. 1723

BUECHELER, Franz
geb. Rheinberg 3. 6. 1837
gest. Bonn 3. 5. 1908
KM 15. 6. 1882
AM 5. 3. 1900

BÜCHNER, Andreas Elias
geb. Erfurt 9. 4. 1701
gest. Halle/Saale 29. (30.) 7. 1769
abw M 29. 10. 1738

BÜCKING, Hugo
geb. Bieber bei Hanau 12. 9. 1851
gest. Heidelberg 18. 11. 1932
KM 8. 1. 1920

BÜHLER, Johann *Georg*
geb. Borstel (Hann.) 19. 7. 1837
gest. bei Lindau a. Bodensee 8. 4. 1898
KM 11. 4. 1878

BÜLOW, Bernhard Fürst v.
geb. Klein-Flottbek bei Altona 3. 5. 1849
gest. Rom 28. 10. 1929
EM 31. 1. 1910

BÜNNING, Erwin
geb. Hamburg 23. 1. 1906
KM 13. 1. 1955

BÜRG, Johann Tobias
geb. Wien 24. 12. 1766
gest. Wiesenau bei Klagenfurt 25. 11. 1834
KM 25. 6. 1812

BÜRGER, Max
geb. Hamburg 16. 11. 1885
OM 18. 3. 1955

BÜTSCHLI, Otto
geb. Frankfurt a. Main 3. 5. 1848
gest. Heidelberg 2. 2. 1920
KM 11. 3. 1897

BUFFON, Georges-Louis LECLERC, Comte de
geb. Montbard (Bourgogne) 7. 9. 1707
gest. Paris 16. 4. 1788
AM 3. 2. 1746

BUNSEN, Christian Karl Josias Freiherr v.
geb. Korbach (Waldeck) 25. 8. 1791
gest. Bonn 28. 11. 1860
EM 7. 1. 1835
AM 24. 8. 1857

BUNSEN, *Robert* Wilhelm
geb. Göttingen 31. 3. 1811
gest. Heidelberg 16. 8. 1899
KM 19. 3. 1846
AM 3. 3. 1862

BURDACH, Konrad
geb. Königsberg i. Pr. 29. 5. 1859
gest. Berlin 18. 9. 1936
OM 9. 5. 1902

Burdon-Sanderson, Sir John
geb. Jesmond bei Newcastle-on-Tyne 21. 12. 1828
gest. Oxford 23. 11. 1905
KM 22. 2. 1900

Burgsdorf, Friedrich August Ludwig v.
geb. Leipzig 23. 3. 1747
gest. Berlin 18. 6. 1802
OM 1. 10. 1789

Burja, Abel
geb. Kiekebusch (Mark) 30. 8. 1752
gest. Berlin 16. 2. 1816
OM 29. 1. 1789

Burmeister, Karl *Hermann* Konradt
geb. Stralsund 15. 1. 1807
gest. Buenos Aires 2. 5. 1892
KM 16. 4. 1874

Burnouf, Eugène
geb. Paris 12. 8. 1801
gest. Paris 28. 5. 1852
KM 16. 2. 1837

Buschmann, Johann Karl *Eduard*
geb. Magdeburg 14. 2. 1805
gest. Berlin 21. 4. 1880
OM 24. 5. 1851

Buschor, Ernst
geb. Hürben (Bayern) 2. 6. 1886
KM 29. 5. 1943

Bussius, August Friedrich
geb. Meißen 17. 8. 1666
gest. Dresden 1727, begr. 19. 6.
abw M 12. 4. 1715

Butenandt, *Adolf* Friedrich Johann
geb. Wesermünde 24. 3. 1903
OM 29. 4. 1939

Buttmann, *Philipp* Karl
geb. Frankfurt a. Main 5. 12. 1764
gest. Berlin 21. 6. 1829
aoM 24. 5. 1806
OM 15. 8. 1808

Buys-Ballot, Christoffel Hendrik Dirk
geb. Kloetinge (Zuid Beveland) 10. 10. 1817
gest. Utrecht 3. 2. 1890
KM 3. 11. 1887

Bywater, Ingram
geb. London 27. 6. 1840
gest. London 17. 12. 1914
KM 17. 11. 1887

Cagnat, *René*-Louis-Victor
geb. Paris 10. 10. 1852
gest. Paris 27. 3. 1937
KM 3. 11. 1904

Cagnoni, Charles v.
geb. in Unteritalien
gest. Neapel vor 1790
EM 14. 10. 1751

Cahours, *Auguste*-André-Thomas
geb. Paris 2. 10. 1813
gest. Paris 17. 3. 1891
KM 16. 12. 1867

Cahusac, Louis-Joseph-Roger de
geb. Carcassonne 31. 1. 1699
gest. Paris 22. 6. 1759
AM 28. 6. 1753

Caland, Willem
geb. den Briel 27. 8. 1859
gest. Utrecht 23. 3. 1932
KM 21. 6. 1923

Caldani, Leopoldo Marco Antonio
geb. Bologna 21. 11. 1725
gest. Padua 30. 12. 1813
AM 23. 10. 1760
KM 25. 6. 1812 (irrtümlich statt EM)

Camper, Pieter
geb. Leiden 11. 5. 1722
gest. den Haag 7. 4. 1789
AM 9. 8. 1788

Canale, Michele *Giuseppe*
geb. Genua 23. 12. 1808
gest. Genua 4. 6. 1890
KM 13. 3. 1862

CANDOLLE, *Alphonse*-Louis-Pierre-Pyramus de
geb. Paris 27. 10. 1806
gest. Genf 5. 4. 1893
KM 16. 4. 1874

CANDOLLE, Augustin-*Pyramus* de
geb. Genf 4. 2. 1778
gest. Genf 9. 9. 1841
KM 13. 12. 1827

CANINA, Luigi
geb. Casale Monferrato 23. 10. 1795
gest. Florenz 17. 10. 1856
KM 17. 6. 1852

CANNIZZARO, Stanislao
geb. Palermo 13. 7. 1826
gest. Rom 10. 5. 1910
KM 6. 12. 1888

CARATHÉODORY, Konstantin
geb. Berlin 13. 9. 1873
gest. München 2. 2. 1950
OM 10. 2. 1919
EM Juli 1920
AM 26. 11. 1925

CARITA, Pierre
geb. Metz 13. 10. 1676
gest. Berlin 16. 8. 1756
OM 30. 3. 1722

CARLINI, Francesco
geb. Mailand 8. 1. 1783
gest. Crodo 29. 8. 1862
KM 22. 6. 1826

CARMER, Johann Heinrich Kasimir, Freiherr v. (1791), Graf v. (1798)
geb. Kreuznach 29. 12. 1720
gest. Rützen (Schles.) 23. 5. 1801
EM 26. 1. 1789

CARPOW, Jakob
geb. Goslar 29. 9. 1699
gest. Weimar 9. 6. 1768
abw M 16. 9. 1739

CARSTENS, Peter
geb. Brunsbüttel 13. 9. 1903
gest. Posen Jan. 1945
KM 24. 4. 1941

CARTHEUSER, Johann Friedrich
geb. Hayn (Harz) 29. 9. 1704
gest. Frankfurt/Oder 22. 6. 1777
AM 16. 11. 1758

CARUS, Karl Gustav
geb. Leipzig 3. 1. 1789
gest. Dresden 28. 7. 1869
KM 13. 12. 1827

CASATI, Christoforo Conte
geb. Mailand 2. 6. 1724
gest. Mailand 1804
AM 23. 9. 1779

CASORATI, Felice
geb. Pavia 17. 12. 1835
gest. Pavia 11. 9. 1890
KM 15. 7. 1886

CASSEBOHM, Johann Friedrich
geb. , gt. Berlin 9. 9. 1698
gest. Berlin 7. 2. 1743
OM 1741

CASSINI, Jacques
geb. Paris 18. 2. 1677
gest. Thury-sous-Clermont (Beauvaisis) 15. 4. 1756
AM 30. 6. 1746

CASSINI de Thury, César-François
geb. Paris 17. 6. 1714
gest. Paris 4. 9. 1784
AM 30. 6. 1746

CASTERA, Louis-Adrian DUPERRON (DU PERRON) DE
geb. Paris 1705
gest. Paris 28. 8. 1752
AM 8. 12. 1746

CASTIGLIONI, Luigi
geb. Azzate (Varese) 28. 9. 1882
KM 29. 6. 1950

CASTILLON, *Friedrich* Adolf Maximilian Gustav v.
geb. Lausanne 22. 9. 1747
gest. Berlin 27. 1. 1814
OM 14. 9. 1786

CASTILLON, Jean (Giovanni Francesco Mauro Melchior) de
geb. Castiglione 15. 1. 1708
gest. Berlin 11. 10. 1791
AM 4. 9. 1755
OM 5. 1. 1764

CATT, Henri Alexandre de
geb. Morges a. Genfer See 14. 6. 1725
gest. Potsdam 27. 11. 1795
OM 7. 2. 1760

CATTANEO, Gaetano
geb. Soncino bei Pavia 20. 9. 1771
gest. Triest 10. 9. 1841
KM 16. 8. 1821

CAUCHY, *Augustin*-Louis Baron de
geb. Paris 11. 8. 1789
gest. Sceaux 23. 5. 1857
AM 5. 4. 1836

CAVEDONI, Celestino
geb. Levizzano Rangone bei Modena 17. 5. 1795
gest. Modena 26. 11. 1865
KM 27. 2. 1845

CAYLEY, Arthur
geb. Richmond 16. 8. 1821
gest. Cambridge 26. 1. 1895
KM 26. 7. 1866

ČEBYŠEV (TSCHEBYSCHEW), Pafnutij L'vovič
geb. Okatovo (Gouv. Kaluga) 14. 5. 1821
gest. Petersburg 26. 11. 1894
KM 13. 7. 1871

CELSIUS, Anders
geb. Uppsala 27. 11. 1701
gest. Uppsala 25. 4. 1744
abw M 10. 2. 1734

CERATI, Gaspare Conte
geb. Parma 1690
gest. Florenz 19. 6. 1769
AM 30. 6. 1746

CERIANI, Antonio Maria
geb. Uboldo bei Saronno (Lombardei) 2. 5. 1828
gest. Mailand 8. 5. 1902
KM 4. 11. 1869

CHABERT, Joseph-Bernard Marquis de
geb. Toulon 28. 2. 1724
gest. Paris 1. 12. 1805
AM 28. 7. 1753

CHAMBERLAYNE, John
geb. um 1666
gest. London 2. 11. 1723
abw M 3. 2. 1712

CHAMBRAY, Georges Marquis de
geb. Paris 23. 10. 1783
gest. Breteuil (Eure) 7. 4. 1848
KM 20. 6. 1833

CHAMBRIER D'OLEIRES, Jean Pierre, Baron
geb. Neuchâtel 4. 10. 1753
gest. Neuchâtel 30. 12. 1822
AM 5. 1. 1792
EM 1812

CHAMISSO, Louis Charles Adelaide, gen. *Adelbert* v.
geb. Schloß Boncourt (Champagne) 30. 1. 1781
gest. Berlin 21. 8. 1838
OM 28. 6. 1835

CHARISIUS, Christian Ludwig
geb. Königsberg i. Pr. 21. 2. 1692
gest. Königsberg i. Pr. 24. 1. 1741
abw M 10. 3. 1728

CHASLES, Michel
geb. Epernon 15. 11. 1793
gest. Paris 18. 12. 1880
KM 22. 7. 1858
AM 15. 3. 1876

CHAUVIN, Etienne
geb. Nîmes 18. 4. 1640
gest. Berlin 6. 4. 1725
OM 11. 3. 1701

CHEVREUL, Michael-*Eugène*
geb. Angers 1. 9. 1786
gest. Paris 9. 4. 1889
KM 5. 6. 1834

CHIAJE, Stefano delle
geb. Teano 24. 4. 1794
gest. Neapel 22. 7. 1860
KM 27. 2. 1862 (also nach dem Tode)

CHILDE, Gordon Vere
geb. Sydney 14. 4. 1892
gest. Blue Mountains (Austral.) 19. 10. 1957
KM 17. 5. 1956

CHLADNI, *Ernst* Florens Friedrich
geb. Wittenberg 30. 11. 1756
gest. Breslau 4. 4. 1827
KM 21. 12. 1815

CHLUMECKY, Peter Ritter v.
geb. Triest 30. 3. 1825
gest. Brünn 28. 3. 1863
KM 25. 3. 1858

CHMEL, Joseph
geb. Olmütz 18. 3. 1798
gest. Wien 28. 11. 1858
KM 19. 3. 1846

CHODOWIECKI, Johann Serenius
geb. Thorn oder Koschlau um 1650
gest. Danzig 30. 7. 1726
abw M 7. 11. 1701

CHRISTOFFEL, *Elvin* Bruno
geb. Montjoie (Eifel) 10. 11. 1829
gest. Straßburg 15. 3. 1900
KM 2. 4. 1868

CHUN, Karl
geb. Höchst/Main 1. 10. 1852
gest. Leipzig 11. 4. 1914
KM 18. 1. 1900

CHUNO (CUNEAU), Johann Jakob
geb. Kassel 1661
gest. Berlin 30. 12. 1715
OM 6. 12. 1700

CHUQUET, *Arthur*-Maxime
geb. Rocroi (Ardennes) 28. 2. 1853
gest. Villemomble (Seine) 9. 6. 1925
KM 14. 2. 1907

CIAMICIAN, Giacomo
geb. Triest 27. 8. 1857
gest. Bologna 2. 1. 1922
KM 28. 10. 1909

ČICHAČEV (TSCHICHATSCHEW), Petr Aleksandrovič
geb. Gatčina bei Petersburg 1808
gest. Florenz 13. 10. 1890
EM 22. 8. 1853

CLAIRAUT, Alexis-Claude
geb. Paris 7. 5. 1713
gest. Paris 17. 5. 1765
AM 13. 2. 1744

CLAIRAUT, Jean Baptiste
geb.
gest. n. 11. 9. 1767
abw M 21. 7. 1728

CLARAC, Charles-Othon-Frédéric-Jean-Baptiste Comte de
geb. Paris 16. 6. 1777
gest. Paris 20. 1. 1847
KM 16. 8. 1821

CLARKE, Edward Daniel
geb. Willingdon (Sussex) 5. 6. 1769
gest. London 9. 3. 1822
EM 22. 6. 1815

CLAUS, *Karl* Ernst
geb. Dorpat 11./22. 1. 1796
gest. Dorpat 12./24. 3. 1864
KM 19. 11. 1863

CLAUSIUS, *Rudolf* Julius Emanuel
geb. Köslin 2. 1. 1822
gest. Bonn 24. 8. 1888
KM 30. 3. 1876

CLEBSCH, Rudolf Friedrich *Alfred*
geb. Königsberg i. Pr. 14. 1. 1833
gest. Göttingen 7. 11. 1872
KM 2. 4. 1868

CLOOS, Hans
geb. Magdeburg 8. 11. 1885
gest. Bonn 26. 9. 1951
KM 15. 4. 1937

CNOLL (KNOLL), Samuel Benjamin
geb. Öls (10. 8. 1705)
gest. Tranquebar 26. 3. 1767
abw M 31. 8. 1740

COCHIUS, Leonhard
geb. Königsberg i. Pr. 28. 1. 1718
gest. Potsdam 30. 4. 1779
OM 26. 4. 1770

CÖPER, Lüder
geb. Bremen 10. 8. 1679
gest. Berlin 26. 2. 1733
OM 29. 12. 1725

COGOLLIN, Joseph CUERS, Chevalier de
geb. Toulon 1702
gest. 1. 1 1760
AM 18. 9. 1754

COHEN, Marcel
geb. Paris 6. 2. 1884
KM 13. 1. 1955

COHN, *Ferdinand* Julius
geb. Breslau 24. 1. 1828
gest. Breslau 25. 6. 1898
KM 19. 12. 1889

COLLAS, Jean v.
geb. London 1678
gest. Weißenstein (Ostpr.) 16. 6. 1753
abw M 20. 1. 1704

COLLINSON, Peter
geb. Windermere (Westmooreland) 14. 1. 1694
gest. London 11. 8. 1768
AM 18. 7. 1754

COMPTON, Arthur Holly
geb. Wooster (Ohio) 10. 9. 1892
KM 2. 6. 1932

CONDE, José Antonio
geb. Paraleja (Cuenca) 1765
gest. Madrid 12. 6. 1820
KM 9. 12. 1819

CONDILLAC, Etienne BONNOT de
geb. Grenoble 30. 9. 1714
gest. Flux bei Beaugency 3. 8. 1780
AM 4. 12. 1749

CONDORCET, Marie-Jean-Antoine Marquis de
geb. Ribemont bei St. Quentin 17. 9. 1743
gest. Paris 28. 3. 1794
AM 21. 11. 1786–25. 1. 1793

CONFIGLIACHI, Pietro
geb. Mailand 7. 11. 1777
gest. Pavia 23. 6. 1844
KM 25. 6. 1818

CONSETT, Thomas
geb.
gest. Fort St. George (Ost-Indien) 21. 7. 1730
abw M 17. 5. 1724

CONZE, *Alexander* Christian Leopold
geb. Hannover 10. 12. 1831
gest. Kol. Grunewald bei Berlin 19. 7. 1914
OM 23. 4. 1877

COOPER, Charles Purton
geb. 1793
gest. Boulogne-s.-mer 26. 3. 1873
KM 18. 2. 1836

COREMANS, *Victor*-Amédée-Jacques-Marie
geb. Brüssel 5. 10. 1802
gest. Ixelles 23. 10. 1872
KM 7. 12. 1837–7. 2. 1838

CORNELIUS, *Karl Adolf* Wenzeslaus v.
geb. Würzburg 12. 3. 1819
gest. München 10. 2. 1903
KM 28. 10. 1897

CORRENS, *Carl* Erich
geb. München 19. 9. 1864
gest. Berlin 14. 2. 1933
OM 22. 3. 1915

CORRENS, *Erich* Paul Hubert
geb. Tübingen 12. 5. 1896
OM 2. 7. 1951

COSCHWITZ, Georg Daniel
geb. Konitz (Westpr.) 18. 2. 1679
gest. Halle/Saale 8. 5. 1729
abw M 21. 7. 1728

COSSA, Alfonso
geb. Mailand 3. 11. 1833
gest. Turin 23. 10. 1902
KM 13. 6. 1895

COSTA DE MACEDO, Joaquim José DA
geb. Lissabon 25. 4. 1777
gest. Golegã (Portugal) 15. 3. 1867
KM 15. 2. 1838

COTHENIUS, Christian Andreas
geb. Anklam 14. 2. 1708
gest. Berlin 5. 1. 1789
OM 9. 4. 1750 (geführt als AM)
EM 18. 9. 1760
OM 1765

COUSIN, Victor
geb. Paris 28. 11. 1792
gest. Cannes 13. 1. 1867
AM 7. 5. 1832

COWELL, Edward Byles
geb. Ipswich 23. 1. 1826
gest. Cambridge 9. 2. 1903
KM 20. 4. 1893

CRAMER, Gabriel
geb. Genf 31. 7. 1704
gest. Bagnols bei Nîmes 4. 1. 1752
AM 8. 12. 1746

CRAMER, Johann Friedrich
geb. Schweinfurt 1675, gt. 1. 4.
gest. den Haag 27. 2. 1715
abw M 11. 3. 1701

CRAMER, Matthias
geb. Köln um 1640
gest. um 1730
abw M 6. 4. 1712

CRAMER, Melchior Konrad
geb. Ansbach 18. 8. 1672
gest. Ansbach 28. 8. 1760
abw M 15. 6. 1729

CRAWFORD AND BALCARRES, James Ludovic LINDSAY, Earl of
geb. Saint-Germain-en-Laye 28. 7. 1847
gest. London 31. 7. 1913
EM 30. 7. 1883

CRELL, Lorenz (Florenz) Friedrich v.
geb. Helmstedt 21. 1. 1744
gest. Göttingen 7. 6. 1816
AM 3. 1. 1784
EM 24. 1. 1812

CRELLE, August Leopold
geb. Eichwerder bei Wriezen/Oder 11. 3. 1780
gest. Berlin 6. 10. 1855
OM 23. 8. 1827

CREMONA, *Luigi* Antonio Gaudentio Josephe
geb. Pavia 7. 12. 1830
gest. Rom 10. 6. 1903
KM 15. 7. 1886

CREUTZ, Friedrich Kasimir *Karl* Freiherr v.
geb. Homburg 24. 11. 1724
gest. Homburg 6. 9. 1770
AM 23. 12. 1751

CREUZER, Georg *Friedrich*
geb. Marburg 10. 3. 1771
gest. Heidelberg 16. 2. 1858
AM 11. 3. 1846

CROCE, Benedetto
geb. Pescasseroli (Prov. Aquila) 25. 2. 1866
gest. Neapel 20. 11. 1952
KM 5. 2. 1925—27. 7. 1950

CUHN, Ernst Wilhelm
geb. Kassel 7. 12. 1756
gest. Kassel 13. 3. 1809
OM 12. 1. 1792

CUMONT, *Franz* Valéry Marie
geb. Aalst (Alost, Ost-Flandern) 3. 1. 1868
gest. Wolawe-Saint-Pierre bei Brüssel 19. 8. 1947
KM 27. 4. 1911

CUNNINGHAM, Alexander
geb. London 23. 1. 1814
gest. London 28. 11. 1893
KM 17. 6. 1875

CUPER, Gisbert
geb. Hemmen (Geldern) 14. 9. 1644
gest. Deventer 22. 11. 1716
abw M 8. 1. 1711

CURTIUS, Ernst
geb. Lübeck 2. 9. 1814
gest. Berlin 11. 7. 1896
OM 29. 11. 1852
EM 1. 4. 1856
AM 3. 3. 1862
OM 1. 10. 1868

CURTIUS, Georg
geb. Lübeck 16. 4. 1820
gest. Hermsdorf (Schles.) 12. 8. 1885
KM 4. 11. 1869

CURTIUS, Theodor
geb. Duisburg 27. 5. 1857
gest. Heidelberg 8. 2. 1928
KM 26. 6. 1919

CUVIER, Jean-Léopold-Nicolas-Frédéric gen. *Georges*, Baron
geb. Montbéliard 23. 8. 1769
gest. Paris 13. 5. 1832
AM 5. 8. 1806

CYPRIAN(US), Ernst Salomon
geb. Ostheim v. d. Rhön 22. 9. 1673
gest. Gotha 19. 9. 1745
abw M 2. 4. 1703

DAHLMANN, Friedrich Christoph
geb. Wismar 13. 5. 1785
gest. Bonn 5. 12. 1860
KM 27. 2. 1845

DAINE (D'AINE), Marius-Jean-Baptiste-Nicolas
geb. Paris um 1730
gest. Paris 25. 9. 1804
AM 18. 7. 1754

DALBERG, *Karl* Theodor Anton Maria Freiherr v.
geb. Herrnsheim 8. 2. 1744
gest. Regensburg 10. 2. 1817
AM 26. 9. 1788
EM 24. 1. 1812

DALTON, John
geb. Eaglesfield (Cumberland) 6. 9. 1766
gest. Manchester 27. 7. 1844
KM 13. 12. 1827

DAMES, *Wilhelm* Barnim
geb. Stolp (Pomm.) 9. 6. 1843
gest. Berlin 22. 12. 1898
OM 30. 3. 1892

DANA, James Dwight
geb. Utica (New York) 12. 2. 1813
gest. New Haven 14. 4. 1895
KM 26. 7. 1855

DANCKELMANN, Karl Ludolf Freiherr v.
geb. Halle/Saale 12. 10. 1699
gest. Berlin 13. 12. 1764
EM 6. 12. 1754

DANGICOURT (D'ANGICOURT), Pierre
geb. Rouen 1665
gest. Berlin 5. 5. 1727
OM 1. 12. 1701

DANIELL, John Frederick
geb. London 12. 3. 1790
gest. London 13. 3. 1845
KM 23. 1. 1845

DANIELSSON, Olof *August*
geb. Häradshammer (Östergötland) 15. 10. 1852
gest. Uppsala 10. 7. 1933
KM 17. 1. 1924

DARBOUX, Jean-*Gaston*
geb. Nîmes 13. 8. 1842
gest. Paris 23. 2. 1917
KM 11. 2. 1897

DARGET, Claude-Etienne
geb. Paris 1712
gest. Paris 1778
EM 1745—1755

DARU, Pierre-Antoine-Bruno Comte
geb. Montpellier 12. 1. 1767
gest. Becheville bei Meulan 5. 9. 1829
AM 15. 8. 1808
EM 24. 1. 1812

DARWIN, *Charles* Robert
geb. Shrewsbury 12. 2. 1809
gest. Down (Kent) 19. 4. 1882
KM 26. 2. 1863
AM 2. 12. 1878

DARWIN, Sir *George* Howard
geb. Down (Kent) 9. 7. 1845
gest. Cambridge 7. 12. 1912
KM 25. 6. 1908

DAUBENTON (D'AUBENTON), Louis-Jean-Marie
geb. Montbard (Bourgogne) 29. 5. 1716
gest. Paris 1. 1. 1800
AM 15. 6. 1752

DAVILA, Don Pedro Franco
geb. Guyaquil (Peru) 1715
gest. Madrid 1785
AM 10. 9. 1767

DAVIS, William Morris
geb. Philadelphia 12. 2. 1850
gest. Pasadena 5. 2. 1934
KM 28. 7. 1910

DAVOUD-OGHLOU (später DAVOUD-PASCHA), Garabet Artin
geb. Konstantinopel (1815)
gest. Biarritz 4. 11. 1873
EM 24. 6. 1847

DAVY, Sir Humphry
geb. Penzance (Cornwall) 17. 12. 1778
gest. Genf 29. 5. 1829
AM 16. 7. 1812

DEBYE, *Peter* Joseph Wilhelm
geb. Maastricht 24. 3. 1884
KM 11. 3. 1920
OM 6. 1. 1937

DECHEN, Ernst *Heinrich* Karl v.
geb. Berlin 25. 3. 1800
gest. Bonn 15. 2. 1889
KM 3. 2. 1842

DEDEKIND, Julius Wilhelm *Richard*
geb. Braunschweig 6. 10. 1831
gest. Braunschweig 12. 2. 1916
KM 11. 3. 1880

DEFANT, *Albert* Joseph Maria
geb. Trient 12. 7. 1884
OM 8. 6. 1935

DEHIO, *Georg* Gottfried
geb. Reval 10./22. 11. 1850
gest. Tübingen 19. 3. 1932
KM 28. 10. 1920

DELAMBRE, Jean-Baptiste-Joseph
geb. Amiens 19. 9. 1749
gest. Paris 19. 8. 1822
AM 27. 7. 1787

DELBRÜCK, Johann Friedrich *Ferdinand*
geb. Magdeburg 12. 4. 1772
gest. Bonn 25. 1. 1848
KM 25. 6. 1812

DELISLE, Guillaume
geb. Paris 28. 2. 1675
gest. Paris 25. 1. 1726
abw M 3. 11. 1723

DELISLE, *Léopold*-Victor
geb. Valognes (Marne) 24. 10. 1826
gest. Chantilly 21. 7. 1910
KM 11. 4. 1867
AM 16. 11. 1902

DELONNÈS, Ange-Bernard IMBERT-
geb. Vaqueyras (Avignon) 1749
gest. Paris 23. 8. 1818
AM 22. 10. 1801
EM 24. 1. 1812

DENIFLE, *Heinrich* Suso (Josef)
geb. Imst (Tirol) 16. 1. 1844
gest. München 10. 6. 1905
KM 18. 12. 1890

DENINA, Giacomo Maria Carlo
geb. Revello (Piemont) 27. 2. 1731
gest. Paris 5. 12. 1813
OM 7. 11. 1782
AM 1805
EM 24. 1. 1812

DEPARCIEUX, Antoine
geb. Cessoux (Cevennen) 28. 10. 1703
gest. Paris 1. 9. 1768
AM 30. 6. 1746

DES CLOISEAUX, *Alfred*-Louis-Olivier LEGRAND
geb. Beauvais 17. 10. 1817
gest. Paris 6. 5. 1897
KM 27. 6. 1895

DESFONTAINES, René LOUICHE-
geb. Tremblay (Bretagne) 14. 2. 1750
gest. Paris 16. 11. 1833
KM 25. 6. 1812

DESGENETTES, *René*-Nicolas DUFRICHE, Baron
geb. Alençon 23. 5. 1762
gest. Paris 3. 2. 1837
KM 25. 6. 1812

DESLANDES, André-François BOUREAU-
geb. Pondichéry (Indien) 1690
gest. Paris 11. 4. 1757
AM 5. 10. 1752

DEUBEL, Fritz
geb. Weilar 9. 9. 1898
OM 19. 3. 1953

DEUBNER, *Ludwig* August
geb. Riga 22. 1./3. 2. 1877
gest. Berlin 25. 3. 1946
OM 13. 5. 1938

DIDEROT, Denis
geb. Langres 5. 10. 1713
gest. Paris 31. 7. 1784
AM 4. 3. 1751

DIEFENBACH, Georg *Lorenz* Anton
geb. Ostheim (Hessen) 29. 7. 1806
gest. Darmstadt 28. 3. 1883
KM 31. 1. 1861

DIELS, Friedrich *Ludwig* Emil
geb. Hamburg 24. 9. 1874
gest. Berlin 30. 11. 1945
OM 29. 1. 1931

DIELS, *Hermann* Alexander
geb. Biebrich/Rh. 18. 5. 1848
gest. Berlin 4. 6. 1922
OM 15. 8. 1881

DIETERICI, Karl Friedrich Wilhelm
geb. Berlin 23. 8. 1790
gest. Berlin 30. 7. 1859
OM 20. 1. 1847

DIEZ, Christian *Friedrich*
geb. Gießen 15. 3. 1794
gest. Bonn 29. 5. 1876
KM 27. 2. 1845
AM 11. 3. 1872

DIEZ, Heinrich Friedrich v.
geb. Bernburg 2. 9. 1751
gest. Berlin 7. 4. 1817
EM 14. 5. 1814

DILLMANN, Christian Friedrich *August*
geb. Illingen (Württ.) 25. 4. 1823
gest. Berlin 4. 7. 1894
OM 28. 3. 1877

DILTHEY, *Wilhelm* Christian Ludwig
geb. Biebrich/Rh. 19. 11. 1833
gest. Seis am Schlern (Tirol) 1. 10. 1911
OM 24. 1. 1887

DINDORF, Karl *Wilhelm*
geb. Leipzig 2. 1. 1802
gest. Leipzig 1. 8. 1883
KM 17. 12. 1846

DIRICHLET, Johann Peter *Gustav* LEJEUNE-
geb. Düren (Rhld.) 13. 2. 1805
gest. Göttingen 5. 5. 1859
OM 13. 2. 1832
AM 17. 1. 1856

DIRKSEN, Enno Heeren
geb. Hamswerum (Ostfriesland) 3. 1. 1792
gest. Paris 16. 7. 1850
OM 21. 6. 1825

DIRKSEN, Heinrich Eduard
geb. Königsberg i. Pr. 13. 9. 1790
gest. Berlin 10. 2. 1868
OM 9. 3. 1841

DISCHINGER, *Franz* Anton
geb. Heidelberg 8. 10. 1887
OM 19. 7. 1949—2. 11. 1950

DITHMAR, Justus Christoph
geb. Rotenburg/Fulda 13. 3. 1677
gest. Frankfurt/Oder 13. 3. 1737
abw M 12. 2. 1721

DITTENBERGER, Wilhelm
geb. Heidelberg 31. 8. 1840
gest. Halle/Saale 29. 12. 1906
KM 15. 6. 1882

DOBBERSTEIN, *Johannes* Christian Albert
geb. Graudenz 19. 9. 1895
OM 19. 7. 1949

DOBROVSKÝ, Joseph
geb. Györmet (Ungarn) 17. 8. 1753
gest. Brünn 6. 1. 1829
KM 25. 6. 1812

DODWELL, Edward
geb. 1767
gest. Rom 13. 5. 1832
EM 22. 6. 1815

DÖBEREINER, Johann Wolfgang
geb. Bug bei Hof 15. 12. 1780
gest. Jena 24. 3. 1849
KM 19. 2. 1835

DÖDERLEIN, Gustav
geb. Leipzig 19. 5. 1893
KM 13. 1. 1955

DOEDERLEIN, Johann Alexander
geb. Weißenburg a. Sand 11. 2. 1675
gest. Weißenburg a. Sand 23. 10. 1745
abw M 19. 6. 1726

DÖLGER, Franz
geb. Kleinwallstadt (Ufr.) 4. 10. 1891
KM 13. 1. 1955

DÖRPFELD, Wilhelm
geb. Barmen 26. 12. 1853
gest. Leukas 25. 4. 1940
EM 24. 1. 1939

DOHNA, Albrecht Christoph, Burggraf und Graf zu
geb. Berlin 13. 9. 1698
gest. Berlin 3. 5. 1752
EM 16. 2. 1744

DOLLO, Louis
geb. Lille 7. 12. 1857
gest. Brüssel 19. 4. 1931
KM 10. 5. 1928

DOMAŠNEV (DOMASCHNEW), Sergej Gerasimovič
geb. 24. 9. 1743
gest. Moskau 29. 8. 1795
AM 13. 2. 1777

DONDERS, Franz Cornelius
geb. Tilburg 27. 5. 1818
gest. Utrecht 24. 3. 1889
KM 3. 4. 1873

DOPPELMAIER, Johann Gabriel
geb. Nürnberg 27. 9. 1677
gest. Nürnberg 1. 12. 1750
abw M 12. 4. 1715

DORN, Johann Albrecht *Bernhard*
geb. Scheuerfeld bei Coburg 11. 5. 1805
gest. Petersburg 19./31. 5. 1881
KM 11. 2. 1864

DOVE, Heinrich Wilhelm
geb. Liegnitz 6. 10. 1803
gest. Berlin 4. 4. 1879
OM 4. 1. 1837

DRAGENDORFF, Johannes (*Hans*) Friedrich Ludwig Wilhelm
geb. Dorpat 3./15. 10. 1870
gest. Freiburg i. Br. 29. 1. 1941
OM 3. 4. 1916
EM 1. 4. 1922
AM 26. 11. 1925

DRESSEL, Heinrich
geb. Rom 16. 6. 1845
gest. Teisendorf (Oberbayern) 17. 7. 1920
OM 9. 5. 1902

DREYHAUPT, Johann Christoph v.
geb. Halle/Saale 20. 4. 1699
gest. Halle/Saale 13. 12. 1768
AM 10. 5. 1753

DRIVER, Samuel Rolles
geb. Southampton 2. 10. 1846
gest. Oxford 26. 2. 1914
KM 8. 12. 1910

DROYSEN, Johann Gustav
geb. Treptow/Rega 6. 7. 1808
gest. Berlin 19. 6. 1884
OM 9. 2. 1867

DRUDE, *Paul* Karl Ludwig
geb. Braunschweig 12. 7. 1863
gest. Berlin 5. 7. 1906
OM 12. 12. 1905

DU BOIS, William Edward Burghardt
geb. Great Barrington (Mass.) 23. 2. 1868
KM 20. 2. 1958

DU BOIS-REYMOND, *Emil* Heinrich
geb. Berlin 7. 11. 1818
gest. Berlin 26. 12. 1896
OM 5. 3. 1851

DUCHESNE, *Louis*-Marie-Olivier
geb. Saint-Servau (Ille-et-Villaine) 13. 9. 1843
gest. Rom 21. 4. 1922
KM 20. 7. 1893

DUCLOS, Charles PINEAU
geb. Dinan (Bretagne) 12. 2. 1704
gest. Paris 26. 3. 1772
AM 15. 6. 1752

DÜMMLER, *Ernst* Ludwig
geb. Berlin 2. 1. 1830
gest. Friedrichroda (Thür.) 11. 9. 1902
KM 30. 3. 1882
OM 19. 12. 1888

DUFRÉNOY, Ours-Pierre-*Armand* PETIT-
geb. Sevran (Seine-et-Oise) 5. 9. 1792
gest. Paris 20. 3. 1857
KM 19. 2. 1835

DUGÈS, *Antoine*-Louis
geb. Landrecies (Nord) 10. 12. 1797
gest. Montpellier 2. 5. 1838
KM 24. 3. 1836

DUHAMEL, Jean-Marie-Constant
geb. Saint-Malo 5. 2. 1797
gest. Paris 29. 4. 1872
KM 15. 4. 1847

DU-HAN DE JANDUN, Charles Egide (Gilles)
geb. Jandun (Champagne) 14. 3. 1685
gest. Berlin 3. 1. 1746
EM 23. 1. 1744

DUISBERG, Friedrich *Carl*
geb. Barmen 29. 9. 1861
gest. Leverkusen 19. 3. 1935
KM 23. 6. 1921

DULONG, Pierre-Louis
geb. Rouen 12. 2. 1785
gest. Paris 19. 7. 1838
KM 13. 12. 1827

DUMAS, *Jean-Baptiste* André
geb. Alais (Gard) 15. 7. 1800
gest. Cannes 11. 4. 1884
KM 5. 6. 1834
AM 16. 8. 1880

DUMOLARD, Charles
geb. Paris 22. 7. 1709
gest. Paris 26. 5. 1772
abw M 8. 2. 1741

DUNCKER, Maximilian (*Max*) Wolfgang
geb. Berlin 15. 10. 1811
gest. Ansbach 21. 7. 1886
OM 14. 5. 1873

DUNÉR, Nils Kristofer
geb. Billeberga (Schonen) 21. 5. 1839
gest. Stockholm 10. 11. 1914
KM 22. 2. 1900

DUREAU DE LA MALLE, *Adolphe*-Jules-César-Auguste
geb. Paris 2. 3. 1777
gest. Paris 18. 5. 1857
KM 15. 4. 1847

DUVERNOY, *Georges*-Louis
geb. Montbéliard 6. 8. 1777
gest. Paris 1. 3. 1855
KM 27. 4. 1854

EBEL, *Hermann* Wilhelm
geb. Berlin 10. 5. 1820
gest. Misdroy 19. 8. 1875
KM 4. 11. 1869

EBELING, *Christoph* Ludwig *Daniel* Friedrich
geb. Garmissen bei Hildesheim 20. 11. 1741
gest. Hamburg 30. 6. 1817
KM 25. 6. 1812

EBERHARD, Johann August
geb. Halberstadt 31. 8. 1738
gest. Halle/Saale 5./6. 1. 1809
AM 21. 11. 1786

EBNER, Ritter v. Rofenstein, Viktor
geb. Bregenz 4. 2. 1842
gest. Wien 20. 3. 1925
KM 15. 7. 1920

ECKHART, Johann Georg v. (1719)
geb. Duingen (Hann.) 7. 9. 1664
gest. Würzburg 9. 2. 1730
abw M 18. 3. 1711

EDDINGTON, Sir Arthur Stanley
geb. Kendal 28. 12. 1882
gest. Cambridge 22. 11. 1944
KM 17. 2. 1938

EGENOLFF, Johann August
geb. Dresden 22. 2. 1683
gest. 1729
abw M 6. 3. 1727

EGGER, Emile
geb. Paris 18. 7. 1813
gest. Royat (Puy-de Dôme) 31. 8. 1885
KM 11. 4. 1867

EHLERS, *Ernst* Heinrich
geb. Lüneburg 11. 11. 1835
gest. Göttingen 31. 12. 1925
KM 21. 1. 1897

EHRENBERG, Christian Gottfried
geb. Delitzsch bei Leipzig 19. 4. 1795
gest. Berlin 27. 6. 1876
KM 13. 4. 1826
OM 18. 6. 1827

EHRHARD, Albert
geb. Herbitzheim (Elsaß) 14. 3. 1862
gest. Bonn 23. 9. 1940
KM 26. 11. 1936

EHRISMANN, *Gustav* Adolf
geb. Pforzheim 8. 10. 1855
gest. Hamburg-Othmarschen 9. 9. 1941
KM 6. 12. 1923

EHRLE, Franz
geb. Isny (Württ.) 17. 10. 1845
gest. Rom 31. 3. 1934
KM 24. 7. 1913

EICHHORN, Karl Friedrich
geb. Jena 20. 11. 1781
gest. Köln 4. 7. 1854
OM 13. 2. 1832
EM 1. 1. 1847
AM 15. 4. 1847

EICHLER, August Wilhelm
geb. Neukirchen (Hessen) 22. 4. 1839
gest. Berlin 2. 3. 1887
OM 10. 3. 1880

EICKEN, Carl v.
geb. Mülheim/Ruhr 31. 12. 1873
OM 19. 7. 1949

EIMMART, Georg Christoph
geb. Regensburg 22. 8. 1638
gest. Nürnberg 5. 1. 1705
abw M 8. 4. 1701

EINSTEIN, Albert
geb. Ulm 14. 3. 1879
gest. Princeton (New Jersey) 18. 4. 1955
OM 12. 11. 1913–28. 3. 1933

EISENKOLB, *Friedrich* Johann
geb. Warnsdorf 5. 1. 1901
OM 19. 3. 1953

EISENSTEIN, Ferdinand *Gotthold* Max
geb. Berlin 16. 4. 1823
gest. Berlin 11. 10. 1852
OM 24. 4. 1852

EISSFELDT, Otto
geb. Northeim (Hann.) 1. 9. 1887
KM 24. 2. 1949
OM 19. 7. 1949

EITEL, *Wilhelm* Hermann Julius
geb. Frankfurt a. Main 6. 5. 1891
OM 10. 7. 1942–11. 12. 1945

EKWALL, Bror Oscar *Eilert*
geb. Vallsjö (Jönköpings Län) 8. 1. 1877
KM 14. 10. 1937

ÉLIE DE BEAUMONT, Jean-Baptiste-Armand-Louis-*Léonce*
geb. Canon (Calvados) 25. 9. 1798
gest. Canon (Calvados) 21. 9. 1874
KM 13. 12. 1827

ÉLIE DE BEAUMONT, Jean-Baptiste-Jacques
geb. Carentan Okt. 1732
gest. Paris 10. 1. 1786
AM 28. 4. 1768

ELLER, Johann Theodor
geb. Plötzkau (Anhalt) 26. 11. 1689
gest. Berlin 13. 9. 1760
OM 27. 7. 1725

ELSNER, Jakob
geb. Saalfeld i. Pr. im März 1692
gest. Berlin 8. 10. 1750
OM 5. 11. 1722

EMGE, Carl August
geb. Hanau 21. 4. 1886
OM 29. 4. 1939–11. 7. 1945

EMICKE, *Otto* Christoph Martin Erhard
geb. Ratibor 27. 4. 1891
OM 18. 3. 1955

ENCKE, Johann Franz
geb. Hamburg 23. 9. 1791
gest. Spandau 26. 8. 1865
KM 5. 6. 1823
OM 21. 6. 1825

ENGEL, Friedrich
geb. Lugau (Prov. Sachsen) 26. 12. 1861
gest. Gießen 29. 9. 1941
KM 21. 12. 1939

ENGEL, Johann Jakob
geb. Parchim (Meckl.) 11. 9. 1741
gest. Parchim 28. 6. 1802
OM 14. 9. 1786

ENGEL'GARDT (ENGELHARDT), Vladimir Aleksandrovič
geb. Moskau 4. 12. 1894
KM 29. 6. 1950

ENGELMANN, Theodor Wilhelm
geb. Leipzig 14. 11. 1843
gest. Berlin 20. 5. 1909
OM 14. 2. 1898

ENGLER, *Adolf* Heinrich Gustav
geb. Sagan 25. 3. 1844
gest. Berlin 10. 10. 1930
OM 29. 1. 1890

ENGLER, *Carl* Oswald Viktor
geb. Weisweil (Baden) 5. 1. 1842
gest. Karlsruhe i. B. 7. 2. 1925
KM 26. 6. 1919

EÖTVÖS, Lorand (Roland) Baron
geb. Budapest 27. 7. 1848
gest. Budapest 8. 4. 1919
KM 6. 1. 1910

ERDMANN, Benno
geb. Guhrau (Schles.) 30. 5. 1851
gest. Berlin 7. 1. 1921
KM 15. 1. 1903
OM 25. 7. 1911

ERDMANNSDÖRFFER, Bernhard
geb. Altenburg (Thür.) 24. 1. 1833
gest. Heidelberg 1. 3. 1901
KM 28. 10. 1897

ERMAN, Jean Pierre
geb. Berlin 1. 3. 1735
gest. Berlin 11. 8. 1814
OM 9. 11. 1786

ERMAN, Jean Pierre Adolphe (*Adolf*)
geb. Berlin 31. 10. 1854
gest. Berlin 26. 6. 1937
OM 18. 2. 1895

ERMAN, Paul
geb. Berlin 29. 2. 1764
gest. Berlin 11. 10. 1851
aoM 27. 3. 1806
OM 15. 8. 1808

ERTEL, *Hans* Richard Max
geb. Berlin 24. 3. 1904
OM 25. 3. 1949

ERUSALIMSKIJ (JERUSALIMSKI), Arkadij Semenovič
geb. Bichov (heute: Beloruss. SSR) 1. 6. 1901
KM 17. 5. 1956

ESAU, Abraham
geb. Tiegenhagen (Westpr.) 7. 6. 1884
gest. Düsseldorf 12. 5. 1955
OM 7. 7. 1942—30. 6. 1946

ESCHRICHT, Daniel Friedrich
geb. Kopenhagen 18. 3. 1798
gest. Kopenhagen 22. 2. 1863
KM 7. 4. 1842

ESCHSCHOLTZ, Johann Friedrich
geb. Dorpat 1./12. 11. 1793
gest. Dorpat 7./19. 5. 1831
KM 10. 12. 1829

EULER, Johann Albrecht
geb. Petersburg 16./27. 11. 1734
gest. Petersburg 6./18. 9. 1800
OM 6. 12. 1754
AM 29. 5. 1766

EULER, Leonhard
geb. Basel 15. 4. 1707
gest. Petersburg 7./18. 11. 1783
OM Juni 1741
AM 29. 5. 1766

EULER-CHELPIN, Hans v.
geb. Augsburg 15. 2. 1873
KM 6. 8. 1942

EUTING, Julius
geb. Stuttgart 11. 7. 1839
gest. Straßburg 2. 1. 1913
KM 13. 6. 1907

EVSTRATIADIS (EUSTRATIADIS), Panagiotis
geb. Mandamados (Lesbos) 1815
gest. Athen Juni 1888
KM 3. 11. 1870

EWALD, *Julius* Wilhelm
geb. Berlin 3. 12. 1811
gest. Berlin 11. 12. 1891
OM 15. 8. 1853

EXNER, Ritter v. Ewarten, *Felix* Maria
geb. Wien 23. 8. 1876
gest. Wien 7. 2. 1930
KM 10. 5. 1928

EXPILLY, Jean-Joseph d'
geb. Saint-Rémy (Provence) 1719
gest. in Italien 1793
AM 28. 6. 1764

EYTELWEIN, Johann Albert
geb. Frankfurt a. Main 31. 12. 1764
gest. Berlin 18. 8. 1849
aoM 27. 1. 1803
OM 15. 8. 1808

FABER, Johann Friedrich
geb. (Bäslack (Ostpr.))
gest. (Berlin) 1745
OM 23. 1. 1744

FABER, Samuel
geb. Altdorf 3. 3. 1657
gest. Nürnberg 10. 4. 1716
abw M 3. 10. 1715

FABRICIUS, Ernst
geb. Darmstadt 6. 9. 1857
gest. Freiburg i. Br. 22. 3. 1942
KM 25. 11. 1926

FABRICIUS, Johann
geb. Altdorf 11. 2. 1644
gest. Helmstedt 29. 1. 1729
abw M 11. 3. 1701

FÄSCH, Johann Rudolf
geb. Basel 6. 4. 1680
gest. Dresden 1. 11. 1749
abw M 2. 9. 1723

FAGNANO DEI TOSCHI, Marchese di Sant'Onorio, Giulio Cesare
geb. Senigallia 6. 12. 1682
gest. Pesaro 26. 9. 1766
AM 15. 6. 1752

FAGNANO DEI TOSCHI, Giovanni Francesco
geb. Senigallia 1715
gest. Senigallia 1797
AM 29. 6. 1772

FALCKENSTEIN, Johann Heinrich v.
geb. 6. 10. 1682
gest. Schwabach 3. 2. 1760
abw M 1731

FALK, Paul Ludwig *Adalbert*
geb. Metschkau (Schles.) 10. 8. 1827
gest. Hamm (Westf.) 7. 7. 1900
EM 5. 3. 1900

FALKENHAGEN, Hans
geb. Wernigerode 13. 5. 1895
OM 18. 3. 1955

FALTIN, Hans
geb. Halle/Saale 26. 9. 1896
OM 19. 3. 1953

FARADAY, Michael
geb. Newington Butts (Surrey) 22. 9. 1791
gest. Hampton Court bei London 25. 8. 1867
KM 20. 6. 1833
AM 28. 6. 1842

FARDELLA, Michelangelo
geb. Trapani 1650
gest. Neapel 2. 1. 1718
abw M 26. 9. 1707

FARINELLI, Arturo
geb. Intra (Prov. Novara) 30. 3. 1867
gest. Turin 21. 4. 1948
KM 22. 2. 1934

FECHNER, Gustav Theodor
geb. Groß-Särchen (Nd.-Lausitz) 19. 4. 1801
gest. Leipzig 18. 11. 1887
KM 25. 3. 1841

FEHR, Hans
geb. St. Gallen 9. 9. 1874
KM 29. 6. 1950

FELIX, Willi
geb. Zürich 10. 2. 1892
OM 18. 3. 1955

FERBER, Johann Jakob
geb. Karlskrona (Schweden) 9. 9. 1743
gest. Bern 17. 4. 1790
OM 7. 11. 1786

FERGUSON, Adam
geb. Logieraith (Perth) 20. 6. 1723
gest. Saint-Andrews 22. 2. 1816
AM 10. 9. 1793
EM 24. 1. 1812

FERNÁNDEZ GUERRA Y ORBE, Aureliano
geb. Granada 1816
gest. Madrid 7. 9. 1894
KM 30. 5. 1861

FICK, Adolf
geb. Kassel 3. 9. 1829
gest. Blankenberghe 21. 8. 1901
KM 24. 2. 1898

FICK, *Rudolf* Armin
geb. Zürich 24. 2. 1866
gest. Berlin 23. 5. 1939
OM 1. 8. 1918

FICKER, Heinrich v.
geb. München 22. 11. 1881
gest. Wien 29. 4. 1957
OM 28. 7. 1926
AM 1. 10. 1937
OM 10. 10. 1949

FICKER, Ritter v. Feldhaus, Caspar *Julius*
geb. Paderborn 30. 4. 1826
gest. Innsbruck 10. 7. 1902
KM 20. 7. 1893

FILOW, Bogdan
geb. Stara Zagora 10. 4. 1883
gest. Sofia 2. 2. 1945
KM 13. 1. 1938
EM 5. 4. 1943

FINCK V. FINCKENSTEIN, Karl Wilhelm Graf
geb. Berlin 11. 2. 1714
gest. Berlin 3. 1. 1800
EM 23. 1. 1744

FINKE, Heinrich
geb. Krechting (Westf.) 13. 6. 1855
gest. Freiburg i. Br. 19. 12. 1938
KM 22. 6. 1922

FIORELLI, Giuseppe
geb. Neapel 8. 6. 1823
gest. Neapel 30. 1. 1896
KM 12. 1. 1865

FISCHER, August
geb. Halle/Saale 14. 2. 1865
gest. Leipzig 14. 2. 1949
KM 17. 4. 1943

FISCHER, Ernst Gottfried
geb. Hoheneiche bei Saalfeld (Thür.) 17. 7. 1754
gest. Berlin 27. 1. 1831
aoM 27. 1. 1803
OM 15. 8. 1808

FISCHER, Eugen
geb. Karlsruhe i. B. 5. 6. 1874
OM 8. 5. 1937—30. 6. 1946

FISCHER, Friedrich Ernst Ludwig
geb. Halberstadt 20. 11. 1782
gest. Petersburg 5./17. 6. 1854
KM 19. 1. 1832

FISCHER, Hans
geb. Höchst/Main 27. 7. 1881
gest. München 31. 3. 1945
KM 27. 2. 1941

FISCHER, Hermann *Emil*
geb. Euskirchen (Rhld.) 9. 10. 1852
gest. Wannsee bei Berlin 15. 7. 1919
OM 6. 2. 1893

FISCHER, Kaspar
geb. Gera 1719
gest. Coburg 23. 9. 1787
abw M 14. 6. 1730

FISCHER, Kuno
geb. Sandewalde (Schles.) 27. 7. 1824
gest. Heidelberg 5. 7. 1907
KM 29. 1. 1885

FISCHER, Walther
geb. Stuttgart 27. 12. 1882
KM 13. 1. 1955

FISCHER V. WALDHEIM, Johann *Gotthelf*
geb. Waldheim (Sa.) 13. 10. 1771
gest. Moskau 6./18. 10. 1853
KM 19. 1. 1832

FITTIG, Wilhelm *Rudolf*
geb. Hamburg 6. 12. 1835
gest. Straßburg 19. 11. 1910
KM 29. 10. 1896

FITTING, Johannes
geb. Halle/Saale 23. 4. 1877
KM 29. 4. 1937

FIZEAU, Armand-Hippolyte-*Louis*
geb. Paris 23. 9. 1819
gest. Venteuil (Seine-et-Marne) 18. 9. 1896
KM 6. 8. 1863

FLAUTI, Vincenzo
geb. Neapel 4. 4. 1782
gest. Neapel 21. 6. 1863
KM 10. 12. 1829

FLEISCHER, Heinrich Lebrecht
geb. Schandau/Elbe 21. 2. 1801
gest. Leipzig 10. 2. 1888
KM 10. 4. 1851
AM 20. 4. 1874

FLEMMING, Walther
geb. Sachsenberg bei Schwerin 21. 4. 1843
gest. Kiel 4. 8. 1905
KM 1. 6. 1893

FLORMANN, Arvid Henrik
geb. Tosterup (Schonen) 4. 9. 1761
gest. Lund 21. 1. 1840
KM 25. 6. 1812

FOLKES, Martin
geb. London 29. 10. 1690
gest. London 28. 6. 1754
AM 30. 6. 1746

FONTAINE, Alexis
geb. Claveyson (Dauphiné) 13. 8. 1704
gest. Cuiseaux (Bourgogne) 21. 8. 1771
AM 2. 11. 1747

FONTENELLE, Bernard LE BOUYER (LE BOVIER) DE
geb. Rouen 11. 2. 1657
gest. Paris 9. 1. 1757
AM 4. 12. 1749

FORBES, James David
geb. Bolington (Schottland) 20. 4. 1809
gest. Clifton bei Bristol 31. 12. 1868
KM 16. 12. 1867

FORMEY, Jean-Henri *Samuel*
geb. Berlin 13. 5. 1711
gest. Berlin 8. 3. 1797
OM 23. 1. 1744

FORSTER, Johann *George* Adam
geb. Nassenhuben bei Danzig 26. 11. 1754
gest. Paris 10. 1. 1794
AM 7. 12. 1786

FORSTER, Johann Reinhold
geb. Dirschau 22. 10. 1729
gest. Halle/Saale 9. 12. 1798
AM 21. 11. 1786

FOUCART, *Paul*-François
geb. Paris 15. 3. 1836
gest. Paris 19. 5. 1926
KM 17. 7. 1884

FOUCAULT, Jean-Bernard-*Léon*
geb. Paris 18. 9. 1819
gest. Paris 11. 2. 1868
KM 2. 2. 1865

FOUNTAINE, Sir Andrew
geb. 1676
gest. Narford 4. 9. 1753
abw M vor 1707—1739

FOURIER, Jean-Baptiste-*Joseph* Baron de
geb. Auxerre 21. 3. 1768
gest. Paris 16. 5. 1830
KM 22. 6. 1826

FOURMONT, Etienne
geb. Herbelay bei Paris 23. 6. 1683
gest. Paris 19. 12. 1745
abw M 8. 2. 1741

FRACCARO, Plinio
geb. Bassano del Grappa (Vicena) 8. 1. 1883
KM 29. 6. 1950

FRÄHN, Christian Martin
geb. Rostock 23. 5. 1782
gest. Petersburg 16./28. 8. 1851
KM 4. 12. 1834

FRANCHEVILLE, Joseph DU FRESNE DE
geb. Dourlens (Picardie) 18. 9. 1704
gest. Berlin 9. 5. 1781
OM 23. 1. 1744

FRANCHI DE' CAVALIERI, Pio
geb. Veroli (Prov. Rom) 31. 8. 1869
KM 13. 2. 1930

FRANCK, Hans *Heinrich*
geb. Würzburg 22. 11. 1888
OM 19. 7. 1949

FRANCK, James
geb. Hamburg 26. 8. 1882
KM 31. 10. 1929—26. 1. 1951
(19. 11. 1942 —30. 6. 1946 unterbrochen)

FRANCKE, August Hermann
geb. Lübeck 22. 3. 1663
gest. Halle/Saale 8. 6. 1727
abw M 12. 10. 1701

FRANK, Otto
geb. Groß-Umstadt (Hessen) 21. 6. 1865
gest. München 2. 11. 1944
KM 12. 11. 1936

FRANKE, Otto
geb. Gernrode 27. 9. 1863
gest. Berlin 5. 8. 1946
OM 4. 6. 1923

FRANKLAND, Sir (1897) Edward
geb. Churchtown bei Lancaster 18. 1. 1825
gest. Golaa im Gulbrandsdal (Norwegen) 9. 8. 1899
KM 18. 11. 1875

FRAZER, Sir (1914) James George
geb. Glasgow 1. 1. 1854
gest. Cambridge 7. 5. 1941
KM 27. 4. 1911

FREIESLEBEN, Johann Karl
geb. Freiberg 14. 6. 1774
gest. Nieder-Auerbach (Vogtl.) 20. 3. 1846
KM 13. 12. 1827

FRENZEL, Walter
geb. Klein-Zschachwitz (Sa.) 29. 9. 1884
OM 19. 7. 1949

FRESENIUS, Karl *Remigius*
geb. Frankfurt a. Main 28. 12. 1818
gest. Wiesbaden 11. 6. 1897
KM 6. 12. 1888

FREYTAG, Georg Wilhelm
geb. Lüneburg 19. 9. 1788
gest. Bonn 16. 11. 1861
KM 10. 12. 1829

FRIEDLÄNDER, Eduard *Julius* Theodor
geb. Berlin 26. 6. 1813
gest. Berlin 14. 4. 1884
OM 9. 12. 1872—24. 9. 1874
EM 10. 2. 1875

FRIEDLÄNDER, Ludwig
geb. Königsberg i. Pr. 16. 7. 1824
gest. Straßburg 16. 12. 1909
KM 18. 1. 1900

FRIEDRICH, Walter
geb. Magdeburg 25. 12. 1883
OM 25. 3. 1949

FRIES, Elias Magnus
geb. Femsjö (Småland) 15. 8. 1797
gest. Uppsala 8. 2. 1878
KM 1. 6. 1854

FRIES, Jakob Friedrich
geb. Barby/Elbe 23. 8. 1773
gest. Jena 10. 8. 1843
KM 25. 6. 1812

FRINGS, Theodor
geb. Dülken (Rhld.) 23. 7. 1886
OM 21. 10. 1946

FRISCH, Johann Leonhard
geb. Sulzbach (Oberpfalz) 19. 3. 1666
gest. Berlin 21. 3. 1743
OM 6. 12. 1706

FRISI, Paolo
geb. Mailand 13. 4. 1728
gest. Mailand 22. 11. 1784
AM 16. 11. 1758

FROBENIUS, *Georg* Ferdinand
geb. Berlin 26. 10. 1849
gest. Charlottenburg 3. 8. 1917
OM 14. 1. 1893

FRÖHNER, Wilhelm
geb. Karlsruhe i. B. 17. 8. 1834
gest. Paris 22. 5. 1925
KM 23. 6. 1910

FROMME, Albert
geb. Gießen 25. 11. 1881
KM 13. 1. 1955

FRORIEP, August v.
geb. Weimar 10. 9. 1849
gest. Tübingen 11. 10. 1917
KM 19. 7. 1917

FRÜHAUF, Hans
geb. Pforzheim 4. 1. 1904
OM 19. 3. 1953

FRUMKIN, Aleksandr Naumovič
geb. Kischinew 25. 10. 1895
KM 17. 5. 1956

FUCHS, Immanuel *Lazarus*
geb. Moschin (Prov. Posen) 5. 5. 1833
gest. Berlin 26. 4. 1902
KM 6. 1. 1881
OM 9. 4. 1884

FUCHS, Johann Nepomuk
geb. Mattenzell (Bayr. Wald) 15. 5. 1774
gest. München 5. 3. 1856
KM 13. 2. 1834

FÜRBRINGER, *Max* Karl
geb. Wittenberg 30. 1. 1846
gest. Heidelberg 6. 3. 1920
KM 22. 2. 1900

FUNAIOLI, Gino
geb. Pomarance (Prov. Pisa) 2. 10. 1878
gest. Florenz 28. 12. 1958
KM 27. 9. 1939

FURIA, Francesco del
geb. Florenz 28. 12. 1777
gest. Florenz 19. 10. 1856
KM 4. 2. 1819

FURTWÄNGLER, Philipp
geb. Elze (Hann.) 21. 4. 1869
gest. Wien 19. 5. 1940
KM 19. 2. 1931

FUSS, Nikolaus
geb. Basel 29. 1. 1755
gest. Petersburg 23. 12. 1825/4. 1. 1826
AM 10. 9. 1793

GABAIN, Annemarie v.
geb. Mörchingen (Lothr.) 4. 7. 1901
KM 23. 4. 1959

GABELENTZ, Hans *Conon* v. der
geb. Altenburg 13. 10. 1807
gest. Lemnitz (Thür.) 3. 9. 1874
KM 11. 2. 1869

GABELENTZ, Hans *Georg* Conon v. der
geb. Poschwitz (Thür.) 16. 3. 1840
gest. Berlin 10. 12. 1893
OM 16. 8. 1889

GAMILLSCHEG, Ernst
geb. Neuhaus (Österr.) 28. 10. 1887
OM 7. 2. 1936—30. 6. 1946

GANSHOF, François
geb. Brügge 14. 3. 1895
KM 29. 6. 1950

GARCIN DE TASSY, Joseph-Héliodore-Sagesse-Vertu
geb. Marseille 20. 1. 1794
gest. Paris 2. 9. 1878
KM 26. 6. 1876

GARDINER, Sir Alan Henderson
geb. Eltham (Kent) 29. 3. 1879
KM 28. 3. 1935

GARDNER, Sir Percy
geb. Hackney (London) 24. 11. 1846
gest. Oxford 17. 7. 1937
KM 29. 10. 1908

GARVE, Christian
geb. Breslau 7. 1. 1742
gest. Breslau 1. 12. 1798
AM 14. 9. 1786

GAUDICHAUD-BEAUPRÉ, Charles
geb. Angoulême 4. 9. 1789
gest. Paris 16. 1. 1854
KM 13. 2. 1834

GAUDRY, Jean-*Albert*
geb. Saint-Germain-en-Laye 15. 9. 1827
gest. Paris 27. 11. 1908
KM 8. 2. 1900

GAUSS, Karl Friedrich
geb. Braunschweig 30. 4. 1777
gest. Göttingen 23. 2. 1855
AM 18. 7. 1810

GAY-LUSSAC, Joseph-Louis
geb. Saint-Léonard (Limousin) 6. 12. 1778
gest. Paris 9. 5. 1850
KM 25. 6. 1812
AM 28. 6. 1842

GAZIS (GAZES), Anthimos
geb. Meliai (Miliä, Thess.) 1758
gest. Syra 22. 12. 1828
KM 22. 6. 1815

GEBHARDT, Oscar v.
geb. Wesenberg (Estland) 10./22. 6. 1844
gest. Leipzig 9. 5. 1906
KM 9. 7. 1903

GEDIKE, Friedrich
geb. Boberow (Prignitz) 15. 1. 1754
gest. Berlin 2. 5. 1803
OM 28. 1. 1790

GEEL, Jacobus
geb. Amsterdam 12. 11. 1789
gest. Scheveningen 11. 11. 1862
KM 23. 6. 1836

GEELHAUSEN, Johann Jakob
geb. Altenkirchen (Westerwald) 25. 8. 1692
gest. Prag 16. 2. 1737
abw M 12. 6. 1732

GEER, *Gerard* Jakob Freiherr de
geb. Stockholm 2. 10. 1858
gest. Stockholm 23. 7. 1943
KM 23. 11. 1922

GEGENBAUR, Karl
geb. Würzburg 21. 8. 1826
gest. Heidelberg 14. 6. 1903
KM 17. 1. 1884
AM 5. 3. 1900

GEIGER, Hans
geb. Neustadt a. d. H. 30. 9. 1882
gest. Potsdam 24. 9. 1945
OM 6. 1. 1937

GEIJER, Erik Gustav
geb. Ransäters bruk (Värmland) 12. 1. 1783
gest. Stockholm 23. 4. 1847
KM 23. 6. 1836

GEIKIE, Sir (1891) Archibald
geb. Edinburgh 28. 12. 1835
gest. Haslemere (Surrey) 10. 11. 1924
KM 21. 2. 1889

GELL, Sir William
geb. 1777
gest. Neapel 4. 2. 1836
EM 22. 6. 1815

GELZER, Matthias
geb. Liestal (Schweiz) 19. 12. 1886
ausw OM 13. 6. 1938
OM 31. 10. 1946

GENSEL(IUS), Johann Adam
geb. Oedenburg 26. 10. 1677
gest. Oedenburg 31. 8. 1720
abw M 1719

GEORGI, Johann Gottlieb
geb. Wachholzhagen bei Treptow/Rega 31. 12. 1729
gest. Petersburg 27. 10./8. 11. 1803
AM 9. 8. 1788

GERANDO, Joseph-Marie Baron de
geb. Lyon 29. 2. 1772
gest. Paris 10. 12. 1842
KM 25. 6. 1812

GERDES, Daniel
geb. Bremen 9. 4. 1698
gest. Groningen 11. 2. 1765
abw M 8. 8. 1736

GERGONNE, Joseph-Diez
geb. Nancy 19. 6. 1771
gest. Montpellier 4. 4. 1859
KM 19. 1. 1832

GERHARD, Friedrich Wilhelm *Eduard*
geb. Posen 29. 11. 1795
gest. Berlin 12. 5. 1867
KM 12. 4. 1832
OM 12. 3. 1835

GERHARD, Karl Abraham
geb. Lerchenbrunn (Schles.) 26. 2. 1738
gest. Berlin 9. 3. 1821
OM 22. 9. 1768

GERHARDT, Carl Immanuel
geb. Herzberg (Prov. Sachsen) 2. 12. 1816
gest. Halle/Saale 5. 5. 1899
KM 31. 1. 1861

GERICKE, Peter
geb. Stendal 4. 4. 1693
gest. Helmstedt 8. 10. 1750
abw M 4. 12. 1731

GERSCH, Manfred
geb. Dresden 12. 8. 1909
OM 18. 3. 1955

GERVINUS, Georg Gottfried
geb. Darmstadt 20. 5. 1805
gest. Heidelberg 18. 3. 1871
KM 27. 2. 1845

GESENIUS, Heinrich Friedrich *Wilhelm*
geb. Nordhausen 3. 2. 1786
gest. Halle/Saale 23. 10. 1842
KM 22. 6. 1826

GESNER, Johann
geb. Zürich 28. 3. 1709
gest. Zürich 6. 5. 1790
AM 17. 6. 1751

GESNER, Johann Albrecht
geb. Auhausen/Wörnitz 17. 9. 1695
gest. Stuttgart 10. 6. 1760
AM 30. 6. 1746

GESNER, Johann Matthias
geb. Roth bei Nürnberg 9. 4. 1691
gest. Göttingen 3. 8. 1761
abw M 14. 12. 1740

GEYER, *Rudolf* Eugen
geb. Wien 22. 6. 1861
gest. Wien 15. 9. 1929
KM 23. 2. 1922

GIBBS, Josiale Willard
geb. New Haven (Conn.) 11. 2. 1839
gest. New Haven (Conn.) 28. 4. 1903
KM 22. 2. 1900

GIBBS, Oliver *Wolcott*
geb. New York 21. 2. 1822
gest. Newport 9. 12. 1908
KM 29. 1. 1885

GIESEBRECHT, Friedrich *Wilhelm* Benjamin v. (1865)
geb. Berlin 5. 3. 1814
gest. München 18. 12. 1889
KM 30. 6. 1859

GILBERT, Ludwig Wilhelm
geb. Berlin 12. 8. 1769
gest. Leipzig 7. 3. 1824
KM 25. 6. 1812

GILL, Sir (1900) David
geb. Aberdeen 12. 6. 1843
gest. London 14. 1. 1914
KM 5. 6. 1890

GIOENI, Giuseppe, a. d. Hause der Herzöge von Angio
geb. Catania 12. 5. 1747
gest. Neapel 6. 12. 1822
AM 26. 9. 1791–1812

GIOVANE, Juliane Herzogin, geb. Freiin v. MUDERSBACH
geb. Würzburg
gest. Ofen im August 1805
AM 12. 1. 1794

GISLASON, Konrad
geb. Langamýri (Island) 3. 7. 1808
gest. Kopenhagen 4. 1. 1891
KM 2. 3. 1854

GIULIARI, Giovanni Battista (Gianbattista) Carlo Conte
geb. Canelli (Piemont) 2. 6. 1818
gest. Florenz 11. 1. 1884
KM 11. 4. 1867

GLEDITSCH, Johann Gottlieb
geb. Leipzig 5. 2. 1714
gest. Berlin 5. 10. 1786
OM 23. 1. 1744

GMELIN, Christian Gottlob
geb. Tübingen 12. 10. 1792
gest. Tübingen 13. 5. 1860
KM 13. 2. 1834

GMELIN, Leopold
geb. Göttingen 2. 8. 1788
gest. Heidelberg 13. 4. 1853
KM 13. 12. 1827

GODIN, Louis
geb. Paris 28. 2. 1704
gest. Cadix 11. 9. 1760
AM 16. 3. 1752

GOEBEL, Johann Wilhelm v.
geb. Höxter 25. 3. 1683
gest. Helmstedt 6. 3. 1745
abw M 13. 2. 1726

GOEBEL, *Karl* Immanuel Eberhardt Ritter v.
geb. Billigheim (Baden) 8. 3. 1855
gest. München 10. 10. 1932
KM 16. 1. 1913

GÖPPERT, Heinrich Robert
geb. Sprottau 25. 7. 1800
gest. Breslau 18. 5. 1884
KM 6. 6. 1839

GÖRLICH, Paul
geb. Dresden 7. 10. 1905
OM 18. 3. 1955

GOERTTLER, Viktor
geb. Sondershausen 5. 1. 1897
KM 13. 1. 1955

GÖSCHEN, Johann Friedrich Ludwig
geb. Königsberg i. Pr. 16. 2. 1778
gest. Göttingen 24. 9. 1837
KM 26. 6. 1817

GOETHE, Johann Wolfgang v.
geb. Frankfurt a. Main 28. 8. 1749
gest. Weimar 22. 3. 1832
AM 5. 8. 1806

GOETTE, Alexander
geb. Petersburg 19./31. 12. 1840
gest. Heidelberg 5. 2. 1922
KM 9. 12. 1920

GÖTTLING, Karl Wilhelm
geb. Jena 19. 1. 1793
gest. Jena 20. 1. 1869
KM 9. 5. 1844

GOETZ, Walter
geb. Leipzig 11. 11. 1867
gest. Gräfelfing bei München 30. 10. 1958
KM 16. 10. 1947

GOHL(IUS), Johann Daniel
geb. (Berlin) 26. 7. 1674
gest. Wriezen/Oder 2. 4. 1731
OM 8. 1. 1711
abw M 1721

GOLDSCHMIDT, Adolf
geb. Hamburg 15. 1. 1863
gest. Basel 5. 1. 1944
OM 2. 3. 1914—12. 10. 1938

GOLDZIHER, Ignaz
geb. Stuhlweißenburg 22. 6. 1850
gest. Budapest 13. 11. 1921
KM 8. 12. 1910

GOLGI, Camillo
geb. Corteno bei Brescia 7. 7. 1844
gest. Pavia 21. 1. 1926
KM 21. 12. 1911

GOLICYN (GALLITZIN), Dimitrij Aleksejevič Fürst
geb. 15. 5. 1734
gest. Braunschweig 17. 3. 1803
AM 16. 1. 1793

GOLTZ, Georg Konrad Freiherr v. der
geb. Parsow (Pomm.) 4. 10. 1704
gest. Berlin 4. 8. 1747
EM 23. 1. 1744

GOMPERZ, Theodor
geb. Brünn 29. 3. 1832
gest. Baden bei Wien 28. 8. 1912
KM 19. 10. 1893

GONZAGA-CASTIGLIONE, Luigi Fürst
geb. Venedig 22. 5. 1745
gest. Wien 10. 9. 1819
AM 27. 7. 1789
EM 24. 1. 1812

GONZÁLEZ-REYNA, Jenaro
geb. Mineral de las Dos Estrellas (Michoacán/México) 12. 11. 1905
KM 12. 9. 1957

GORDAN, *Paul* Albert
geb. Breslau 27. 4. 1837
gest. Erlangen 21. 12. 1912
KM 22. 2. 1900

GOSSLER, *Gustav* Heinrich Konrad v.
geb. Naumburg/Saale 13. 4. 1838
gest. Danzig 29. 9. 1902
EM 5. 3. 1900

GOTHAN, Walter
geb. Woldegk (Meckl.) 26. 8. 1879
gest. Berlin 30. 12. 1954
OM 4. 6. 1949

GOTTER, Gustav Adolf Graf v.
geb. Altenburg 26. 3. 1692
gest. Berlin 28. 5. 1762
EM Febr. 1745

GOTTFRIED (GOTHOFREDUS), Georg
geb. Großenhain 1648, gt. 26. 6.
gest. Leipzig 25. 11. 1725
abw M 14. 1. 1709

GOTTSCHALDT, Kurt
geb. Dresden 25. 4. 1902
OM 19. 3. 1953

GOTTSCHED, Johann
geb. Königsberg i. Pr. 15. 7. 1668
gest. Königsberg i. Pr. 10. 4. 1704
abw M 7. 11. 1701

GOTTSCHED, Johann Christoph
geb. Judittenkirch (Ostpr.) 2. 2. 1700
gest. Leipzig 12. 12. 1766
abw M 8. 12. 1729

GOULD, Benjamin Apthorp
geb. Boston 27. 9. 1824
gest. Cambridge (Mass.) 26. 11. 1896
KM 7. 6. 1883

GOYON D'ARZAC, Guillaume-Henri-Charles Vicomte de
geb. Mézin (Guyenne) um 1740
gest. nach 1804
OM 16. 10. 1794
AM 23. 8. 1804

GRABMANN, Martin
geb. Winterzhofen (Bayern) 5. 1. 1875
gest. Eichstätt 9. 1. 1949
KM 1. 11. 1934

GRAEBE, *Carl* James Peter
geb. Frankfurt a. Main 24. 2. 1841
gest. Frankfurt a. Main 19. 1. 1927
KM 13. 6. 1907

GRAFF, Eberhard Gottlieb
geb. Elbing 10. 3. 1780
gest. Berlin 18. 10. 1841
KM 12. 4. 1832
OM 3. 1. 1833

GRAFF (DE PANCSOVA), Ludwig v.
geb. Pancsova (Ungarn) 2. 1. 1851
gest. Graz 6. 2. 1924
KM 8. 2. 1900

GRAHAM, Thomas
geb. Glasgow 20. 12. 1805
gest. London 16. 9. 1869
KM 19. 2. 1835

GRAPOW, *Hermann* Willi Berthold Kurt
geb. Rostock 1. 9. 1885
OM 8. 6. 1938

GRAY, Asa
geb. Sauquoit (New York) 18. 11. 1810
gest. Cambridge (Mass.) 30. 1. 1888
KM 26. 7. 1855

GREN, Friedrich Albert Karl
geb. Bernburg 1. 5. 1760
gest. Halle/Saale 26. 11. 1798
AM 24. 9. 1792

GRESSET, Jean-Baptiste-Louis
geb. Amiens 29. 8. 1709
gest. Amiens 16. 6. 1777
AM 2. 11. 1747

GRIFFITH, *Francis* Llewellyn
geb. Brighton 27. 5. 1862
gest. Oxford 14. 3. 1934
KM 18. 1. 1900

GRILLO, Johann David
geb. (Halberstadt) 1689
gest. Frankfurt/Oder 14. 5. 1766
abw M 24. 2. 1724

GRIMM, *Jacob* Ludwig Karl
geb. Hanau 4. 1. 1785
gest. Berlin 20. 9. 1863
KM 22. 6. 1826
AM 7. 5. 1832
OM 9. 3. 1841

GRIMM, *Wilhelm* Karl
geb. Hanau 24. 2. 1786
gest. Berlin 16. 12. 1859
KM 12. 4. 1832
OM 9. 3. 1841

GRISCHOW, Augustin
geb. Anklam 13. 12. 1683
gest. Berlin 10. 11. 1749
OM 27. 7. 1725

GRISCHOW, Augustin Nathanael
geb. Berlin 29. 9. 1726
gest. Petersburg 4./15. 6. 1760
OM 23. 10. 1749–1750

GRISEBACH, *August* Heinrich Rudolf
geb. Hannover 17. 4. 1814
gest. Göttingen 9. 5. 1879
KM 16. 4. 1874

GROBBEN, *Karl* Anton Matthias
geb. Brünn 27. 8. 1854
gest. Salzburg 13. 4. 1945
KM 23. 11. 1922

GRODDECK, Gabriel
geb. Danzig 7. 1. 1672
gest. Danzig 12. 9. 1709
abw M 7. 11. 1701

GROEBER, Gustav
geb. Leipzig 4. 5. 1844
gest. Straßburg 5. 11. 1911
KM 18. 1. 1900

GROOT, Johann Jakob Maria de
geb. Schiedam (Süd-Holland) 18. 2. 1854
gest. Berlin 24. 9. 1921
OM 4. 1. 1912

GROSSER, Otto
geb. Wien 21. 11. 1873
gest. Zell a. See 23. 3. 1951
KM 8. 2. 1934

GROSSER, Samuel
geb. Paschkerwitz (Schles.) 8. 2. 1664
gest. Görlitz 24. 6. 1736
abw M 30. 6. 1712

GROTEFEND, Georg Friedrich
geb. Hannoversch-Münden 9. 6. 1775
gest. Hannover 15. 12. 1853
KM 15. 4. 1847

GROTEFEND, Karl Ludwig
geb. Frankfurt a. Main 22. 12. 1807
gest. Hannover 27. 10. 1874
KM 13. 3. 1862

GROTRIAN, Walter
geb. Aachen 21. 4. 1890
gest. Potsdam 3. 3. 1954
OM 2. 7. 1951

GRÜNBERG, Martin
geb. in Preuß.-Litauen
gest. (Berlin) Okt. 1706
OM 11. 3. 1701

GRUSON (GRÜSON), Jean Philippe (Johann Philipp)
geb. Magdeburg-Neustadt 2. 2. 1768
gest. Berlin 16. 11. 1857
OM 6. 2. 1798

GUASCO, Comte de Clavières, Octavien de
geb. Pinerolo 1712
gest. Verona 10. 3. 1781
AM 11. 12. 1749

GÜMBEL, Karl *Wilhelm* v.
geb. Dannenfels (Pfalz) 11. 2. 1823
gest. München 18. 6. 1898
KM 13. 6. 1895

GUÉRARD, Benjamin-Edme-Charles
geb. Montbard (Côte d'Or) 15. 3. 1797
gest. Paris 10. 3. 1854
KM 27. 2. 1845

GUIDI, Ignazio
geb. Rom 31. 7. 1844
gest. Rom 18. 4. 1935
KM 15. 12. 1904

GUILIELMINI, Domenico
geb. Bologno 27. 9. 1655
gest. Padua 12. 7. 1710
abw M 26. 9. 1707

GUIZOT, François-Pierre-Guillaume
geb. Nîmes 4. 10. 1787
gest. Val-Richer (Normandie) 12. 9. 1874
AM 14. 12. 1840

GULEKE, Nicolai
geb. Pernau (Livland) 25. 4. 1878
OM 19. 7. 1949—24. 5. 1951

GULLSTRAND, Allvar
geb. Landskrona 5. 6. 1862
gest. Stockholm 28. 7. 1930
KM 7. 2. 1924

GUTHNICK, Paul
geb. Hitdorf/Rh. 12. 1. 1879
gest. Potsdam-Babelsberg 6. 9. 1947
OM 11. 1. 1923

HABER, Fritz
geb. Breslau 9. 12. 1868
gest. Basel 29. 1. 1934
OM 16. 12. 1914

HABERLANDT, *Gottlieb* Johann Friedrich
geb. Ungarisch-Altenburg 28. 11. 1854
gest. Berlin 30. 1. 1945
KM 8. 6. 1899
OM 3. 7. 1911

HAEFTEN, *Hans* Maximilian Gustav v.
geb. Haus Fürstenberg bei Xanten 13. 6. 1870
gest. Gotha 9. 6. 1937
OM 12. 8. 1933

HÄGGQVIST, Gösta
geb. Rödön (Jamtsland Län) 18. 10. 1891
KM 29. 6. 1950

HAENISCH, Axel *Erich*
geb. Berlin 27. 8. 1880
OM 25. 2. 1942

HAGEN, Friedrich Heinrich v. der
geb. Schmiedeberg (Schles.) 19. 2. 1780
gest. Berlin 11. 6. 1856
OM 9. 3. 1841

HAGEN, *Gotthilf* Heinrich Ludwig
geb. Königsberg i. Pr. 3. 3. 1797
gest. Königsberg i. Pr. 3. 2. 1884
OM 28. 6. 1842

HAHN, Otto
geb. Frankfurt a. Main 8. 3. 1879
OM 2. 12. 1924

HAIDINGER, *Wilhelm* Karl, Ritter v. (1865)
geb. Wien 5. 2. 1795
gest. Dornbach bei Wien 19. 3. 1871
KM 7. 4. 1842

HALDANE, John Burdon Sanderson
geb. Oxford 5. 11. 1892
KM 29. 6. 1950

HALLER, Albrecht v.
geb. Bern 16. 10. 1708
gest. Bern 12. 12. 1777
AM 4. 9. 1749

HALM, *Carl* Felix v.
geb. München 5. 4. 1809
gest. München 5. 10. 1882
KM 13. 1. 1870

HALMA, Nicolas
geb. Sedan 31. 12. 1755
gest. Paris 4. 6. 1828
KM 16. 8. 1821

HAMAKER, Hendrik Arent
geb. Amsterdam 25. 2. 1789
gest. Neerlangbroek 7. 10. 1835
KM 12. 2. 1829

HAMANN, Richard
geb. Seehausen (Kr. Wanzleben) 29. 5. 1879
OM 25. 3. 1949

HAMEL, *Georg* Karl Wilhelm
geb. Düren (Rhld.) 12. 9. 1877
gest. Landshut 4. 10. 1954
OM 28. 11. 1938—11. 3. 1954

HAMILTON, William Richard
geb. London 9. 1. 1777
gest. London 11. 7. 1859
EM 22. 6. 1815

HAMILTON, Sir William Rowan
geb. Dublin 3./4. 8. 1805
gest. Dublin 2. 9. 1865
KM 6. 6. 1839

HAMMAR, Johannes *August*
geb. Karlskrona 21. 8. 1861
gest. Uppsala 17. 4. 1946
KM 7. 2. 1924

HAMMER-PURGSTALL, Joseph Freiherr v. (1835)
geb. Graz 9. 6. 1774
gest. Wien 23. 11. 1856
KM 17. 3. 1814

HAMPE, Karl
geb. Bremen 3. 2. 1869
gest. Heidelberg 14. 2. 1936
KM 19. 2. 1925

HAMPERL, Herwig
geb. Wien 12. 9. 1899
KM 10. 2. 1955

HANN, *Julius* Ferdinand Edler (1912) v. (1910)
geb. Schloß Haus bei Linz 23. 3. 1839
gest. Wien 1. 10. 1921
KM 21. 2. 1889

HANSELMANN, Christian Ernst
geb. Weikersheim 8. 7. 1699
gest. Öhringen 26. 8. 1776
AM 9. 11. 1758

HANSEN, Joseph
geb. Aachen 26. 4. 1862
gest. Köln 29. 6. 1943
KM 19. 2. 1925

HANSEN, Peter Andreas
geb. Tondern 8. 12. 1795
gest. Gotha 28. 3. 1874
KM 19. 1. 1832
AM 24. 3. 1866

HANSSEN, Georg
geb. Hamburg 31. 5. 1809
gest. Göttingen 19. 12. 1894
OM 3. 3. 1862
EM 1. 4. 1869

HANSTEEN, Christopher
geb. Christiania 26. 9. 1784
gest. Christiania 15. 4. 1873
KM 13. 12. 1827

HARDER, Richard
geb. Tetenbüll (Schleswig) 19. 1. 1896
gest. Münster 4. 9. 1957
KM 4. 5. 1939

HARDY, Godfrey Harold
geb. Cranleigh (Surrey) 7. 2. 1877
gest. Cambridge 1. 12. 1947
KM 31. 10. 1929

HARENBERG, Johann Christoph
geb. Langenholzen (Hann.) 28. 4. 1696
gest. St. Lorenz bei Schöningen 12. 11. 1774
abw M 19. 3. 1738

HARMS, Joachim *Friedrich* Simon
geb. Kiel 24. 10. 1816
gest. Berlin 5. 4. 1880
OM 9. 12. 1872

HARNACK, Karl Gustav *Adolf* v. (1914)
geb. Dorpat 7./19. 5. 1851
gest. Heidelberg 10. 6. 1930
OM 10. 2. 1890

HARRISON, Ross Granville
geb. Germantown (Pennsylvania) 13. 1. 1870
KM 24. 7. 1930

HARTEL, Wilhelm Ritter v.
geb. Hof (Mähren) 28. 5. 1839
gest. Wien 14. 1. 1907
KM 19. 10. 1893

HARTING, Hans
geb. Berlin 15. 1. 1868
gest. Jena 21. 9. 1951
EM 29. 6. 1950

HARTKE, Werner
geb. Eschwege/Werra 1. 3. 1907
OM 18. 3. 1955

HARTMANN, Max
geb. Lauterecken (Pfalz) 7. 7. 1876
OM 15. 3. 1934

HARTMANN, Nicolai
geb. Riga 20. 2. 1882
gest. Göttingen 9. 10. 1950
OM 6. 4. 1934

HARTMANN, Philipp Jakob
geb. Stralsund 26. 3. 1648
gest. Königsberg i. Pr. 28. 3. 1707
abw M 7. 11. 1701

HARTMANN, Richard
geb. Neunkirchen (Württ.) 8. 6. 1881
OM 29. 4. 1939

HARTSOECKER, Nikolaus
geb. Gouda (Holland) 26. 3. 1656
gest. Utrecht 10. 12. 1725
abw M 7. 9. 1703

HARTUNG, Fritz
geb. Saargemünd 12. 1. 1883
OM 29. 4. 1939

HASE, Karl *Benedikt*
geb. Sulza (Thür.) 11. 5. 1780
gest. Paris 21. 3. 1864
KM 25. 6. 1812
AM 18. 5. 1850

HASE, Theodor v.
geb. Bremen 30. 11. 1682
gest. Bremen 25. 2. 1731
abw M 11. 7. 1718

HASSE, Helmut
geb. Kassel 25. 8. 1898
OM 19. 7. 1949

HASSINGER, Hugo
geb. Wien 8. 11. 1877
gest. Wien 13. 3. 1952
KM 23. 6. 1938

HATZIDAKIS, Georgios Nikolaou
geb. Myrthio (Kreta) 11./23. 11. 1848
gest. Athen 26. 6. 1941
KM 18. 1. 1900

HAUBER, Eberhard David
geb. Hohenhaslach (Württ.) 29. 5. 1695
gest. Kopenhagen 15. 2. 1765
abw M 2. 8. 1724

HAUCK, Albert
geb. Wassertrüdingen (Mittelfr.) 9. 12. 1845
gest. Leipzig 7. 4. 1918
KM 18. 1. 1900

HAUER, Franz Ritter v.
geb. Wien 30. 1. 1822
gest. Wien 20. 3. 1899
KM 3. 3. 1881

HAUGHTON, Sir Graves Champney
geb. Dublin 1788
gest. Saint-Cloud bei Paris 28. 8. 1849
KM 16. 2. 1837

HAUPT, Rudolph Friedrich *Moriz*
geb. Zittau 27. 7. 1808
gest. Berlin 5. 2. 1874
KM 19. 3. 1846
OM 25. 7. 1853

HAUSEN, Christian August
geb. Dresden 19. 6. 1693
gest. Leipzig 2. 5. 1743
abw M 27. 11. 1726

HAUSMANN, Johann Friedrich Ludwig
geb. Hannover 22. 2. 1782
gest. Göttingen 26. 12. 1859
KM 25. 6. 1812

HAUSSHERR, Hans
geb. Berlin 8. 7. 1898
OM 18. 3. 1955

HAUSSOULLIER, Bernard
geb. Paris 11. 9. 1853
gest. Saint-Prix (Seine-et-Oise) 26. 7. 1926
KM 2. 5. 1907

HAUY, René-Just
geb. Saint-Just (Beauvaisis) 28. 2. 1743
gest. Paris 3. 6. 1822
AM 7. 8. 1804
EM 24. 1. 1812

HAVIGHORST, Johann
geb. Bremen 25. 5. 1674
gest. Bremen 1. 1. 1732
abw M 27. 7. 1725

HAVRÁNEK, Bohuslav
geb. Prag 30. 1. 1893
KM 10. 2. 1955

HAYM, *Rudolf* Theodor
geb. Grünberg (Schles.) 5. 10. 1821
gest. St. Anton a. Arlberg 27. 8. 1901
AM 5. 3. 1900

HEAD, *Barclay* Vincent
geb. Ipswich 2. 1. 1844
gest. London 12. 6. 1914
KM 29. 10. 1908

HECKMANN, Otto
geb. Opladen (Rhld.) 23. 6. 1901
KM 5. 6. 1947

HEDIN, *Sven* Anders
geb. Stockholm 19. 2. 1865
gest. Stockholm 26. 11. 1952
KM 28. 11. 1918

HEDLINGER, Johann Karl
geb. Schwyz 28. 3. 1691
gest. Schwyz 14. 3. 1771
AM 4. 7. 1748

HEE, Christen
geb. Sandbjerg 5. 4. 1712
gest. Kopenhagen 12. 1. 1782
AM 19. 10. 1752

HEEREN, *Arnold* Hermann Ludwig
geb. Arbergen bei Bremen 25. 10. 1760
gest. Göttingen 6. 3. 1842
KM 25. 6. 1812
AM 11. 1. 1831

HEFNER-ALTENECK, *Friedrich* Franz Heinrich Philipp v.
geb. Aschaffenburg 27. 4. 1845
gest. Berlin 7. 1. 1904
OM 14. 1. 1901

HEGEL, Friedrich Wilhelm *Karl* v.
geb. Nürnberg 7. 6. 1813
gest. Erlangen 5. 12. 1901
KM 6. 4. 1876

HEIBERG, Johann Ludwig
geb. Aalborg 27. 11. 1854
gest. Kopenhagen 4. 1. 1928
KM 12. 3. 1896

HEIDENHAIN, *Rudolf* Peter Heinrich
geb. Marienwerder 29. 1. 1834
gest. Breslau 13. 10. 1897
KM 17. 1. 1884

HEIDER, Karl
geb. Wien 28. 4. 1856
gest. Deutsch-Feistritz (Steiermark) 2. 7. 1935
OM 1. 8. 1918
AM 1. 4. 1933

HEIGEL, Karl Theodor Ritter v.
geb. München 23. 8. 1842
gest. München 23. 3. 1915
KM 3. 11. 1904

HEIMREICH, Ernst Friedrich Justus, EDLER v. HEIMENTHAL (1737)
geb. Coburg 29. 8. 1701
gest. um 1760
abw M 13. 7. 1728

HEIN, Franz
geb. Grötzingen bei Karlsruhe i. B. 30. 6. 1892
OM 19. 3. 1953

HEINDORF, Ludwig Friedrich
geb. Berlin 21. 9. 1774
gest. Halle/Saale 23. 6. 1816
KM 25. 6. 1812

HEINE, Heinrich Eduard
geb. Berlin 15. 3. 1821
gest. Halle/Saale 24. 10. 1881
KM 16. 7. 1863

HEINECCIUS, Johann Michael
geb. Eisenberg (Thür.) 12. 12. 1674
gest. Halle/Saale 11. 9. 1722
abw M 9. 5. 1707

Heinius (Heine), Johann Philipp
geb. Kassel 6. 1. 1688
gest. Berlin 8. 8. 1775
OM 19. 4. 1730

Heinricher, Emil
geb. Laibach 14. 11. 1856
gest. Innsbruck 13. 7. 1934
KM 28. 1. 1932

Heinze, Max
geb. Prießnitz (Thür.) 13. 12. 1835
gest. Leipzig 17. 9. 1909
KM 18. 1. 1900

Heinzel, Richard
geb. Capo d'Istria 3. 11. 1838
gest. Wien 4. 4. 1905
KM 18. 1. 1900

Heisenberg, *Werner* Karl
geb. Würzburg 5. 12. 1901
KM 23. 6. 1938
OM 19. 4. 1943

Heiskanen, Weikko Aleksanterie
geb. Kangaslampi 23. 7. 1895
KM 29. 6. 1950

Heister, Lorenz
geb. Frankfurt a. Main 18. 9. 1683
gest. Bornum bei Königslutter 18. 4. 1758
abw M 1715

Heitz, Johann Heinrich *Emil*
geb. Straßburg 13. 11. 1825
gest. Straßburg 15. 7. 1890
KM 20. 7. 1871

Helland-Hansen, Björn
geb. Christiania 16. 10. 1877
gest. Bergen 7. 9. 1957
KM 20. 10. 1939

Hellmann, Johann Georg *Gustav*
geb. Löwen (Schles.) 3. 7. 1854
gest. Berlin 21. 2. 1939
OM 2. 12. 1911
AM 12. 11. 1931
OM 10. 12. 1931
AM 1. 4. 1935
OM 28. 10. 1937

Hellwig, Johann Christian Ludwig
geb. Garz (Pomm.) 8. 11. 1743
gest. Braunschweig 10. 9. 1831
KM 25. 6. 1812

Helmert, Friedrich *Robert*
geb. Freiberg (Sa.) 31. 7. 1843
gest. Potsdam 15. 6. 1917
OM 31. 1. 1900

Helmholtz, *Hermann* Ludwig Ferdinand v. (1883)
geb. Potsdam 31. 8. 1821
gest. Charlottenburg 8. 9. 1894
KM 15. 1. 1857
AM 1. 6. 1870
OM 1. 4. 1871

Helvetius, Claude-Adrien
geb. Paris Jan. 1715
gest. Paris 26. 12. 1771
AM 5. 1. 1764

Helvetius, Jean-Claude-Adrien
geb. Paris 18. 7. 1685
gest. Paris 17. 7. 1755
AM 28. 8. 1754

Helwig, Georg Andreas
geb. Angerburg (Ostpr.) 14. 12. 1666
gest. Angerburg (Ostpr.) 3. 1. 1748
abw M 31. 8. 1709

Hénault, Charles-Jean-François
geb. Paris 8. 2. 1685
gest. Paris 24. 11. 1770
AM 8. 5. 1749

HENCKEL, Joachim Friedrich
geb. Preuß.-Holland (Ostpr.) 4. 3. 1712
gest. Berlin 21. 7. 1779
OM 4. 7. 1776

HENDRICH, Peter Ludwig
geb. Berlin 2. 2. 1673
gest. Frankfurt/Oder 1725, begr. 26. 8.
abw M 6. 4. 1711

HENFLING, Konrad
geb. Ansbach 1648, gt. 7. 4.
gest. Ansbach 1716, begr. 15. 4.
abw M 18. 3. 1711

HENKEL, Johann Friedrich
geb. Freiberg 11. 8. 1679
gest. Freiberg 26. 1. 1744
abw M 6. 2. 1726

HENLE, Friedrich Gustav *Jakob*
geb. Fürth 20. 7. 1809
gest. Göttingen 13. 5. 1885
KM 3. 4. 1873

HENNING (HENNINGS), Karl Andreas
geb. Tangermünde 1693, gt. 27. 9.
gest. Berlin 4. 5. 1729
OM 17. 7. 1726

HENNING, Walter Bruno
geb. Ragnit (Ostpr.) 26. 8. 1908
KM 4. 4. 1957

HENRICI, Heinrich
geb. (Merseburg) 1673
gest. Halle/Saale 3. 7. 1728
OM 21. 11. 1714
abw M 1725

HENSEN, Christian Andreas *Viktor*
geb. Schleswig 10. 2. 1835
gest. Kiel 5. 2. 1924
KM 24. 2. 1898

HENZEN, Johann *Wilhelm*
geb. Bremen 24. 1. 1816
gest. Rom 27. 1. 1887
KM 16. 6. 1853

HERCHER, Rudolf
geb. Rudolstadt 11. 1. 1821
gest. Berlin 26. 3. 1878
OM 14. 7. 1873

HERDER, Johann Gottfried
geb. Mohrungen (Ostpr.) 25. 8. 1744
gest. Weimar 18. 12. 1803
AM 27. 7. 1787

HERING, Georg Karl
geb. Magdeburg 1680
gest. Berlin 1750, begr. 21. 10.
OM 31. 10. 1731

HERMANN, Jakob
geb. Basel 16. 7. 1678
gest. Basel 11. 7. 1733
abw M 26. 9. 1707

HERMANN, Johann Christoph
geb. Königsberg i. Pr.
gest. Frankfurt/Oder 28. 3. 1733
abw M 27. 11. 1726

HERMANN, Johann *Gottfried* Jakob
geb. Leipzig 28. 11. 1772
gest. Leipzig 31. 12. 1838
KM 25. 6. 1812
AM 3. 9. 1820

HERMANN, Karl Friedrich
geb. Frankfurt a. Main 4. 8. 1804
gest. Göttingen 31. 12. 1855
KM 5. 11. 1840

HERMANN, Leonhard David
geb. Massel 27. 6. 1670
gest. Massel 1. 5. 1736
abw M 20. 6. 1725

HERMBSTAEDT, Sigismund Friedrich
geb. Erfurt 14. 4. 1760
gest. Berlin 22. 10. 1833
aoM 4. 8. 1800
OM 15. 8. 1808

HERMITE, Charles
geb. Dieuze (Meurthe) 24. 12. 1822
gest. Paris 14. 1. 1901
KM 11. 8. 1859
AM 2. 1. 1884

HÉRON DE VILLEFOSSE, *Antoine*-Marie-Albert
geb. Paris 8. 12. 1845
gest. Paris 15. 6. 1919
KM 2. 2. 1893

HERRMANN, Franz Johann Benedikt
geb. Mariahof (Steiermark) 14. 3. 1755
gest. Petersburg 31. 1./12. 2. 1815
AM 23. 1. 1806
EM 24. 1. 1812

HERSCHEL, Friedrich Wilhelm
geb. Hannover 15. 11. 1738
gest. Slough 25. 8. 1822
AM 9. 8. 1788

HERSCHEL, Sir (1838) *John* Frederick William
geb. Slough 7. 3. 1792
gest. London 12. 5. 1871
KM 13. 12. 1827
AM 1. 2. 1839

HERTEL, Christian Gottlieb
geb. Fürstenwalde 1683, gt. 17. 5.
gest. Liegnitz 6. 10. 1743
abw M 1. 2. 1713

HERTENSTEIN, Johann Heinrich
geb. Straßburg 3. 12. 1676
gest. Straßburg 16. 3. 1741
abw M 12. 11. 1721

HERTWIG, *Richard* Wilhelm Karl Theodor v.
geb. Friedberg (Hessen) 23. 9. 1850
gest. Schleiderlohe (Isartal) 3. 10. 1937
KM 28. 4. 1898

HERTWIG, Wilhelm August *Oskar*
geb. Friedberg (Hessen) 21. 4. 1849
gest. Berlin 25. 10. 1922
OM 17. 4. 1893

HERTZ, Gustav
geb. Hamburg 22. 7. 1887
OM 17. 12. 1954

HERTZ, *Heinrich* Rudolf
geb. Hamburg 22. 2. 1857
gest. Bonn 1. 1. 1894
KM 7. 3. 1889

HERTZBERG, Ewald Friedrich v., Graf (1763)
geb. Lottin (Pomm.) 2. 9. 1725
gest. Berlin 27. 5. 1795
EM 7. 9. 1752

HESSE, Ludwig *Otto*
geb. Königsberg i. Pr. 22. 4. 1811
gest. München 4. 8. 1874
KM 21. 7. 1859

HESSE, Richard
geb. Nordhausen 20. 2. 1868
gest. Berlin 28. 12. 1944
OM 31. 12. 1926

HESSELBERG, Hans *Theodor*
geb. Lierne 7. 1. 1885
KM 5. 3. 1936

HEUBEL, Johann Heinrich
geb. Magdeburg um 1695
gest. Hamburg 1758, begr. 6. 12.
abw M 12. 2. 1721

HEUBNER, *Wolfgang* Otto
geb. Leipzig 18. 6. 1877
OM 14. 2. 1946—30. 6. 1950

HEUSDE, Philipp Willem van
geb. Rotterdam 17. 6. 1778
gest. Genf 28. 7. 1839
KM 25. 6. 1812

HEUSLER, Andreas
geb. Basel 10. 8. 1865
gest. Basel 28. 2. 1940
OM 8. 8. 1907
EM 1. 10. 1919
AM 26. 11. 1925

HEUZEY, Léon
geb. Rouen 1. 12. 1831
gest. Paris 8. 2. 1922
KM 18. 1. 1900—10. 5. 1915

HEYMANN, Ernst
geb. Berlin 6. 4. 1870
gest. Tübingen 2. 5. 1946
OM 4. 3. 1918

HEYMANS, Gerardus
geb. Ferwerd (Friesland) 17. 4. 1857
gest. Groningen 18. 2. 1930
KM 15. 7. 1920

HEYNE, Christian Gottlieb
geb. Chemnitz 25. 9. 1729
gest. Göttingen 14. 7. 1812
AM 21. 11. 1786

HEYNITZ, Karl Friedrich Anton v.
geb. Dröschkau bei Torgau 14. 5. 1725
gest. Berlin 15. 5. 1802
EM 12. 1. 1792

HEYROVSKÝ, Jaroslav
geb. Prag 20. 12. 1890
KM 10. 2. 1955

HIEMER, Eberhard Friedrich
geb. Hechingen 24. 5. 1682
gest. Hirsau 5. 3. 1727
abw M 2. 8. 1724

HILBERT, David
geb. Königsberg i. Pr. 23. 1. 1862
gest. Göttingen 14. 2. 1943
KM 10. 7. 1913
EM 7. 5. 1942

HILDEBRAND, Bror Emil
geb. Flerohopps järnbruk (Kalmar) 22. 2. 1806
gest. Stockholm 30. 8. 1884
KM 27. 2. 1845

HILDEBRAND Hildebrandsson, Hugo
geb. Stockholm 19. 8. 1838
gest. Uppsala 29. 7. 1925
KM 3. 5. 1917

HILDEBRANDT, Georg Friedrich
geb. Hannover 5. 6. 1764
gest. Erlangen 23. 3. 1816
KM 25. 6. 1812

HILLEBRANDT, Alfred
geb. Großnädlitz bei Breslau 15. 3. 1853
gest. Deutsch-Lissa 18. 10. 1927
KM 5. 11. 1925

HINDENBURG, Karl Friedrich
geb. Dresden 13. 7. 1741
gest. Leipzig 17. 3. 1808
AM 5. 8. 1806

HINTZE, Fritz
geb. Berlin 18. 4. 1915
KM 23. 4. 1959

HINTZE, Otto
geb. Pyritz (Pomm.) 27. 8. 1861
gest. Berlin 25. 4. 1940
OM 16. 2. 1914—2. 12. 1938

HIRSCH, Hans
geb. Zwettl (Nieder-Österr.) 27. 12. 1878
gest. Wien 20. 8. 1940
KM 12. 11. 1936

HIRSCHFELD, Otto
geb. Königsberg i. Pr. 16. 3. 1843
gest. Berlin 27. 3. 1922
OM 9. 3. 1885

HIRT, Aloys (Louis)
geb. Behla bei Donaueschingen 27. 6. 1759
gest. Berlin 29. 6. 1837
OM 3. 11. 1796

HIS, Wilhelm
geb. Basel 9. 7. 1831
gest. Leipzig 1. 5. 1904
KM 1. 6. 1893

HISINGER, Wilhelm
geb. Elfstorpsbruk (Örebro) 23. 12. 1766
gest. Skinskatteberg 28. 6. 1852
EM 4. 1. 1828

HITTORF, Johann *Wilhelm*
geb. Bonn 27. 3. 1824
gest. Münster i. W. 28. 11. 1914
KM 31. 7. 1884
AM 5. 3. 1900

HJÄRNE, Harald
geb. Klastorp (Västergötland) 2. 5. 1848
gest. Uppsala 6. 1. 1922
KM 25. 2. 1909

HOCHSTETTER, Ferdinand
geb. Hruschau (Österr.-Schles.) 5. 2. 1861
gest. Wien 10. 11. 1954
KM 25. 2. 1932

HOCKER, Johann Ludwig
geb. Leutersheim bei Ansbach 10. 8. 1670
gest. Heilsbronn 16. 4. 1746
abw M 4. 12. 1731

HÖGBOM, *Arvid* Gustaf
geb. Vännäs (Västerbotten) 11. 1. 1857
gest. Uppsala 19. 1. 1940
KM 23. 11. 1922

HÖLDER, Ernst
geb. Leipzig 2. 4. 1901
OM 18. 3. 1955

HOFF, Jacobus Henricus van 't
geb. Rotterdam 30. 8. 1852
gest. Steglitz bei Berlin 1. 3. 1911
OM 26. 2. 1896

HOFFMANN, Christian Gottfried
geb. Lauban 8. 11. 1692
gest. Frankfurt/Oder 1. 9. 1735
abw M 19. 6. 1726

HOFFMANN, Friedrich
geb. Halle/Saale 19. 2. 1660
gest. Halle/Saale 12. 11. 1742
abw M 1. 4. 1701
OM 1709
abw M 1712

HOFFMANN, Johann Gottfried
geb. Breslau 19. 7. 1765
gest. Berlin 12. 11. 1847
OM 13. 2. 1832

HOFFMANN, Johann Heinrich
geb. Kespleben (Thür.) 1669
gest. Berlin 6. 4. 1716
OM 18. 2. 1701

HOFFMANN, Johann Joseph
geb. Würzburg 16. 2. 1805
gest. den Haag 23. 1. 1878
KM 11. 2. 1875

HOFFMANNSEGG, Johann Centurius (HOFFMANN), Graf v.
geb. Rammenau (Oberlausitz) 25. 5. 1766
gest. Dresden 13. 12. 1849
EM 3. 5. 1815

HOFFMEISTER, Cuno
geb. Sonneberg (Thür.) 5. 2. 1892
KM 23. 4. 1959

HOFMANN, Franz Bruno
geb. Skalka (Böhmen) 29. 11. 1869
gest. Marburg 6. 6. 1926
OM 7. 4. 1926

HOFMANN, Georg Christian *August Wilhelm* v. (1890)
geb. Gießen 8. 4. 1818
gest. Berlin 5. 5. 1892
KM 28. 7. 1853
OM 27. 5. 1865

HOFMANN, Johann Baptist
geb. Neukenroth (Obfr.) 11. 2. 1886
gest. München 27. 7. 1954
KM 8. 8. 1941

HOFMANN, Joseph Ehrenfried
geb. München 7. 3. 1900
KM 4. 4. 1957

HOFMANN, Karl Andreas
geb. Ansbach 2. 4. 1870
gest. Berlin 15. 10. 1940
OM 21. 1. 1925

HOFMEISTER, Friedrich *Wilhelm*
geb. Leipzig 18. 5. 1824
gest. Lindenau bei Leipzig 12. 1. 1877
KM 16. 4. 1874

HOHEISEL, Daniel Friedrich
geb. Danzig (10. 10. 1693)
gest. Halle/Saale 19. 5. 1732
abw M 19. 6. 1726

HOHENLOHE-SCHILLINGSFÜRST, Prinz v. Ratibor und Corvey, Chlodwig Fürst zu
geb. Rotenburg/Fulda 31. 3. 1819
gest. Ragaz 6. 7. 1901
EM 5. 3. 1900

HOHL, *Ernst* Heinrich
geb. Stuttgart 18. 4. 1886
gest. Berlin 24. 2. 1957
OM 25. 3. 1949

HOLBACH, Paul THIERRY, Baron
geb. Edesheim (Pfalz) 1723, gt. 8. 12.
gest. Paris 21. 6. 1789
AM 18. 7. 1754

HOLL, Karl
geb. Tübingen 15. 5. 1866
gest. Berlin 23. 5. 1926
OM 12. 1. 1915

HOLLEAUX, Eugène-*Maurice*
geb. Château-Thierry 15. 4. 1861
gest. Limon bei La Ferté-sous-Jouarre 22. 9. 1932
KM 25. 2. 1909

HOLM, Peter *Edvard*
geb. Kopenhagen 26. 1. 1833
gest. Kopenhagen 18. 5. 1915
KM 3. 11. 1904

HOLST, Gabriel
geb. Marienburg um 1685
gest.
abw M 9. 3. 1712

HOLST, *Hermann* Eduard v.
geb. Fellin (Livland) 7./19. 6. 1841
gest. Freiburg i. Br. 20. 1. 1904
KM 25. 7. 1889

HOLTZ, Peter
geb. Stolberg (Rhld.) 6. 2. 1902
OM 19. 3. 1953

HOLTZE (HOLCE), Joachim
geb. Stramehl (Pomm.) 1683
gest. Bublitz 16. 2. 1742
abw M 30. 5. 1725

HOLTZENDORFF, Ernst Konrad
geb. Berlin 27. 9. 1688
gest. Colbitz (Hzm. Magdeburg) 17. 12. 1751
OM (als abw M geführt) 16. 11. 1724 bis 1743

HÓMAN, Valentin (Bálint) v.
geb. Budapest 29. 12. 1885
gest. Budapest 1951
EM 5. 7. 1939—30. 6. 1946

HOMANN, Johann Baptist
geb. Kambach bei Mindelheim (Schwaben) 20. 3. 1664
gest. Nürnberg 1. 7. 1724
abw M 12. 4. 1715

HOMEYER, Karl Gustav
geb. Wolgast (Pomm.) 13. 8. 1795
gest. Berlin 20. 10. 1874
OM 18. 5. 1850

HOMOLLE, Théophile
geb. Paris 19. 12. 1845
gest. Paris 13. 6. 1925
KM 17. 11. 1887—9. 5. 1915

HOOKER, Sir (1872) Joseph Dalton
geb. Halesworth (Suffolk) 30. 6. 1817
gest. Sunningdale (Berkshire) 10. 12. 1911
KM 1. 6. 1854
AM 29. 5. 1904

HOOKER, Sir (1836) William Jackson
geb. Norwich 6. 7. 1785
gest. Torquay 26. 9. 1872
KM 13. 2. 1834
EM 15. 8. 1855

HOOPS, Johannes
geb. Rablinghausen bei Bremen 20. 7. 1865
gest. Heidelberg 14. 4. 1949
KM 4. 5. 1939

HORCH, Friedrich Wilhelm
geb. Berlin 1701, gt. 29. 3.
gest. Berlin 18. 3. 1744
OM 15. 1. 1738—1743

HORKEL, *Johann* Adam
geb. Burg a. Fehmarn 8. 9. 1769
gest. Berlin 15. 11. 1846
OM 11. 1. 1830

HORMAYR, Joseph Freiherr v.
geb. Innsbruck 20. 1. 1782
gest. München 5. 10. 1848
KM 12. 2. 1829

HORN, Johann Gottlob
geb. Pulsnitz 17. 12. 1680
gest. Moritzburg 13. 10. 1754
abw M 19. 6. 1726

HORREBOW, Peter Nielsen
geb. Lögstör 14. 5. 1679
gest. Kopenhagen 15. 4. 1764
AM 30. 6. 1746

HORSLEY, Sir *Victor* Alexander Haden
geb. London-Kensington 14. 4. 1857
gest. Amara (Mesopotamien) 16. 7. 1916
KM 28. 7. 1910

HUBER, Johann Jakob
geb. Basel 11. 9. 1707
gest. Kassel 6. 7. 1778
AM 16. 10. 1760

HUBER, Johann Jakob
geb. Basel 27. 8. 1733
gest. Basel 21. 8. 1798
OM 15. 1. 1756
AM 27. 1. 1758

HÜBNER, Arthur
geb. Neudamm (Neumark) 17. 9. 1885
gest. Berlin 9. 3. 1937
OM 16. 3. 1932

HÜLSEN, *Christian* Karl Friedrich
geb. Charlottenburg 29. 11. 1858
gest. Florenz 19. 1. 1935
KM 2. 5. 1907

HUFELAND, Christoph Wilhelm
geb. Langensalza 12. 8. 1762
gest. Berlin 25. 8. 1836
OM 23. 12. 1800

HUGGINS, Sir (1897) William
geb. London 7. 2. 1824
gest. London 12. 5. 1910
KM 12. 12. 1895

HUMBERT, Abraham de
geb. Berlin 19. 4. 1689
gest. 12. 1. 1761
OM 23. 1. 1744

HUMBOLDT, Friedrich *Wilhelm* Christian Carl Ferdinand v.
geb. Potsdam 22. 6. 1767
gest. Tegel bei Berlin 8. 4. 1835
aoM 15. 8. 1808
OM 7. 4. 1810
AM 25. 6. 1812
OM Okt. 1819

HUMBOLDT, Friedrich Wilhelm Heinrich *Alexander* v.
geb. Berlin 14. 9. 1769
gest. Berlin 6. 5. 1859
aoM 4. 8. 1800
OM 19. 2. 1805

HUND, Friedrich
geb. Karlsruhe i. B. 4. 2. 1896
OM 25. 3. 1949

HUNFALVY, Paul
geb. Groß-Schlagendorf (Zips) 12. 3. 1810
gest. Budapest 30. 11. 1891
KM 13. 2. 1873

HUTH, *Johann* Simon *Gottfried* Sigismund
geb. Roßlau/Elbe 2. 5. 1763
gest. Dorpat 28. 2./12. 3. 1818
KM 25. 6. 1812

HUXLEY, Thomas Henry
geb. Ealing bei London 4. 5. 1825
gest. London 29. 6. 1895
KM 3. 8. 1865

HUYSSEN, Heinrich Freiherr v.
geb. , get. Essen 27. 7. 1666
gest. vor Helsingör 6. 9. 1739
abw M 28. 4. 1710

HYNITZSCH, Albrecht Friedrich
geb. (Halberstadt)
gest. Berlin 1731; begr. 10. 5.
OM 3. 5. 1719

HYRTL, Joseph
geb. Eisenstadt 7. 12. 1810
gest. Perchtoldsdorf bei Wien 17. 7. 1894
KM 15. 1. 1857

IBAÑEZ, Marquez de Mulhacén, Don Carlos
geb. Barcelona 14. 4. 1825
gest. Nizza 29. 1. 1891
EM 1. 4. 1887

IDELER, Christian *Ludwig*
geb. Groß-Brese bei Perleberg 21. 9. 1766
gest. Berlin 10. 8. 1846
OM 7. 4. 1810

IHERING, Caspar *Rudolph* v.
geb. Aurich 22. 8. 1818
gest. Göttingen 17. 9. 1892
KM 25. 7. 1889

IHRING, Heinrich Nikolaus
geb. Waldau bei Kassel 12. 2. 1663
gest. Kassel 20. 12. 1718
abw M 2. 4. 1703

IKEN, Konrad
geb. Bremen 25. 12. 1689
gest. Bremen 30. 6. 1753
AM 29. 1. 1745

IKONOMOS (OIKONOMOS), Konstantinos
geb. Zarizani (Thessalien) 8. 9. 1780
gest. Athen 8./20. 3. 1857
KM 13. 12. 1832

ILLIGER, Johann *Karl* Wilhelm
geb. Braunschweig 19. 11. 1775
gest. Berlin 10. 5. 1813
OM 7. 4. 1810

IMHOOF-BLUMER, Friedrich
geb. Winterthur 11. 5. 1838
gest. Winterthur 26. 4. 1920
KM 19. 6. 1879
AM 5. 3. 1900

INAMA-STERNEGG, Karl Theodor v.
geb. Augsburg 20. 1. 1843
gest. Innsbruck 28. 11. 1908
KM 18. 1. 1900

INFELD, Leopold
geb. Krakau 20. 8. 1898
KM 10. 2. 1955

ISELIN, Johann Rudolf
geb. Basel 20. 6. 1705
gest. Basel 3. 3. 1779
abw M 13. 2. 1726

IVORY, Sir (1831) James
geb. Dundee 1765
gest. London 21. 9. 1842
KM 22. 6. 1826

JABERG, Karl
geb. Langenthal (Kt. Bern) 24. 4. 1877
KM 14. 1. 1937

JABLONSKI, Daniel Ernst
geb. Hochzeit bei Danzig 26. 11. 1660
gest. Berlin 25. 5. 1741
OM 6. 12. 1700

JABLONSKI, Johann Theodor
geb. Danzig 15. 12. 1654
gest. Berlin 28. 4. 1731
OM 6. 10. 1700

JABLONSKI, Paul Ernst
geb. Berlin 28. 12. 1693
gest. Frankfurt/Oder 14. 9. 1757
abw M 10. 7. 1721

JACHMANN, Günther
geb. Gumbinnen 20. 5. 1887
KM 23. 10. 1947

JACOBI, Carl Gustav Jacob
geb. Potsdam 10. 12. 1804
gest. Berlin 18. 2. 1851
KM 10. 12. 1829
AM 5. 4. 1836
OM 28. 10. 1844

JACOBI, Friedrich Heinrich
geb. Düsseldorf 25. 1. 1743
gest. München 10. 3. 1819
AM 15. 8. 1808

JACOBI, Friedrich Paul
geb. Tucheband (Neumark) 8. 5. 1724
gest. bei Olmütz 8. 6. 1758
OM 5. 10. 1752

JACOBI, *Hermann* Georg
geb. Köln 11. 2. 1850
gest. Bonn 19. 10. 1937
KM 9. 2. 1911

JACOBI, Moritz Hermann
geb. Potsdam 21. 9. 1801
gest. Petersburg 26. 2./10. 3. 1874
KM 7. 4. 1859

JACOBS, Christian *Friedrich* Wilhelm
geb. Gotha 6. 10. 1764
gest. Gotha 30. 3. 1847
KM 25. 6. 1812
AM 7. 5. 1832

JACOBY, Felix
geb. Magdeburg 19. 3. 1876
gest. Berlin 10. 11. 1959
KM 30. 1. 1930
(2. 12. 1938—11. 4. 1952 unterbrochen)

JACQUIER, P. François
geb. Vitry-le-Français (Champagne) 7. 6. 1711
gest. Rom 3. 7. 1788
AM 4. 9. 1749

JACQUIN, Joseph Franz Freiherr v.
geb. Schemnitz 7. 2. 1766
gest. Wien 9. 12. 1839
EM 11. 1. 1830

JACQUIN, Nikolaus Joseph Freiherr v. (1806)
geb. Leiden 16. 2. 1727
gest. Wien 26. 10. 1817
AM 7. 12. 1786
EM 24. 1. 1812

JAEGER, *Werner* Wilhelm
geb. Lobberich (Rhld.) 30. 7. 1888
OM 5. 2. 1924
AM 1. 10. 1936
OM 14. 2. 1950

JÄGWITZ, Friedrich
geb. Polnisch-Lissa 1665
gest. Berlin 27. 9. 1727
OM 11. 3. 1701

JAGIĆ, Vratoslav v. (1908)
geb. Varasdin 6. 7. 1838
gest. Wien 5. 8. 1923
KM 16. 12. 1880
AM 25. 9. 1908

JAHN, Otto
geb. Kiel 16. 6. 1813
gest. Göttingen 9. 9. 1869
KM 10. 4. 1851

JAKOBI, Erwin
geb. Zittau 15. 1. 1884
KM 13. 1. 1955

JALLABERT, Jean
geb. Genf 26. 7. 1712
gest. Beguin bei Genf 11. 3. 1768
AM 16. 3. 1752

JAMES, William
geb. New York 11. 1. 1842
gest. Chocorna (New Hampshire) 26. 8. 1910
KM 18. 1. 1900

JAMESON, Robert
geb. Leith 11. 7. 1774
gest. Edinburgh 19. 4. 1854
KM 1. 6. 1820

JÁNOSSY, Lajos
geb. Budapest 2. 3. 1912
KM 10. 2. 1955

JANTE, Alfred
geb. Schönlanke 3. 6. 1908
OM 19. 3. 1953

JAQUEMIN, Ludwig Julius
geb.
gest.
abw M 20. 12. 1724

JARIGES, Philippe Joseph de
geb. Berlin 13. 11. 1706
gest. Berlin 9. 11. 1770
OM 31. 10. 1731
EM 27. 11. 1755

JAUCOURT, Louis Chevalier de
geb. Paris 27. 9. 1704
gest. Compiègne 3. 2. 1779
AM 5. 1. 1764

JENSEN, Christian
geb. Archsum (Insel Sylt) 20. 7. 1883
gest. Berlin 18. 9. 1940
OM 29. 4. 1939

JOFFÉ, Abram
geb. Romny 30. 10. 1880
KM 21. 6. 1928
(15. 11. 1938—14. 3. 1956 unterbrochen)

JOHNSEN, Arrien
geb. Munkbrarup (Schleswig) 8. 12. 1877
gest. Berlin 22. 3. 1934
OM 23. 10. 1922

JOLIOT-CURIE, Frédéric
geb. Paris 19. 3. 1900
gest. Paris 14. 8. 1958
KM 29. 6. 1950

JOLIOT-CURIE, Irène
geb. Paris 12. 9. 1897
gest. Paris 17. 3. 1956
KM 29. 6. 1950

JOMARD, Edme-François
geb. Versailles 22. 11. 1777
gest. Paris 22. 9. 1862
KM 16. 8. 1821

JONCKBLOET, *Willem* Joseph Andries
geb. den Haag 6. 7. 1817
gest. Wiesbaden 19. 10. 1885
KM 11. 2. 1864

JONES, Daniel
geb. London 9. 12. 1881
KM 29. 6. 1950

JORDAN, Charles Etienne
geb. Berlin 27. 8. 1700
gest. Berlin 24. 5. 1745
OM 23. 1. 1744

JOST, Ludwig
geb. Karlsruhe i. B. 13. 11. 1865
gest. Heidelberg 22. 2. 1947
KM 19. 11. 1925

JUAN Y SANTACILIA, Don Jorge
geb. Novelda (Valencia) 5. 1. 1713
gest. Madrid 21. 6. 1773
AM 16. 4. 1750

JUEL, Hans *Oscar*
geb. Stockholm 17. 6. 1863
gest. Ystad 3. 7. 1931
KM 19. 11. 1925

JÜLICHER, Gustav *Adolf*
geb. Falkenberg bei Berlin 26. 1. 1857
gest. Marburg 3. 8. 1938
KM 1. 11. 1906

JULIEN, Aignan-*Stanislas*
geb. Orléans 21. 9. 1799
gest. Paris 13. 2. 1873
KM 14. 4. 1842

JUNCKER, Christian
geb. Leipzig 16. 10. 1668
gest. Altenburg (Thür.) 19. 6. 1714
abw M 10. 9. 1711

JUNIUS, Ulrich
geb. Ulm 17. 10. 1670
gest. Leipzig 20. 3. 1726
abw M 22. 9. 1723

JUNKER, Hermann
geb. Bendorf/Rh. 29. 11. 1877
KM 27. 7. 1922

JUNKERS, Heinrich *Hugo*
geb. Rheydt 3. 2. 1859
gest. Gauting bei München 3. 2. 1935
KM 17. 1. 1929

JUSSIEU, Antoine de
geb. Lyon 6. 7. 1686
gest. Paris 22. 4. 1758
abw M 1723

JUSSIEU, Antoine-Laurent de
geb. Lyon 12. 4. 1748
gest. Paris 17. 9. 1836
AM 16. 7. 1812

JUSTI, *Carl* Nikolaus Heinrich
geb. Marburg 2. 8. 1832
gest. Bonn 10. 12. 1912
KM 30. 11. 1893

JUSTI, *Ferdinand* Wilhelm Jakob
geb. Marburg 2. 6. 1837
gest. Marburg 17. 2. 1907
KM 14. 7. 1898

JUSTI, Ludwig
geb. Marburg 14. 3. 1876
gest. Potsdam 19. 10. 1957
OM 25. 3. 1949

KABBADIAS, Panagiotis
geb. Kothreas (Kephallenia) 1. 5. 1852
gest. Athen 21. 7. 1928
KM 17. 11. 1887
AM 25. 9. 1908

KÄHLER, Erich
geb. Leipzig 16. 1. 1906
OM 18. 3. 1955

KÄMTZ, Ludwig Friedrich
geb. Treptow/Rega 11. 1. 1801
gest. Petersburg 8./20. 12. 1867
KM 25. 3. 1841

KÄSTNER, Abraham Gotthelf
geb. Leipzig 27. 9. 1719
gest. Göttingen 20. 6. 1800
AM 5. 2. 1750

KAESTNER, Alfred
geb. Leipzig 17. 5. 1901
OM 18. 3. 1955

KAHLE, Paul
geb. Hohenstein (Ostpr.) 21. 1. 1875
KM 23. 10. 1947

KAIBEL, *Georg* Wilhelm
geb. Lübeck 30. 10. 1849
gest. Göttingen 12. 10. 1901
KM 4. 6. 1891

KAISCHEW, Rostislaw
geb. Petersburg 16. 2. 1908
KM 24. 1. 1957

KAISER, Frederik
geb. Amsterdam 10. 6. 1808
gest. Leiden 28. 6. 1872
KM 15. 4. 1869

KAMERLINGH ONNES, Heike
geb. Groningen 21. 9. 1853
gest. Leiden 21. 2. 1926
KM 1. 6. 1922

KANT, Immanuel
geb. Königsberg i. Pr. 22. 4. 1724
gest. Königsberg i. Pr. 12. 2. 1804
AM 7. 12. 1786

KANTEMIR, Demeter Fürst
geb. im Fürstentum Moldau 26. 10. 1673
gest. Dmitrovka (Ukraine) 21. 8. 1723
abw M 1. 8. 1714

KAPPERT, Hans
geb. Münster i. W. 24. 8. 1890
OM 19. 7. 1949—22. 1. 1951

KAPTEYN, Jacobus Cornelius
geb. Barneveld 19. 1. 1851
gest. Amsterdam 17. 6. 1922
KM 9. 3. 1922

KARADŽIČ (KARADSCHITSCH), Vuk Stepanovič
geb. Tršič (Serbien) 26. 10./7. 11. 1787
gest. Wien 7. 2. 1864
KM 25. 4. 1850

KARAJAN, Theodor Georg Ritter v. (1869)
geb. Wien 22. 1. 1810
gest. Wien 28. 4. 1873
KM 16. 6. 1853

KARSTEN, Dietrich Ludwig Gustav
geb. Bützow (Meckl.) 5. 4. 1768
gest. Berlin 20. 5. 1810
aoM 2. 8. 1803
OM 15. 8. 1808

KARSTEN, Karl Johann Bernhard
geb. Bützow (Meckl.) 26. 11. 1782
gest. Berlin 22. 8. 1853
OM 28. 4. 1822

KATHARINA II., Kaiserin von Rußland
geb. Stettin 2. 5. 1729
gest. Petersburg 6./17. 11. 1796
AM 10. 9. 1767

KATHE, Johannes
geb. Stollberg (Harz) 22. 12. 1880
KM 10. 2. 1955

KATSCH, Gerhardt
geb. Berlin 14. 5. 1887
OM 19. 3. 1953

KAUSCH, Johann Joseph
geb. Löwenberg (Schles.) 16. 11. 1751
gest. Liegnitz 10. 3. 1825
KM 17. 3. 1814

KAUTZSCH, Hans Friedrich *Eberhard*
geb. Darmstadt 2. 11. 1911
OM 27. 9. 1957

KAYSER, Friedrich Heinrich *Emanuel*
geb. Königsberg i. Pr. 26. 3. 1845
gest. München 30. 11. 1927
KM 19. 7. 1917

KEES, Hermann
geb. Leipzig 21. 12. 1886
KM 4. 5. 1939

KEGEL, Karl
geb. Magdeburg 19. 5. 1876
gest. Freiberg (Sa.) 5. 3. 1959
OM 19. 7. 1949

KEHR, *Paul* Fridolin
geb. Waltershausen (Thür.) 28. 12. 1860
gest. Wässerndorf (Ufr.) 9. 11. 1944
OM 4. 3. 1918

KEIBEL, *Franz* Julius
geb. Adlig-Dombrowken (Westpr.) 6. 7. 1861
gest. Berlin 27. 4. 1929
OM 11. 1. 1923

KEIL, Christian August *Karl*
geb. Weißenfels 17. 5. 1812
gest. Pforta 15. 12. 1865
KM 11. 2. 1864

KEIL, Josef
geb. Reichenberg (Böhmen) 13. 10. 1878
KM 23. 9. 1958

KEIL, Theodor *Heinrich* Gottfried
geb. Gressow bei Wismar 25. 5. 1822
gest. Friedrichroda 27. 8. 1894
KM 15. 6. 1882

KEITH, James (Jakob) Francis Edward
geb. Inverugie Castle (Schottland) 11. 6. 1696
gest. bei Hochkirch 14. 10. 1758
EM 4. 9. 1750

KEITH, Peter Christoph Karl v.
geb. Poberow (Pomm.) 24. 5. 1711
gest. Berlin 27. 12. 1756
EM 16. 2. 1744

KEKULÉ V. STRADONITZ, Friedrich *August*
geb. Darmstadt 7. 9. 1829
gest. Bonn 13. 7. 1896
KM 18. 11. 1875
AM 2. 3. 1885

KEKULÉ V. STRADONITZ, Heinrich Friedrich *Reinhard*
geb. Darmstadt 6. 3. 1839
gest. Berlin 22. 3. 1911
OM 9. 6. 1898

KELLER, Ferdinand
geb. Murthalen (Kt. Zürich) 24. 12. 1800
gest. Zürich 21. 7. 1881
KM 16. 12. 1880

KELVIN, William THOMSON Lord (1892)
geb. Belfast 26. 6. 1824
gest. Netherhall, Largs (Schottland) 17. 12. 1907
KM 13. 7. 1871
AM 5. 3. 1900

KEMBLE, John Mitchell
geb. London 2. 4. 1807
gest. Dublin 26. 3. 1857
KM 27. 2. 1845

KENYON, Sir (1912) *Frederic* George
geb. London 15. 1. 1863
gest. Godstone (Surrey) 23. 8. 1952
KM 18. 1. 1900

KEYSERLING, Hermann Karl Graf v.
geb. Bliden (Kurland) 1696
gest. Warschau 19./30. 9. 1765
AM 16. 2. 1747

KEYSERLINGK, Dietrich Freiherr v.
geb. Okten (Kurland) 25. 7. 1698
gest. Berlin 13. 8. 1745
EM 23. 1. 1744

KIELHORN, Lorenz *Franz*
geb. Osnabrück 31. 5. 1840
gest. Göttingen 19. 3. 1908
KM 16. 12. 1880

KIELMEYER, Karl Friedrich v.
geb. Bebenhausen (Württ.) 22. 10. 1765
gest. Tübingen 24. 9. 1844
KM 25. 6. 1812

KIENAST, Richard
geb. Berlin 11. 9. 1892
KM 13. 1. 1955

KIENLE, Johann (*Hans*) Georg
geb. Kulmbach 22. 10. 1895
OM 14. 2. 1946

KIEPERT, Johann Samuel *Heinrich*
geb. Berlin 31. 7. 1818
gest. Berlin 21. 4. 1899
OM 25. 7. 1853

KIES, Johannes
geb. Tübingen 14. 9. 1713
gest. Tübingen 29. 7. 1781
OM 22. 11. 1742
AM 18. 9. 1754

KINSBERGEN, Jan Hendrik van, Graf (1810)
geb. Doesburg/Ijssel 1. 5. 1735
gest. Welgelegen bei Apeldoorn 24. 5. 1819
AM 6. 4. 1789
EM 24. 1. 1812

KIRCH, Christfried
geb. Guben 24. 12. 1694
gest. Berlin 9. 3. 1740
OM 8. 10. 1716

KIRCH, Gottfried
geb. Guben 18. 12. 1639
gest. Berlin 25. 7. 1710
OM 11. 7. 1700

KIRCHBERG, Helmut
geb. Mainz 31. 1. 1906
KM 17. 5. 1956
OM 27. 9. 1957

KIRCHHOFF, Gustav Robert
geb. Königsberg i. Pr. 12. 3. 1824
gest. Berlin 17. 10. 1887
KM 24. 10. 1861
AM 19. 3. 1870
OM 20. 12. 1875

KIRCHHOFF, Johann Wilhelm *Adolf*
geb. Berlin 6. 1. 1826
gest. Berlin 27. 2. 1908
OM 7. 3. 1860

KIRSTETTER (KIRSTEDT), Otto
geb. (Berlin um 1678)
gest. Berlin 1748, begr. 29. 9.
OM 29. 11. 1719–1743

KJERULF, Theodor
geb. Christiania 30. 3. 1825
gest. Christiania 25. 10. 1888
KM 3. 3. 1881

KLAFFENBACH, *Günther* Edmund Wilhelm
geb. Berlin 20. 6. 1890
OM 19. 3. 1953

KLAPROTH, Martin Heinrich
geb. Wernigerode 1. 12. 1743
gest. Berlin 1. 1. 1817
OM 24. 1. 1788

KLEIN, Christian *Felix*
geb. Düsseldorf 25. 4. 1849
gest. Göttingen 22. 6. 1925
KM 10. 7. 1913

KLEIN, Ernst Ferdinand
geb. Breslau 3. 9. 1744
gest. Berlin 18. 3. 1810
OM 1. 10. 1789
AM 29. 3. 1792
OM Dez. 1800

KLEIN, Jakob Theodor
geb. Königsberg i. Pr. 15. 8. 1685
gest. Danzig 27. 2. 1759
abw M 19. 4. 1741

KLEIN, Johann Friedrich *Karl*
geb. Hanau 15. 8. 1842
gest. Berlin 23. 6. 1907
OM 6. 4. 1887

KLEIST, Ewald Georg v.
geb. um 1705
gest. Köslin 11. 12. 1748
AM 8. 12. 1746

KLEMPERER, Victor
geb. Landsberg/Warthe 9. 10. 1881
OM 19. 3. 1953

KLIEM, Johann Christoph
geb. (Wiegleben bei Gotha) um 1668
gest. um 1730
abw M 12. 10. 1701

KLINGNER, Friedrich
geb. Dresden 7. 7. 1894
KM 10. 4. 1947

KLOSTERMANN, Erich
geb. Kiel 14. 2. 1870
KM 5. 5. 1927

KLOTZSCH, Johann Friedrich
geb. Wittenberg 9. 6. 1805
gest. Berlin 5. 11. 1860
OM 16. 7. 1851

KLUEGEL, Georg Simon
geb. Hamburg 19. 8. 1739
gest. Halle 4. 8. 1812
AM 27. 1. 1803

KLUG, Johann Christoph *Friedrich*
geb. Berlin 5. 5. 1775
gest. Berlin 3. 2. 1856
OM 11. 1. 1830

KNAPP, Georg Friedrich
geb. Gießen 7. 3. 1842
gest. Darmstadt 20. 2. 1926
KM 14. 12. 1893

KNESER, Adolf
geb. Grüssow (Meckl.) 19. 3. 1862
gest. Breslau 24. 1. 1930
KM 7. 6. 1923

KNIGTH, Richard Payne
geb. London 1750
gest. London 28. 4. 1824
EM 22. 6. 1815

KNOBELSDORFF, Friedrich *Wilhelm* Ernst v.
geb. Berlin 28. 1. 1752
gest. Berlin 19. 4. 1820
aoM 4. 5. 1804
EM 24. 1. 1812

KNOBELSDORFF, Hans Georg Wenzeslaus Freiherr v.
geb. Kuckädel bei Crossen 17. 2. 1699
gest. Berlin 16. 9. 1753
EM 23. 1. 1744

KNÖLL, Hans
geb. Wiesbaden 7. 1. 1913
OM 18. 3. 1955

KNUDSEN, *Martin* Hans Christian
geb. Hasmark (Fünen) 15. 2. 1871
gest. Kopenhagen 27. 5. 1949
KM 23. 6. 1921

KOCH, Franz
geb. Attnang (Oberösterr.) 21. 3. 1888
OM 29. 4. 1939—11. 7. 1945

KOCH, Robert
geb. Klausthal (Harz) 11. 12. 1843
gest. Baden-Baden 27. 5. 1910
OM 1. 6. 1904

KOCK, Carl *Axel* Lichnowsky
geb. Trälleborg 2. 3. 1851
gest. Lund 18. 3. 1935
KM 19. 7. 1917

KOEBE, Paul
geb. Luckenwalde 15. 2. 1882
gest. Leipzig 6. 8. 1945
KM 5. 2. 1925

KOECHLY, *Hermann* August Theodor
geb. Leipzig 5. 8. 1815
gest. Triest 3. 12. 1876
KM 31. 1. 1861

KÖHLER, Günther
geb. Dresden 15. 11. 1901
gest. Dresden 11. 7. 1958
OM 21. 12. 1956

KÖHLER, Heinrich Karl Ernst
geb. Wechselburg (Sa.) 15. 8. 1765
gest. Petersburg 22. 1./3. 2. 1838
KM 25. 6. 1812

KOEHLER, Hilding
geb. Tranemo 12. 9. 1888
KM 29. 6. 1950

KOE(H)LER, Johann David
geb. Colditz (Sa.) 18. 1. 1684
gest. Göttingen 10. 3. 1755
abw 19. 6. 1726

KÖHLER, Karl
geb. Breslau 27. 12. 1896
KM 21. 11. 1957

KÖHLER, *Ulrich* Leopold
geb. Klein-Neuhausen bei Weimar 5. 11. 1838
gest. Berlin 21. 10. 1903
KM 3. 11. 1870
OM 19. 12. 1888

KOELLE, Sigismund Wilhelm
geb. Kleebronn (Württ.) 14. 7. 1820
gest. London 18. 2. 1902
KM 10. 5. 1855

KOELLIKER, Rudolf *Albert* v.
geb. Zürich 6. 7. 1817
gest. Würzburg 2. 11. 1905
KM 3. 4. 1873
AM 16. 3. 1892

KOENEN, Adolf v.
geb. Potsdam 21. 3. 1837
gest. Göttingen 3. 5. 1915
KM 5. 5. 1904

KÖNIG, Johann *Samuel*
geb. Büdingen (Hessen) 1712, gt. 31. 7.
gest. Zuylenstein 21. 8. 1757
AM 4. 9. 1749—Juli 1752

KÖNIG, Johann Ulrich
geb. Eßlingen 8. 10. 1688
gest. Dresden 14. 3. 1744
abw M 21. 7. 1728

KÖNIG, Walter
geb. Annaberg (Erzgeb.) 26. 9. 1878
KM 13. 1. 1955

KOENIGSBERGER, Leo
geb. Posen 15. 10. 1837
gest. Heidelberg 15. 12. 1921
KM 4. 5. 1893

KÖPPEN, *Wladimir* Peter
geb. Petersburg 13./25. 9. 1846
gest. Graz 22. 6. 1940
KM 9. 3. 1922

KÖRNER, Wilhelm
geb. Kassel 20. 4. 1839
gest. Mailand 28. 3. 1925
KM 7. 1. 1909

KÖRTE, Alfred
geb. Berlin 5. 9. 1866
gest. Leipzig 6. 11. 1946
KM 29. 8. 1946

KÖTZSCHKE, Rudolf
geb. Dresden 8. 7. 1867
gest. Leipzig 3. 8. 1949
KM 2. 7. 1942

KOHLRAUSCH, Eduard
geb. Darmstadt 4. 2. 1874
gest. Berlin 22. 1. 1948
OM 21. 10. 1946

KOHLRAUSCH, *Friedrich* Wilhelm Georg
geb. Rinteln 14. 10. 1840
gest. Marburg 17. 1. 1910
KM 31. 7. 1884
OM 13. 8. 1895
EM 1. 4. 1905

KOKŠAROV (KOKSCHAROW), Nikolaj Ivanovič
geb. bei Ust'-Kamenogorsk (Gouvern. Tobolsk) 23. 11. 1818
gest. Petersburg 21. 12. 1892
KM 20. 10. 1887

KONOW, Sten
geb. S.-Aurdal (Valdres, Norwegen) 17. 4. 1867
gest. Oslo 29. 6. 1948
KM 21. 6. 1923

KOPFF, *August* Adalbert
geb. Heidelberg 5. 2. 1882
OM 7. 2. 1936

KOPITAR, Bartholomäus
geb. Repnje (Krain) 23. 8. 1780
gest. Wien 11. 8. 1844
KM 23. 6. 1836

KOPP, *Hermann* Franz Moritz
geb. Hanau 30. 10. 1817
gest. Heidelberg 20. 2. 1892
KM 16. 12. 1867
AM 13. 5. 1874

KOPP, Joseph Eutychius
geb. Beromünster 25. 4. 1793
gest. Luzern 25. 10. 1866
KM 19. 3. 1846

KORSCHELT, Eugen
geb. Zittau 28. 9. 1858
gest. Marburg 28. 12. 1946
KM 9. 12. 1920

KOSCHAKER, Paul
geb. Klagenfurt 19. 4. 1879
gest. Walchensee 1. 6. 1951
OM 18. 2. 1937

KOSEGARTEN, Hans Gottfried *Ludwig*
geb. Altenkirchen (Rügen) 10. 9. 1792
gest. Greifswald 18. 8. 1860
KM 10. 12. 1829

KOSER, *Reinhold*, Jordan Karl Bernhard Alexander
geb. Schmarsow bei Prenzlau 7. 2. 1852
gest. Berlin 25. 8. 1914
OM 12. 7. 1896

KOSSMAT, *Franz* Georg
geb. Wien 22. 8. 1871
gest. Leipzig 1. 12. 1938
KM 15. 4. 1937

KOTZEBUE, *August* Friedrich Ferdinand v.
geb. Weimar 3. 5. 1761
gest. Mannheim 23. 3. 1819
aoM 27. 1. 1803
EM 24. 1. 1812

KRAATZ, Helmut
geb. Wittenberg 6. 8. 1902
KM 10. 2. 1955
OM 21. 12. 1956

KRAEMER, *Maximilian* Heinrich
geb. Saarbrücken 27. 12. 1898
KM 21. 11. 1957

KRAFFT, Georg Wolfgang
geb. Tuttlingen 15. 7. 1701
gest. Tübingen 18. 7. 1754
AM 29. 1. 1745

KRAFT, Ernest Anton
geb. Wien 17. 8. 1880
OM 11. 6. 1937—11. 4. 1946

KRAMP, Christian
geb. Straßburg 10. 7. 1760
gest. Straßburg 14. 5. 1826
KM 25. 6. 1812

KRANTZ (CRANTZ), Gottlob
geb. Hansdorf (Oberlausitz) 24. 2. 1660
gest. Breslau 25. 12. 1733
abw M 1733

KRATZENSTEIN, Christian Gottlieb
geb. Wernigerode 30. 1. 1723
gest. Kopenhagen 7. 7. 1795
AM 26. 9. 1791

KRAUS, Carl v.
geb. Wien 20. 4. 1868
gest. München 9. 4. 1952
KM 19. 7. 1917

KRAUS, Ernst
geb. Freising 10. 7. 1889
KM 28. 5. 1959

KRAUSS, Werner
geb. Stuttgart 7. 6. 1900
OM 19. 7. 1949

KREBS, Norbert
geb. Leoben 29. 8. 1876
gest. Berlin 5. 12. 1947
OM 25. 6. 1934

KRETSCHMAR, Paul
geb. Berlin 2. 5. 1866
gest. Wien 9. 3. 1956
KM 15. 4. 1937

KRETSCHMER, Ernst
geb. Wüstenrot bei Heilbronn 8. 10. 1888
KM 10. 2. 1955

KRIES, *Johannes* Adolf v.
geb. Roggenhausen (Westpr.) 6. 10. 1853
gest. Freiburg i. Br. 30. 12. 1928
KM 18. 1. 1923

KRONECKER, Leopold
geb. Liegnitz 7. 12. 1823
gest. Berlin 29. 12. 1891
OM 23. 1. 1861

KRÜGER, Johann Gottlob
geb. Halle/Saale 15. 7. 1715
gest. Braunschweig 6. 10. 1759
AM 3. 2. 1746

KRUEGER, Karl Nikolaus *Adalbert*
geb. Marienburg 3. 12. 1832
gest. Kiel 21. 4. 1896
KM 10. 2. 1887

KRUG von NIDDA, Theodor (Dietrich) Christoph
geb. Hersfeld 1653, gt. 3. 7.
gest. Ilmenau 17. 5. 1719
OM 11. 3. 1701

KRUSCH, Bruno
geb. Görlitz 8. 7. 1857
gest. Hannover 29. 6. 1940
KM 19. 2. 1925

KRUSENSTERN, Adam Johann v.
geb. Haggud (Estland) 8./19. 11. 1770
gest. Ass (Estland) 12./24. 8. 1846
KM 13. 12. 1827

KUCZYNSKI, Jürgen
geb. Elberfeld 17. 9. 1904
OM 18. 3. 1955

KÜBLER, *Bernhard* Gustav Adolf
geb. Krotoschin 4. 7. 1859
gest. Erlangen 12. 5. 1940
KM 21. 11. 1935

KÜHN, *Alfred* Richard Wilhelm
geb. Baden-Baden 22. 4. 1885
OM 16. 6. 1938—15. 10. 1951

KÜHNE, Friedrich Wilhelm (*Willy*)
geb. Hamburg 28. 3. 1837
gest. Heidelberg 10. 6. 1900
KM 24. 2. 1898

KÜKENTHAL, *Willy* Georg
geb. Weißenfels 4. 8. 1861
gest. Berlin 20. 8. 1922
OM 12. 4. 1919

KÜSTER, Georg Gottfried
geb. Halle/Saale 1695, gt. 3. 2.
gest. Berlin 28. 3. 1776
OM 21. 7. 1728

KÜSTNER, Friedrich
geb. Görlitz 22. 8. 1856
gest. Mehlem bei Bonn 15. 10. 1936
KM 27. 10. 1910

KUHN, Franz Felix *Adalbert*
geb. Königsberg (Neumark) 19. 11. 1812
gest. Berlin 5. 5. 1881
OM 11. 3. 1872

KUHN, Hans
geb. Minden/Westf. 13. 7. 1899
OM 8. 4. 1943

KUHN, Richard
geb. Wien 3. 12. 1900
KM 27. 2. 1941

KULMUS, Johann Adam
geb. Breslau 18. 3. 1689
gest. Danzig 30. 5. 1745
abw M 23. 8. 1735

KUMANUDIS (KUMANUDES), Stephanos
geb. Adrianopel 1818
gest. Athen 31. 5. 1899
KM 3. 11. 1870

KUMAS, Konstantinos
geb. Larissa 1777
gest. Triest 13. 5. 1836
KM 9. 12. 1819

KUMMER, *Ernst* Eduard
geb. Sorau 29. 1. 1810
gest. Berlin 14. 5. 1893
KM 6. 6. 1839
OM 10. 12. 1855

KUNDT, *August* Adolf Eduard Eberhard
geb. Schwerin 18. 11. 1839
gest. Israelsdorf bei Lübeck 21. 5. 1894
KM 13. 3. 1879
OM 29. 5. 1888

KUNTH, Karl Sigismund
geb. Leipzig 18. 6. 1788
gest. Berlin 22. 3. 1850
KM 1. 6. 1820
OM 11. 1. 1830

KUNTZEN, Heinrich
geb. Hannoversch-Münden 11. 1. 1893
KM 13. 1. 1955
OM 27. 4. 1959

KUO, Mo-Jo
geb. Shawan (Bez. Loshan der Prov. Sechuan) 16. 11. 1892
KM 6. 9. 1956

KUPFFER, *Karl* Wilhelm Ritter v.
geb. Lesten (Kurland) 2./14. 11. 1829
gest. München 16. 12. 1902
KM 30. 4. 1896

KURDWANOWSKI, Jan Stefan Ligenza
geb. Radzanow (Woiw. Sandomir) 26. 12. 1680
gest. Lunéville 21. 6. 1780
AM 28. 6. 1753

LABUS, Giovanni
geb. Brescia 10. 4. 1775
gest. Mailand 6. 10. 1853
KM 2. 3. 1843

LA CAILLE, Nicolas-Louis de
geb. Rumigny (Champagne) 15. 3. 1713
gest. Paris 31. 3. 1762
AM 27. 2. 1755

LACHMANN, *Karl* Konrad Friedrich Wilhelm
geb. Braunschweig 4. 3. 1793
gest. Berlin 13. 3. 1851
OM 11. 6. 1830

LA CONDAMINE, Charles-Marie de
geb. Paris 28. 1. 1701
gest. Paris 4. 2. 1774
AM 9. 6. 1746

LA CROZE, Mathurin VEYSSIÈRE DE
geb. Nantes 4. 12. 1661
gest. Berlin 21. 5. 1739
OM 11. 3. 1701

LADENBURG, Albert
geb. Mannheim 2. 7. 1842
gest. Breslau 15. 8. 1911
KM 6. 1. 1910

LAGRANGE, Joseph-Louis Comte de
geb. Turin 25. 1. 1736
gest. Paris 10. 4. 1813
AM 2. 9. 1756
OM 2. 10. 1766
AM 20. 2. 1787

LAJARD, Jean-Baptiste-Félix
geb. Lyon 30. 3. 1783
gest. Tours 19. 9. 1858
KM 17. 12. 1846

LAKE, Kirsopp
geb. Southampton 7. 4. 1872
gest. Cambridge (Mass.) 10. 11. 1946
KM 14. 10. 1937

LALANDE, Joseph-Jerôme LE FRANÇAIS DE
geb. Bourg (Bresse) 11. 7. 1732
gest. Paris 4. 4. 1807
AM 23. 12. 1751

LAMBERT, Johann Heinrich
geb. Mühlhausen (Elsaß) 26. 8. 1728
gest. Berlin 25. 9. 1777
OM 10. 1. 1765

LAMBERTI, Luigi
geb. Reggio (Emilia) 27. 5. 1756
gest. Mailand 4. 12. 1813
KM 25. 6. 1812

LAMÉ, Gabriel
geb. Tours 22. 7. 1795
gest. Paris 1. 5. 1870
KM 20. 12. 1838

LA METHERIE, Jean-Claude de
geb. Clayette (Mâconnais) 4. 9. 1743
gest. Paris 1. 7. 1817
KM 25. 6. 1812

LA METTRIE, Julien OFFRAY DE
geb. Saint-Malo 23. 11. 1709
gest. Berlin 11. 11. 1751
OM 4. 7. 1748

LA MOTHE, Claude GROSTÊTE DE
geb. Paris (Orleans?) 1647
gest. London 30. 9. 1713
abw M 6. 4. 1712

LAMPRECHT, Jakob Friedrich
geb. Hamburg 1. 10. 1707
gest. Berlin 8. 12. 1744
OM 23. 1. 1744

LANDAU, *Edmund* Georg Hermann
geb. Berlin 14. 2. 1877
gest. Berlin 19. 2. 1938
KM 21. 2. 1924

LANDOLT, *Hans* Heinrich
geb. Zürich 5. 12. 1831
gest. Berlin 15. 3. 1910
OM 15. 8. 1881

LANDRIANI, Marsilio Chevalier
geb. Mailand 1. 10. 1751
gest. Wien 13. 3. 1815
AM 1. 4. 1783—1812

LANG, Karl Heinrich Ritter v.
geb. Balgheim bei Nördlingen 7. 7. 1764
gest. bei Ansbach 26. 3. 1835
KM 28. 2. 1822

LANGE, Hans Ostenfeldt
geb. Aarhus 13. 10. 1863
gest. Gentofte bei Kopenhagen 15. 1. 1943
KM 15. 12. 1927

LANGE, Johann Joachim
geb. Berlin 1699, gt. 25. 5.
gest. Halle/Saale 18. 8. 1765
abw M 5. 3. 1732

LANGE, Karl *Nikolaus*
geb. Luzern 18. 2. 1670
gest. Luzern 2. 5. 1741
abw M 24. 5. 1709

LANGE, Samuel Gotthold
geb. Halle/Saale 22. 3. 1711
gest. Laublingen 25. 6. 1781
AM 14. 1. 1751

LANGENBECK, Bernhard
geb. Osterode (Harz) 25. 5. 1895
KM 10. 2. 1955

LANGENBECK, Wolfgang
geb. Göttingen 21. 6. 1899
OM 19. 3. 1953

LANGHANSEN, Christoph
geb. Königsberg i. Pr. 9. 11. 1691
gest. Königsberg i. Pr. 14. 3. 1770
abw M 29. 11. 1719

LAPLACE, Pierre-Simon Comte, dann Marquis de
geb. Beaumont-en-Auge (Normandie) 28. 3. 1749
gest. Paris 5. 3. 1827
AM 15. 8. 1808

LAPPENBERG, Johann Martin
geb. Hamburg 30. 7. 1794
gest. Hamburg 28. 11. 1865
KM 27. 2. 1845
AM 21. 5. 1862

LA RIVE, *Auguste*-Arthur de
geb. Genf 9. 10. 1801
gest. Marseille 27. 11. 1873
KM 19. 2. 1835

LARREY, *Dominique*-Jean Baron
geb. Baudéan (Bigorre) 8. 7. 1766
gest. Lyon 25. 7. 1842
KM 25. 6. 1812

LASSEN, Christian
geb. Bergen (Norwegen) 22. 10. 1800
gest. Bonn 8. 5. 1876
KM 17. 12. 1846
AM 28. 6. 1872

LATREILLE, Pierre-*André*
geb. Brive-la-Gaillarde (Limousin) 29. 11. 1762
gest. Paris 6. 2. 1833
KM 25. 6. 1812

LATTE, Kurt
geb. Königsberg i. Pr. 9. 3. 1891
KM 23. 10. 1947

LATYŠEV (LATYSCHEW), Vasilij Vasil'jevič
geb. Dievo (Gouv. Tveŕ) 29. 7. 1855
gest. Petrograd 2. 5. 1921
KM 4. 6. 1891

LAUE, *Max* Theodor Felix v.
geb. Pfaffendorf bei Koblenz 9. 10. 1879
OM 14. 8. 1920

LA VILLEMARQUÉ, *Théodore*-Claude-Henri HERSART, Vicomte de
geb. Quimperlé (Finistère) 7. 7. 1815
gest. Keransker-en-Nézou 8. 12. 1895
KM 10. 4. 1851

LEAKE, William Martin
geb. 1777
gest. Brighton 6. 1. 1860
EM 22. 6. 1815

LE BAS, Philippe
geb. Paris 18. 6. 1794
gest. Paris 16. 5. 1860
KM 25. 3. 1858

LE CAT, Claude-Nicolas
geb. Brérancourt (Picardie) 6. 9. 1700
gest. Rouen 20. 8. 1768
AM 28. 8. 1754

LE CHATELIER, *Henri*-Louis
geb. Paris 8. 10. 1850
gest. Miribelles-les-Echelles (Isère) 17. 9. 1936
KM 14. 12. 1905—15. 3. 1915

L'ECLUSE DES LOGES, Pierre-Mathurin de
geb. Falaise (Normandie) 1716
gest. Paris um 1783
AM 11. 12. 1749

LEDEBOUR, Karl Christian Friedrich
geb. Stralsund 8. 6. 1785
gest. München 22. 6. 1851
KM 19. 1. 1832

LE DUCHAT, Jacques
geb. Metz 23. 2. 1658
gest. Berlin 23. 7. 1735
OM 2. 1. 1715

LEEMANNS, Conradus
geb. Zalt-Bommel 28. 4. 1809
gest. Leiden 14. 10. 1893
KM 9. 5. 1844

LEFEBVRE, Georges
geb. Lille 6. 8. 1874
gest. Boulogne-sur-Seine 28. 8. 1959
KM 10. 2. 1955

LE FEVRE (LEFEBVRE, LEFEBURE), Simon Dieudonné
geb. in Frankreich 1712
gest. Neisse 1771
OM 17. 6. 1751
AM 9. 12. 1751

LE GENDRE, Adrien-Marie
geb. Paris 18. 9. 1752
gest. Paris 9. 1. 1833
KM 25. 6. 1812

LEHMANN, Edgar
geb. Berlin 25. 3. 1905
KM 23. 4. 1959

LEHMANN, Johann Christian
geb. Bautzen 16. 6. 1675
gest. Leipzig 19. 1. 1739
abw M 7. 6. 1713

LEHMANN, Johann Gottlob
geb. Langenhennersdorf bei Pirna 4. 8. 1719
gest. Petersburg 11./22. 1. 1767
OM 19. 9. 1754
AM 11. 6. 1761

LEHMANN, Maximilian (*Max*) Ludwig Eduard
geb. Berlin 19. 5. 1845
gest. Göttingen 8. 10. 1929
OM 24. 1. 1887
EM 1. 10. 1888
AM 26. 11. 1925

LEHMANN, Paul
geb. Braunschweig 13. 7. 1884
KM 2. 12. 1948

LEHMANN, Peter *Ambrosius*
geb. Döbeln 1666, gt. 20. 12.
gest. Hamburg 31. 10. 1729
abw M 19. 6. 1726

LEHNDORFF, August Adolf Leopold Graf v.
geb. Bandels (Ostpr.) 8. 4. 1771
gest. 1820
aoM 24. 2. 1806
EM 24. 1. 1812

LEHR-SPŁAVINSKI, Tadeusz
geb. Krakau 20. 9. 1891
KM 10 2. 1955

LEHRS, Karl
geb. Königsberg i. Pr. 14. 1. 1802
gest. Königsberg i. Pr. 9. 6. 1878
KM 27. 2. 1845

LEIBNITZ, Eberhard
geb. Hannover 31. 1. 1910
OM 19. 3. 1953

LEIBNIZ, Gottfried Wilhelm
geb. Leipzig 1. 7. 1646
gest. Hannover 14. 11. 1716
OM 12. 7. 1700

LEICHT, Pier Silverio
geb. Venedig 25. 6. 1874
gest. Rom 3. 2. 1956
KM 20. 6. 1935

LEIDENFROST, Johann Gottlob
geb. Rosperswenda (Harz) 24. 11. 1715
gest. Duisburg 2. 12. 1794
AM 16. 11. 1758

LEITZMANN, Albert
geb. Magdeburg 3. 8. 1867
gest. Jena 16. 4. 1950
KM 3. 11. 1938

LE MONNIER, Louis-Guillaume
geb. Paris 27. 6. 1717
gest. Montreuil bei Versailles 7. 9. 1799
AM 30. 6. 1746

LE MONNIER, Pierre-Charles
geb. Paris 23. 11. 1715
gest. Hérils (Calvados) 3. 4. 1799
AM 29. 1. 1745

LENARD, Philipp
geb. Preßburg 7. 6. 1862
gest. Messelhausen (Kr. Tauberbischofsheim) 20. 5. 1947
KM 21. 1. 1909
EM 1. 6. 1942—30. 6. 1946

LENFANT, Jacques
geb. Bazoches (Beauce) 13. 4. 1661
gest. Berlin 7. 8. 1728
OM 24. 2. 1724

LENORMANT, Charles
geb. Paris 1. 6. 1802
gest. Athen 24. 11. 1859
KM 27. 2. 1845

LENZ, Heinrich Friedrich *Emil*
geb. Dorpat 12./24. 2. 1804
gest. Rom 10. 2. 1865
KM 24. 2. 1853

LENZ, *Max* Albert Wilhelm
geb. Greifswald 13. 6. 1850
gest. Berlin 6. 4. 1932
OM 14. 12. 1896
EM 1. 5. 1914
AM 26. 11. 1925
OM 10. 12. 1925

LEO, Friedrich
geb. Regenwalde (Pomm.) 10. 7. 1851
gest. Göttingen 15. 1. 1914
KM 1. 11. 1906

LEPSIUS, Karl *Richard*
geb. Naumburg/Saale 23. 12. 1810
gest. Berlin 10. 7. 1884
KM 9. 5. 1844
OM 18. 5. 1850

LERCHENFELD auf Köfering und Schönberg, Hugo Graf v. und zu
geb. Berlin 13. 10. 1843
gest. Köfering 28. 6. 1925
EM 5. 3. 1900

LE SEUR, P. Thomas
geb. Rethel 1. 10. 1703
gest. Rom 26. 9. 1770
AM 4. 9. 1749

LESKIEN, August
geb. Kiel 8. 7. 1840
gest. Leipzig 20. 9. 1916
KM 18. 1. 1900

LESSER, Friedrich Christian
geb. Nordhausen 12. 5. 1692
gest. Nordhausen 17. 9. 1754
AM 24. 1. 1744

LESSING, Gotthold Ephraim
geb. Kamenz (Sa.) 22. 1. 1729
gest. Braunschweig 15. 2. 1781
AM 30. 10. 1760

LETRONNE, Jean-Antoine
geb. Paris 2. 1. 1787
gest. Paris 14. 12. 1848
KM 16. 8. 1821
AM 7. 5. 1832

LEUCKART, Karl Georg Friedrich *Rudolf*
geb. Helmstedt 7. 10. 1822
gest. Leipzig 6. 2. 1898
KM 20. 1. 1887

LEUCKFELD, Johann Georg
geb. Heringen 4. 7. 1668
gest. Gröningen (Fsm. Halberstadt) 24. 4. 1726
abw M 3. 2. 1712

LEUPOLD, Jakob
geb. Planitz bei Zwickau 25. 7. 1674
gest. Leipzig 12. 1. 1727
abw M 12. 4. 1715

LEUTWEIN, Friedrich
geb. Berlin 9. 8. 1911
OM 27. 9. 1957

LEVASSEUR, Emile
geb. Paris 8. 12. 1828
gest. Paris 10. 7. 1911
KM 18. 1. 1900

LE VERRIER, *Urbain*-Jean-Joseph
geb. Saint-Lô (Manche) 11. 3. 1811
gest. Paris 23. 9. 1877
KM 17. 12. 1846

LEVEZOW, Jakob Andreas *Konrad*
geb. Stettin 3. 9. 1770
gest. Berlin 13. 10. 1835
OM 13. 2. 1832

LEVI-CIVITA, Tullio
geb. Padua 29. 3. 1873
gest. Rom 29. 12. 1941
KM 31. 10. 1929

LÉVY, Auguste MICHEL-
geb. Paris 7. 8. 1844
gest. Paris 24. 9. 1911
KM 28. 7. 1898

LEWY, Ernst
geb. Breslau 19. 9. 1881
KM 19. 6. 1950

LEYDIG, Franz v.
geb. Rothenburg ob d. Tauber 21. 5. 1821
gest. Rothenburg ob d. Tauber 11. 4. 1908
KM 20. 1. 1887

L'HUILLIER, Simon Antoine Jean
geb. Genf 24. 4. 1750
gest. Genf 28. 3. 1840
AM 14. 5. 1789
EM 24. 1. 1812

LIBRI-CARUCCI della Sommaja, Guglielmo Brutus Icilius Timoleone Conte
geb. Florenz 2. 1. 1803
gest. Villa Fiesole 28. 9. 1869
KM 19. 1. 1832

LICHTENHELDT, Willibald
geb. Werdau (Sa.) 30. 10. 1901
KM 17. 5. 1956
OM 27. 4. 1959

LICHTENSTEIN, Martin *Hinrich* Karl
geb. Hamburg 10. 1. 1780
gest. auf See zwischen Korsör und Kiel 3. 9. 1857
OM 14. 5. 1814

LICHTSCHEID, Ferdinand Helfreich
geb. Würmling bei Wien 12. 11. 1661
gest. Berlin 23. 2. 1707
OM 12. 10. 1701

LIDÉN, Evald
geb. Sandared, Sandhult (Västergötland) 3. 10. 1862
gest. Göteborg 11. 10. 1939
KM 14. 6. 1934

LIEBERKÜHN, Johann Nathanael
geb. Berlin 5. 9. 1711
gest. Berlin 7. 12. 1756
OM 1734
abw M 1738
OM 1740

LIEBEZEIT, Georg Sigismund
geb. Oedenburg 3. 11. 1690
gest. Oedenburg Dez. 1739
abw M 9. 6. 1723

LIEBIG, Johann *Justus* Freiherr v. (1845)
geb. Darmstadt 12. 5. 1803
gest. München 18. 4. 1873
KM 20. 6. 1833
AM 15. 8. 1855

LIEBISCH, Theodor
geb. Breslau 29. 4. 1852
gest. Berlin 9. 2. 1922
OM 3. 8. 1908

LIEBKNECHT, Johann Georg
geb. Wasungen 23. 4. 1679
gest. Gießen 17. 9. 1749
abw M 8. 10. 1716

LIETZMANN, Hans
geb. Düsseldorf 2. 3. 1875
gest. Locarno 25. 6. 1942
OM 31. 5. 1927

LILIENCRON, *Rochus* Wilhelm Traugott Heinrich Ferdinand Freiherr v.
geb. Plön 8. 12. 1820
gest. Koblenz 5. 3. 1912
AM 14. 1. 1901
EM 1. 9. 1908

LILIENTHAL, Michael
geb. Liebstadt (Ostpr.) 8. 9. 1686
gest. Königsberg i. Pr. 23. 1. 1750
abw M 25. 1. 1711

LIMPRECHT, Johann Adam
geb. Breslau 2. 12. 1651
gest. Berlin 27. 7. 1735
OM 10. 6. 1719

LINDBLOM, Karl *Gerhard*
geb. Aby (Kalmar Län) 26. 8. 1887
KM 29. 6. 1950

LINDE, *Carl* Paul Gottfried Ritter v.
geb. Berndorf (Obfr.) 11. 6. 1842
gest. München 16. 11. 1934
KM 6. 7. 1916

LINDE, Samuel Gottlieb
geb. Thorn 28. 4. 1771
gest. Warschau 27. 7./8. 8. 1847
KM 25. 6. 1812

LINDELÖF, *Ernst* Leonard
geb. Helsingfors 7. 3. 1870
gest. Helsinki 4. 6. 1946
KM 19. 2. 1931

LINDENAU, Bernhard August v.
geb. Altenburg (Thür.) 11. 6. 1779
gest. Altenburg (Thür.) 21. 5. 1854
EM 4. 1. 1828

LINDLEY, John
geb. Catton bei Norwich 5. 2. 1799
gest. London 1. 11. 1865
KM 13. 2. 1834

LINDSTRÖM, Gustav
geb. Visby 27. 8. 1829
gest. Stockholm 16. 5. 1901
KM 28. 7. 1898

LINK, Heinrich Friedrich
geb. Hildesheim 2. 2. 1767
gest. Berlin 1. 1. 1851
KM 25. 6. 1812
OM 15. 7. 1815

LINNÉ, Karl v.
geb. Råshult 23. 5. 1707
gest. Hammarby bei Uppsala 10. 1. 1778
AM 30. 6. 1746

LINTZEL, Martin
geb. Magdeburg 28. 2. 1901
gest. Halle/Saale 15. 7. 1955
OM 18. 3. 1955

LIOUVILLE, Joseph
geb. Saint-Omer 24. 3. 1809
gest. Paris 8. 9. 1882
KM 19. 12. 1839
AM 15. 3. 1876

LIPPMANN, Jonas Ferdinand *Gabriel*
geb. Hallerich (Luxemburg) 16. 8. 1845
gest. auf der Überfahrt Kanada-Europa 13. 7. 1921
KM 22. 2. 1900

LIPSCHITZ, *Rudolf* Otto Sigmund
geb. Königsberg i. Pr. 14. 5. 1832
gest. Bonn 7. 10. 1903
KM 18. 4. 1872

LISSNER, Anton
geb. Großschönau (Böhmen) 21. 8. 1885
KM 24. 10. 1957

LITT, Theodor
geb. Düsseldorf 27. 12. 1880
KM 9. 5. 1946

LITTMANN, Richard Ludwig *Enno*
geb. Oldenburg 16. 9. 1875
gest. Tübingen 4. 5. 1958
KM 12. 5. 1932

LOBECK, Christian August
geb. Naumburg/Saale 5. 6. 1781
gest. Königsberg i. Pr. 25. 8. 1860
AM 7. 5. 1832

LOBKOWITZ, Ferdinand Philipp Joseph Fürst v.
geb. 27. 4. 1724
gest. Prag 11. 1. 1784
AM 28. 8. 1749
EM 1750
AM 1751

LODER, Ferdinand Justus *Christian* v.
geb. Riga 28. 4./9. 5. 1753
gest. Moskau 4./16. 4. 1832
KM 12. 10. 1809
EM 24. 1. 1812

LÖBELL, Johann Wilhelm
geb. Berlin 15. 9. 1786
gest. Bonn 12. 7. 1863
KM 17. 12. 1846

LÖFSTEDT, Haimar *Einar* Harald
geb. Uppsala 15. 6. 1880
gest. Lund 10. 6. 1955
KM 19. 3. 1936

LÖHLEIN, Walther
geb. Berlin 5. 1. 1882
gest. Essen 14. 9. 1954
OM 19. 7. 1949—29. 6. 1950

LÖNNROT, Elias
geb. Sammatti (Nyland) 9. 4. 1802
gest. Sammatti (Nyland) 19. 3. 1884
KM 25. 4. 1850

LOESCHCKE, Georg
geb. Penig (Sa.) 28. 6. 1852
gest. Baden-Baden 26. 11. 1915
OM 31. 3. 1913

LOESCHKE, Hermann
geb. Dorpat 13. 5. 1882
gest. Rostock 27. 9. 1958
KM 13. 1. 1955

LÖW, Karl Friedrich
geb. Oedenburg 20. (22.) 3. 1699
gest. Oedenburg 4. (6.) 11. 1741
abw M 31. 10. 1731

LOEWY, Maurice
geb. Wien 15. 4. 1833
gest. Paris 15. 10. 1907
KM 12. 12. 1895

LOHMANN, Hans
geb. Hannover 26. 9. 1863
gest. Hamburg 3. 12. 1934
KM 24. 7. 1924

LOHMANN, Karl
geb. Bielefeld 10. 4. 1898
OM 25. 3. 1949

LOLLING, Habbo Gerardus
geb. Tergast (Ostfriesland) 23. 11. 1848
gest. Athen 22. 2. 1894
KM 2. 2. 1893

LOMBARD, Johann Wilhelm
geb. Berlin 1. 4. 1767
gest. Nizza 28. 4. 1812
aoM 27. 1. 1803
OM 18. 8. 1807

LOMBARDI, Luigi
geb. Dronero (Prov. Cuneo) 21. 8. 1867
gest. Rom 7. 2. 1958
KM 28. 4. 1938

LOMMATZSCH, Erhard
geb. Dresden 2. 2. 1886
KM 29. 4. 1937

LONGPÉRIER, Henri-*Adrien* PRÉVOST DE
geb. Paris 21. 9. 1816
gest. Paris 14. 1. 1882
KM 30. 7. 1857

LOOFS, Friedrich
geb. Hildesheim 19. 6. 1858
gest. Halle/Saale 13. 1. 1928
KM 3. 11. 1904

LORENTZ, Hendrik Antoon
geb. Arnhem 18. 7. 1853
gest. Haarlem 4. 2. 1928
KM 4. 5. 1905

LORGNA, Antonio Maria
geb. Cerea bei Verona 22. 10. 1735
gest. Verona 28. 5. 1796
AM 20. 2. 1777

LOTTER, Johann Georg
geb. Augsburg 25. 3. 1712
gest. Petersburg 1./12. 4. 1737
abw M 1731

LOTZE, Rudolf *Hermann*
geb. Bautzen 21. 5. 1817
gest. Berlin 1. 7. 1881
KM 11. 2. 1864

LOVÉN, Sven Ludwig
geb. Stockholm 6. 1. 1809
gest. Karlsborg bei Stockholm 3. 9. 1895
KM 8. 7. 1875

LUCCHESINI, Girolamo Marchese
geb. Lucca 7. 5. 1751
gest. Florenz 20. 10. 1825
EM 29. 8. 1786

LUDENDORFF, Friedrich Wilhelm *Hans*
geb. Thunow (Pomm.) 26. 5. 1873
gest. Potsdam 26. 6. 1941
OM 23. 10. 1922

LUDIN, Adolf
geb. Karlsruhe i. B. 27. 12. 1879
OM 29. 4. 1939

LUDOLFF, Christian Friedrich (der Jüngere)
geb. Berlin 5. 3. 1707
gest. Berlin 22. 10. 1763
OM 4. 12. 1738

LUDOLFF, Michael Matthias (der Ältere)
geb. Berlin 2. 4. 1696
gest. Berlin 30. 7. 1756
OM 1723

LUDOVICI, Karl Günther
geb. Leipzig 7. 8. 1707
gest. Leipzig 5. 7. 1778
abw M 19. 3. 1738

LUDWIG, Christian Gottlieb
geb. Brieg 30. 4. 1709
gest. Leipzig 7. 5. 1773
AM 10. 5. 1753

LUDWIG, Hubert
geb. Trier 22. 3. 1852
gest. Bonn 17. 11. 1913
KM 14. 7. 1898

LUDWIG, *Karl* Friedrich Wilhelm
geb. Witzenhausen/Werra 29. 12. 1816
gest. Leipzig 23. 4. 1895
KM 27. 10. 1864

LÜDEMANN, Karl-Friedrich
geb. Lennep (Rhld.) 7. 6. 1912
KM 23. 4. 1959

LÜDERS, Heinrich
geb. Lübeck 25. 6. 1869
gest. Badenweiler 7. 5. 1943
OM 5. 8. 1909

LÜTTRINGHAUS, Arthur
geb. Köln-Mühlheim 6. 7. 1906
OM 19. 7. 1949

LUICK, Karl
geb. Wien-Floridsdorf 27. 1. 1865
gest. Wien 20. 9. 1935
KM 1. 6. 1922

LUISCIUS, Abraham Georg
geb. Xanten (vor 1693)
gest.
abw M 24. 6. 1734

LUKÁCS, Georg
geb. Budapest 13. 4. 1885
KM 13. 1. 1955

LULOFS, Johann
geb. Zutphen 5. 8. 1711
gest. Leiden 4. 11. 1768
abw M 8. 8. 1736

LUMBROSO, Giacomo
geb. Bardo (Tunis) 9. 10. 1844
gest. Rapallo 27. 3. 1925
KM 12. 11. 1874

LUPICHIUS, Sigismund
geb. Spiez (Kt. Bern) 18. 1. 1680
gest. Ins im Mai 1748
abw M 12. 9. 1725

LUSCHIN VON EBENGREUTH, Arnold
geb. Lemberg 26. 8. 1841
gest. Graz 6. 12. 1932
KM 21. 7. 1904

LUSK, Graham
geb. Bridgeport (Conn.) 15. 2. 1866
gest. New York 18. 7. 1932
KM 11. 2. 1932

LUYNES, Honoré D'ALBERT, Duc de
geb. Paris 15. 12. 1802
gest. Rom 14. 12. 1867
EM 14. 12. 1840

LYELL, Sir Charles
geb. Kinnordy (Forfarshire) 14. 11. 1797
gest. London 23. 2. 1875
KM 26. 7. 1855

LYONET, Pierre
geb. Maastricht 22. 7. 1707
gest. den Haag 10. 1. 1789
AM 23. 10. 1760

MAAS, Paul
geb. Frankfurt a. Main 18. 11. 1880
KM 10. 11. 1955

MACCLESFIELD, Georg PARKER,
2. Earl of
geb. 1697
gest. Shirburn Castle (Oxfordshire)
17. 3. 1764
AM 4. 12. 1749

MACDONALD, Sir George
geb. Elgin (Schottland) 30. 1. 1862
gest. Edinburgh 11. 8. 1940
KM 30. 4. 1931

MACHNITZKY, Heinrich Gottlieb
geb.
gest. um 1758
AM 20. 11. 1755

MACHY, Jacques-François de
geb. Paris 30. 8. 1728
gest. Paris 7. 7. 1803
AM 23. 10. 1760

MADVIG, Johann Nicolai
geb. Svaneke 7. 8. 1804
gest. Kopenhagen 12. 12. 1886
KM 23. 6. 1836

MAFFEI, Scipio Marchese
geb. Verona 1. 6. 1675
gest. Verona 11. 2. 1755
AM 27. 6. 1748

MAGELHAENS (MAGELLAN), Joao Hyacintho de
geb. Lissabon 4. 11. 1722
gest. Islington bei London 7. 2. 1790
AM 2. 11. 1786

MAGNUS, Heinrich *Gustav*
geb. Berlin 2. 5. 1802
gest. Berlin 4. 4. 1870
OM 27. 1. 1840

MAGNUSEN, Finn (eigentl. MAGNUSSON, Finnur)
geb. Skálholt (Island) 27. 8. 1781
gest. Kopenhagen 24. 12. 1847
KM 23. 6. 1836

MAHAFFY, Sir (1918) John Pentland
geb. Chapponaire bei Vevey (Schweiz) 26. 2. 1839
gest. Dublin 30. 4. 1919
KM 18. 1. 1900

MAI, Angelo
geb. Schilpario (Bergamo) 7. 3. 1781
gest. Albano 9. 9. 1854
KM 28. 2. 1822
EM 22. 7. 1854

MAIER, Heinrich
geb. Heidenheim/Brenz (Württ.) 5. 2. 1867
gest. Berlin 28. 11. 1933
OM 23. 10. 1922

MAINE DE BIRAN, François-Pierre-Gouthier
geb. Bergerac (Périgord) 29. 11. 1766
gest. Paris 16. 7. 1824
KM 25. 6. 1812

MAITLAND, Frederic William
geb. London 28. 5. 1850
gest. Las Palmas 19. 12. 1906
KM 18. 1. 1900

MAIURI, Amedeo
geb. Veroli (Prov. Frosinone) 7. 1. 1886
KM 18. 8. 1942

MALMSTEN, Carl Johann
geb. Uddetorp bei Skara 9. 4. 1814
gest. Uppsala 11. 2. 1886
EM 15. 12. 1880

MANGOLD, Ernst
geb. Berlin 5. 2. 1879
OM 25. 3. 1949

MARCELLO, Alessandro Alvise
geb. Venedig 24. 8. 1669
gest. Venedig 19. 6. 1747
abw M 12. 1. 1729

MARCHAND, Jakob *Felix*
geb. Halle/Saale 22. 10. 1846
gest. Leipzig 4. 2. 1928
KM 28. 7. 1910

MARCKS, Erich
geb. Magdeburg 17. 11. 1861
gest. Berlin 22. 11. 1938
OM 9. 12. 1922

MARGGRAF, Andreas Sigismund
geb. Berlin 3. 3. 1709
gest. Berlin 7. 8. 1782
OM 19. 2. 1738

MARIGNAC, Jean-Charles GALISSARD DE
geb. Genf 28. 4. 1817
gest. Genf 15. 4. 1894
KM 30. 3. 1865

MARINONI, Giovanni Jacopo
geb. Udine 1676
gest. Wien 10. 1. 1755
AM 30. 6. 1746

MARMORA, Alberto Conte della
geb. Turin 7. 4. 1789
gest. Turin 1. 5. 1863
KM 9. 5. 1844

MARPERGER, Bernhard Woldemar
geb. Hamburg 14. 5. 1682
gest. Dresden 28. 3. 1746
abw M 12. 4. 1715

MARPERGER, Paul Jakob
geb. Nürnberg 27. 6. 1656
gest. Dresden 27. 10. 1730
OM 26. 3. 1708
abw M 1724

MARSCHALL, Friedrich Wilhelm v.
geb. Berlin 1724, gt. 29. 5.
gest. Rom 1790
EM 11. 6. 1750
AM 1754

MARSCHALL, Samuel v.
geb. Königsberg i. Pr. 1685, gt. 11. 5.
gest. Berlin 11. 12. 1749
EM 16. 2. 1744

MARTENS, *Adolf* Karl Gottfried Friedrich
geb. Backendorf (Meckl.) 6. 3. 1850
gest. Berlin 24. 7. 1914
OM 29. 8. 1904

MARTIN, Henri
geb. Saint-Quentin 20. 2. 1810
gest. Paris 14. 12. 1883
KM 10. 5. 1855

MARTIUS, Karl Friedrich *Philipp* v.
geb. Erlangen 17. 4. 1794
gest. München 13. 12. 1868
KM 19. 1. 1832
AM 11. 7. 1864

MARUM, Martinus van
geb. Groningen 20. 3. 1750
gest. Haarlem 26. 12. 1837
AM 26. 9. 1787

MASCART, *Eleuthère*-Elie-Nicolas
geb. Quarouble (Nord) 20. 2. 1837
gest. Paris 24. 8. 1908
KM 18. 7. 1895

MASPERO, Sir (1909) Gaston
geb. Paris 23. 6. 1846
gest. Paris 30. 6. 1916
KM 15. 7. 1897

MASSOW, Joachim Ewald v.
geb. 1696
gest. Bartin (Pomm.) 27. 10. 1769
EM 6. 12. 1754

MATY, Matthew
geb. Montfort bei Utrecht 17. 5. 1718
gest. London 2. 7. 1776
AM 16. 1. 1755

MAUCLERC, Paul Emile de
geb. Paris 30. 7. 1698
gest. Stettin 11. 9. 1742
abw M 11. 11. 1739

MAUPERTUIS, Pierre-Louis MOREAU DE
geb. Saint-Malo 17. 7. 1698
gest. Basel 27. 7. 1759
abw M 23. 6. 1735
OM 1. 2. 1746

MAURER, Eduard
geb. Königstein 3. 11. 1886
OM 2. 7. 1951

MAURER, Georg Ludwig Ritter v.
geb. Erpolzheim (Pfalz) 2. 11. 1790
gest. München 9. 5. 1872
KM 15. 6. 1854

MAURER, Konrad v.
geb. Frankenthal 29. 4. 1823
gest. München 16. 9. 1902
KM 25. 7. 1889

MAURICE, Antoine
geb. Eyguinères (Provence) 22. 9. 1677
gest. Genf 13. 7. 1756
abw M 7. 6. 1713

MAYER, Andreas
geb. Augsburg 8. 6. 1716
gest. Greifswald 20. 12. 1782
AM 16. 1. 1755

MAYER, Johann Christoph Andreas
geb. Greifswald 8. 12. 1747
gest. Berlin 5. 11. 1801
OM 7. 6. 1787

MAYER, Theodor
geb. Neukirchen (Oberösterr.) 24. 8. 1883
OM 27. 12. 1944—11. 7. 1945

MECKEL, Johann Friedrich
geb. Wetzlar 31. 7. 1724
gest. Berlin 18. 9. 1774
OM 8. 5. 1749—1773

MEIER, Georg Friedrich
geb. Ammendorf bei Halle/Saale 29. 3. 1718
gest. Halle/Saale 21. 6. 1777
AM 14. 1. 1751

MEIER, Gerhard
geb. Bremen 2. 12. 1646
gest. Bremen 31. 1. 1703
abw M 11. 3. 1701

MEIER, Moritz Hermann Eduard
geb. Groß-Glogau (Oberschles.) 1. 1. 1796
gest. Halle/Saale 5. 12. 1855
KM 17. 6. 1824

MEIEROTTO, Johann Heinrich Ludwig
geb. Stargard (Pomm.) 22. 8. 1742
gest. Berlin 24. 9. 1800
OM 9. 11. 1786

MEINECKE, Friedrich
geb. Salzwedel 30. 10. 1862
gest. Berlin 6. 2. 1954
OM 15. 2. 1915—30. 6. 1950

MEINEKE, Johann Albert Friedrich *August*
geb. Soest 8. 12. 1790
gest. Berlin 12. 12. 1870
OM 11. 6. 1830

MEISENBUG, Karl Wilhelm v.
geb. Kassel 3. 12. 1679 a. St.
gest. vor 1720
abw M 14. 11. 1704
OM 1709

MEISNER, Heinrich Otto
geb. Berlin 1. 4. 1890
KM 23. 4. 1959

MEISSER, Otto
geb. Apolda 19. 6. 1899
OM 27. 9. 1957

MEISSNER, *Bruno* Ernst
geb. Graudenz 25. 4. 1868
gest. Zeuthen (Mark) 13. 3. 1947
OM 22. 12. 1930

MEITNER, Lise
geb. Wien 7. 11. 1878
KM 20. 10. 1949

MEL, Konrad
geb. Gudensberg (Hessen) 14. 8. 1666
gest. Hersfeld 3. 5. 1733
abw M 20. 1. 1701

MELANDER, Daniel
MELANDERHJELM (1778)
geb. Stockholm 29. 10. 1726
gest. Stockholm 8. 1. 1810
AM 31. 12. 1773

MELICH, János (Johann)
geb. Szarvas 16. 9. 1872
KM 5. 6. 1940

MELLONI, Macedonio
geb. Parma 11. 4. 1798
gest. Portici 11. 8. 1854
KM 24. 3. 1836

MENCKE, Friedrich Otto
geb. Leipzig 3. 8. 1708
gest. Leipzig 14. 3. 1754
abw M 18. 10. 1734

MENCKE(N), Johann Burchard
geb. Leipzig 27. 3. 1675
gest. Leipzig 1. 4. 1732
abw M 19. 6. 1726

MENDELEJEV, Dimitrij Ivanovič
geb. Tobolsk 7./19. 2. 1834
gest. Petersburg 20. 1./2. 2. 1907
KM 8. 2. 1900

MERCATI, *Giovanni* Davide Michele
geb. Villa Gaida (Emilia) 17. 12. 1866
gest. Rom 22. 8. 1957
KM 5. 11. 1925

MERIAN, Johann Bernhard
geb. Liestal bei Basel 28. 9. 1723
gest. Berlin 12. 2. 1807
OM 9. 4. 1750

MERIAN-THURNEYSEN, Peter
geb. Basel 22. 12. 1795
gest. Basel 8. 2. 1883
EM 8. 3. 1845

MERKEL, *Adolf* Joseph Matthäus
geb. Mainz 11. 1. 1836
gest. Straßburg 30. 3. 1896
KM 14. 12. 1893

MERKEL, *Friedrich* Siegmund
geb. Nürnberg 5. 4. 1845
gest. Göttingen 28. 5. 1919
KM 28. 7. 1910

MERLO, Clemente
geb. Neapel 2. 5. 1879
KM 17. 2. 1938

MERREM, Blasius
geb. Bremen 4. 2. 1761
gest. Marburg 23. 2. 1824
KM 25. 6. 1812

MERTENS, *Franz* Karl Joseph
geb. Schroda (Posen) 20. 3. 1840
gest. Wien 5. 3. 1927
KM 22. 2. 1900

MESSIER, *Charles*-Joseph
geb. Badonviller (Lothringen) 26. 6. 1730
gest. Paris 12. 4. 1817
AM 9. 9. 1769
EM 24. 1. 1812

MEUSCHEN, Johann Gerhard
geb. Osnabrück 4. 5. 1680
gest. Coburg 15. 12. 1743
abw M 8. 11. 1719

MEUSEL, Alfred
geb. Kiel 19. 5. 1896
OM 19. 3. 1953

MEWALDT, Johannes
geb. Posen 29. 4. 1880
KM 7. 2. 1924

MEYER, Eduard
geb. Hamburg 25. 1. 1855
gest. Berlin 31. 8. 1930
OM 4. 8. 1903

MEYER, Hans Horst
geb. Insterburg 17. 3. 1853
gest. Wien 6. 10. 1939
KM 28. 10. 1920

MEYER, *Herbert* Oskar
geb. Breslau 10. 2. 1875
gest. Berlin 6. 3. 1941
KM 10. 7. 1930
OM 29. 4. 1939

MEYER, Johann Karl Friedrich
geb. Stettin 17. 10. 1739
gest. Stettin 20. 2. 1811
AM 23. 1. 1788

MEYER, Konrad
geb. Salzderhelden (Hann.) 15. 5. 1901
OM 29. 4. 1939—11. 7. 1945

MEYER, Kuno
geb. Hamburg 20. 12. 1858
gest. Leipzig 11. 10. 1919
OM 3. 7. 1911

MEYER, *Lothar* Julius
geb. Varel (Oldenburg) 19. 8. 1830
gest. Tübingen 13. 4. 1895
KM 6. 12. 1888

MEYER, *Viktor* Johannes
geb. Berlin 8. 9. 1848
gest. Heidelberg 8. 8. 1897
KM 12. 3. 1896

MEYER-LÜBKE, Wilhelm
geb. Dübendorf (Kt. Zürich) 30. 1. 1861
gest. Bonn 4. 10. 1936
KM 6. 7. 1905

MICHAELIS, *Adolf* Theodor Friedrich
geb. Kiel 22. 6. 1835
gest. Straßburg 12. 8. 1910
KM 21. 6. 1888

MICHA(E)LIS, Anastasios
geb. Naussa (Mazedonien)
gest. nach 1722
abw M 4. 5. 1707

MICHAELIS, Christian Bendikt
geb. Ellrich a. Harz 26. 1. 1680
gest. Halle/Saale 22. 2. 1764
abw M 14. 6. 1730

MICHELOTTI, Pietro Antonio
geb. Drò bei Arco 1673
gest. Venedig 1. 2. 1740
abw M 3. 10. 1715

MICHELSEN, Johann Andreas Christian
geb. Quedlinburg 9. 6. 1749
gest. Berlin 8. 8. 1797
OM 24. 1. 1793

MIKLOSICH, *Franz* Xaver Ritter v.
geb. Luttenberg (Steiermark) 20. 11. 1813
gest. Wien 7. 3. 1891
AM 24. 3. 1862

MILLER, Oskar v.
geb. München 7. 5. 1855
gest. München 9. 4. 1934
EM 27. 4. 1929

MILLER, William Hallowes
geb. Velindre (Wales) 6. 4. 1801
gest. Cambridge 20. 5. 1880
KM 10. 5. 1860

MILLIN DE GRANDMAISON, Aubin-Louis
geb. Paris 19. 7. 1759
gest. Paris 14. 8. 1818
KM 25. 6. 1812

MILLINGEN, James
geb. London 18. 1. 1774
gest. Florenz 1. 10. 1845
KM 13. 2. 1840

MILNE-EDWARDS, Henri-Milne EDWARDS, gen. *Henri*
geb. Brügge 23. 10. 1800
gest. Paris 29. 7. 1885
KM 15. 4. 1847

MINERVINI, Giulio
geb. Neapel 9. 8. 1819
gest. Rom 18. 12. 1891
KM 17. 6. 1852

MINUTOLI, Heinrich Freiherr MENU v.
geb. Genf 12. 5. 1772
gest. Berlin 16. 9. 1846
EM 5. 5. 1820

MITSCHERLICH, Eilhard
geb. Neuende bei Jever (Ostfriesland) 7. 1. 1794
gest. Berlin 28. 8. 1863
OM 7. 2. 1822

MITSCHERLICH, *Eilhard* Alfred
geb. Berlin 29. 8. 1874
gest. Paulinenaue bei Nauen 3. 2. 1956
OM 21. 4. 1947

MITTEIS, Heinrich
geb. Prag 26. 11. 1889
gest. München 29. 7. 1952
OM 20. 6. 1946

MITTEIS, Ludwig
geb. Laibach 17. 3. 1859
gest. Leipzig 26. 12. 1921
KM 16. 2. 1905

MLADENOV, Stefan
geb. Widin 27. 12. 1880
KM 13. 5. 1942

MOEBIUS, August Ferdinand
geb. Pforta 17. 11. 1790
gest. Leipzig 26. 9. 1868
KM 10. 12. 1829

MÖBIUS, *Karl* August
geb. Eilenburg bei Leipzig 7. 2. 1825
gest. Berlin 26. 4. 1908
OM 30. 4. 1888

MOEHSEN, Johann Karl Wilhelm
geb. Berlin 9. 5. 1722
gest. Berlin 22. 9. 1795
OM 14. 12. 1786

MOENNICH, Bernhard Friedrich
geb. Boldewitz (Rügen) 16. 3. 1741
gest. Berlin 1. 8. 1800
OM 29. 4. 1790

MOHL, Hugo v.
geb. Stuttgart 8. 4. 1805
gest. Tübingen 1. 4. 1872
KM 15. 4. 1847

MOHL, Julius (Jules)
geb. Stuttgart 25. 10. 1800
gest. Paris 4. 1. 1876
KM 25. 4. 1850

MOHN, Henrik
geb. Bergen 15. 5. 1835
gest. Christiania 12. 9. 1916
KM 22. 2. 1900

MOHS, *Friedrich* Karl Christian
geb. Gernrode 29. 1. 1773
gest. Agordo (Tirol) 29. 9. 1839
KM 25. 6. 1812

MOISSAN, Henri
geb. Paris 28. 9. 1852
gest. Paris 20. 2. 1907
KM 12. 1. 1905

MOIVRE, Abraham de
geb. Vitry (Champagne) 26. 5. 1667
gest. London 27. 11. 1754
abw M 23. 8. 1735

MOLBECH, Christian
geb. Sorö 8. 10. 1783
gest. Kopenhagen 23. 6. 1857
KM 27. 2. 1845

MOLISCH, Hans
geb. Brünn 6. 12. 1856
gest. Wien 8. 12. 1937
KM 24. 7. 1930

MOLL, Karl Maria Ehrenbert Freiherr v.
geb. Thalgau (Salzburg) 21. 12. 1760
gest. Augsburg 1. 2. 1838
KM 25. 6. 1812

MOLTKE, *Helmuth* Karl Bernhard Freiherr, (1870 Graf v.)
geb. Parchim (Meckl.) 26. 10. 1800
gest. Berlin 24. 4. 1891
EM 2. 6. 1860

MOMMSEN, Christian Matthias *Theodor*
geb. Garding (Schleswig) 30. 11. 1817
gest. Charlottenburg 1. 11. 1903
KM 16. 6. 1853
OM 27. 4. 1858

MONCRIF, Françoise-Augustin PARADIS DE
geb. Paris 1687
gest. Paris 19. 11. 1770
AM 4. 5. 1747

MOND, Ludwig
geb. Kassel 7. 3. 1839
gest. London 11. 12. 1909
KM 21. 1. 1909

MONGE, Comte de Péluse, Gaspard
geb. Beaune (Bourgogne) 10. 5. 1746
gest. Paris 28. 7. 1818
KM 25. 6. 1812

MONOD, *Gabriel*-Jacques-Jean
geb. Ingouville (Seine-Inf.) 7. 3. 1844
gest. Paris 10. 4. 1912
KM 14. 2. 1907

MONRO, Alexander
geb. Edinburgh 20. 5. 1733
gest. Edinburgh 2. 10. 1817
AM 7. 8. 1804
EM 24. 1. 1812

MONS, Jean Baptiste van
geb. Brüssel 11. 11. 1765
gest. Löwen 6. 9. 1842
KM 25. 6. 1812

MONTESQUIEU, Charles de SECONDAT, Baron de
geb. La Brède bei Bordeaux 18. 1. 1689
gest. Paris 10. 2. 1755
AM 30. 6. 1746

MONTIGNY, Etienne MIGNOT DE
geb. Paris 15. 12. 1714
gest. Paris 6. 5. 1782
AM 15. 6. 1752

MONTUCLA, Jean-Etienne
geb. Lyon 5. 9. 1725
gest. Versailles 19. 12. 1799
AM 3. 7. 1755

MORAVČSIK, Gyula
geb. Budapest 29. 1. 1892
KM 13. 1. 1955

MORBIO, Carlo
geb. Novara 1. 4. 1811
gest. Mailand 27. 1. 1880
KM 26. 4. 1860

MORELLI, Giacomo (Jacopo)
geb. Venedig 14. 4. 1745
gest. Venedig 5. 5. 1819
KM 25. 6. 1812

MORF, Heinrich
geb. Münchenbuchsee (Kt. Bern) 23. 10. 1854
gest. Thun 23. 1. 1921
OM 14. 12. 1910

MORGAGNI, Giovanni Battista
geb. Forli 25. 2. 1682
gest. Padua 5. 12. 1771
AM 18. 7. 1754

MORGAN, Thomas Hunt
geb. Lexington (Kentucky) 25. 9. 1866
gest. Pasadena 4. 12. 1945
KM 9. 5. 1935

MORIN, *Arthur*-Jules
geb. Paris 19. 10. 1795
gest. Paris 7. 2. 1880
KM 6. 6. 1839

MORITZ, Karl Philipp
geb. Hameln 15. 9. 1757
gest. Berlin 26. 6. 1793
OM 6. 10. 1791

MORTIMER, Cromwell
geb.
gest. London 7. 1. 1752
AM 12. 9. 1748

MOSANDER, Carl Gustav
geb. Kalmar 10. 9. 1787
gest. Ängsholmen bei Stockholm 15. 10. 1858
KM 24. 4. 1856

MOSER, *Ludwig* Ferdinand
geb. Berlin 22. 8. 1805
gest. Königsberg i. Pr. 22. 2. 1880
KM 16. 2. 1843

MOSSO, Angelo
geb. Turin 30. 5. 1846
gest. Turin 24. 11. 1910
KM 28. 7. 1910

MOTHES, Kurt
geb. Plauen (Vogtl.) 3. 11. 1900
OM 19. 3. 1953

MOULINES, Guillaume de
geb. Berlin 30. 4. 1728
gest. Berlin 14. 3. 1802
OM 21. 7. 1775

MRAS, Karl
geb. Wien 6. 6. 1877
KM 17. 5. 1956

MÜFFLING, Friedrich Ferdinand *Karl* Freiherr v.
geb. Halle/Saale 12. 6. 1775
gest. Erfurt 16. 1. 1851
EM 23. 6. 1823

MÜLLENHOFF, *Karl* Viktor
geb. Marne (Holstein) 8. 9. 1818
gest. Berlin 19. 2. 1884
OM 3. 2. 1864

MÜLLER, Carl *Ludwig*
geb. Kopenhagen 9. 6. 1809
gest. Kopenhagen 6. 9. 1891
KM 26. 7. 1866

MÜLLER, Friedrich Christoph
geb. Allendorf 8. 10. 1751
gest. Schwelm 10. 4. 1808
AM 9. 8. 1788

MÜLLER, Friedrich *Max*
geb. Dessau 6. 12. 1823
gest. Oxford 28. 10. 1900
KM 12. 1. 1865
AM 5. 3. 1900

MÜLLER, *Friedrich* Wilhelm Karl
geb. Neudamm (Neumark) 21. 1. 1863
gest. Berlin 18. 4. 1930
OM 24. 12. 1906

MÜLLER, *Georg* Elias
geb. Grimma 20. 7. 1850
gest. Göttingen 23. 12. 1934
KM 19. 2. 1914

MÜLLER, Johannes v.
geb. Schaffhausen 3. 1. 1752
gest. Kassel 11. 5. 1809
AM 18. 8. 1788
OM 28. 7. 1804
AM 1807

MÜLLER, *Johannes* Peter
geb. Koblenz 14. 7. 1801
gest. Berlin 28. 4. 1858
OM 16. 7. 1834

MÜLLER, Johann Heinrich
geb. Nürnberg 15. 1. 1671
gest. Altdorf 5. 3. 1731
abw M 5. 5. 1728

MÜLLER, Karl
geb. Langenburg (Württ.) 3. 9. 1852
gest. Tübingen 10. 2. 1940
KM 1. 2. 1917

MÜLLER, Karl Alexander v.
geb. München 20. 12. 1882
KM 22. 7. 1942

MÜLLER, Karl Hermann *Gustav*
geb. Schweidnitz 7. 5. 1851
gest. Potsdam 7. 7. 1925
OM 1. 8. 1918

MÜLLER, Karl *Otfried*
geb. Brieg 28. 8. 1797
gest. Athen 1. 8. 1840
KM 5. 6. 1823

MÜLLER, Philipp
geb. Sangerhausen 24. 8. 1640
gest. Jena 15. 3. 1713
abw M 11. 3. 1701

MÜLLER-BRESLAU, Heinrich
geb. Breslau 13. 5. 1851
gest. Berlin 23. 4. 1925
OM 14. 1. 1901

MÜNCHOW, Ludwig Wilhelm Graf v.
geb. 1709
gest. Breslau 23. 9. 1753
EM 23. 1. 1744

MÜNSTER, Georg Graf v.
geb. 17. 2. 1776
gest. Bayreuth 23. 12. 1844
EM 4. 1. 1837

MÜNTER, *Friedrich* Karl Heinrich
geb. Gotha 14. 10. 1761
gest. Kopenhagen 9. 4. 1830
KM 25. 6. 1812

MÜNZINGER, Adolf
geb. Kirchentellinsfurt (Württ.) 12. 1. 1876
KM 26. 1. 1950

MUIR, John
geb. Glasgow 5. 2. 1810
gest. Edinburgh 7. 3. 1882
KM 3. 11. 1870

MULDER, Gerardus Johannes
geb. Utrecht 27. 12. 1802
gest. Utrecht 27. 4. 1880
KM 23. 1. 1845

MULLER, Frederikszoon, Samuel
geb. Amsterdam 22. 1. 1848
gest. Utrecht 5. 12. 1922
KM 23. 7. 1914

MUNCH, Peter Andreas
geb. Christiania 15. 12. 1810
gest. Rom 25. 5. 1863
KM 10. 6. 1847

MUNK, Hermann
geb. Posen 3. 2. 1839
gest. Berlin 1. 10. 1912
OM 10. 3. 1880

MURBECK, *Svante* Samuel
geb. Hardeberga (Malmöhus Län) 20. 10. 1859
gest. Lund 26. 5. 1946
KM 19. 11. 1925

MURCHISON, Sir Roderick Impey
geb. Jaradale (Rosshire) 19. 2. 1792
gest. London 22. 10. 1871
KM 15. 4. 1847

MURRAY, Alexander Stuart
geb. Arbirlot (Forfarshire) 8. 1. 1841
gest. London 5. 3. 1904
KM 18. 1. 1900

MURRAY, Sir *James* Augustus Henry
geb. Denholm (Roxburgshire) 7. 2. 1837
gest. Oxford 26. 7. 1915
KM 6. 2. 1913

MUSSAFIA, Adolf
geb. Spalato 15. 2. 1834
gest. Florenz 4. 6. 1905
KM 18. 1. 1900

MUSSCHENBROECK, Petrus van
geb. Leiden 14. 3. 1692
gest. Leiden 19. 9. 1761
AM 30. 6. 1746

MUSTOXIDIS (MUSTOXIDES), Andreas
geb. Korfu 1785
gest. Wien 29. 7. 1860
KM 22. 6. 1815

MUYS, Wyer Willem
geb. Steenwick (Over-Ijssel) 5. 1. 1682
gest. Franeker 19. 4. 1744
abw M 4. 11. 1709

NÄGEL, Adolf
geb. Döhlen (Sa.) 16. 12. 1875
gest. Dresden 17. 9. 1939
ausw OM 22. 6. 1937

NÄGELI, *Carl* Wilhelm v.
geb. Kilchberg (Kt. Zürich) 27. 3. 1817
gest. München 10. 5. 1891
KM 16. 4. 1874

NANSEN, Fridtjof
geb. Store-Fröen bei Christiania 10. 10. 1861
gest. Lysaker 13. 5. 1930
KM 7. 7. 1927

NATHORST, *Alfred* Gabriel
geb. Väderbrunn (Södermanland) 7. 11. 1850
gest. Stockholm 20. 1. 1921
KM 8. 2. 1900

NAUCK, Johann *August*
geb. Auerstedt 18. 9. 1822
gest. Teriokki (Finnland) 15. 8. 1892
KM 30. 5. 1861

NAUDÉ, Philippe (der Ältere)
geb. Metz 28. 12. 1654
gest. Berlin 7. 3. 1729
OM 11. 3. 1701

NAUDÉ, Philippe (der Jüngere)
geb. Metz 18. 12. 1684
gest. Berlin 17. 1. 1745
OM 10. 9. 1711

NAUMANN, Karl Friedrich
geb. Dresden 30. 5. 1797
gest. Dresden 26. 11. 1873
KM 19. 3. 1846

NAVARRETE, Martin Fernandez de
geb. Abalos 9. 11. 1765
gest. Madrid 8. 10. 1844
KM 18. 2. 1836

NAZAROV (NASAROW), Ivan Nikolaevič
geb. bei Nižnij Novgorod (heute: Gorki-Gebiet, Vačkij-Rayon) 12. 6. 1906
gest. Avignon 30. 7. 1957
KM 17. 5. 1956

NEANDER, Johann *August* Wilhelm
geb. Göttingen 17. 1. 1789
gest. Berlin 14. 7. 1850
OM 14. 3. 1839

NEJEDLÝ, Zdeněk
geb. Litomyšl 10. 2. 1878
KM 5. 2. 1953

NELLES, Johannes
geb. Frankfurt a. Main 25. 11. 1910
OM 19. 3. 1953

NÉMETH, Julius
geb. Karczag 2. 11. 1890
KM 10. 2. 1955

NERNST, Hermann *Walther*
geb. Briesen (Westpr.) 25. 6. 1864
gest. Zibelle (Oberlausitz) 18. 11. 1941
OM 24. 11. 1905

NESMEJANOV (NESMEJANOW), Aleksandr Nikolaevič
geb. Moskau 9. 9. 1899
KM 13. 1. 1955

NEUBER, Heinz
geb. Stettin 22. 11. 1906
OM 18. 3. 1955

NEUBERT, Fritz
geb. Bautzen 2. 7. 1886
OM 19. 7. 1949

NEUKIRCH, Benjamin
geb. Reinke (Schles.) 27. 3. 1665
gest. Ansbach 15. 8. 1729
OM 5. 2. 1711
abw M 1718

NEUMANN, Carl Gottfried
geb. Königsberg i. Pr. 7. 5. 1832
gest. Leipzig 27. 3. 1925
KM 4. 5. 1893

NEUMANN, Franz Ernst
geb. Joachimsthal (Mark) 11. 9. 1798
gest. Königsberg i. Pr. 23. 5. 1895
KM 20. 6. 1833
AM 18. 8. 1858

NEUMANN, Karl Friedrich
geb. Reichmannsdorf bei Bamberg 28. 12. 1793
gest. Berlin 17. 3. 1870
KM 10. 12. 1829

NEUMANN, Kaspar
geb. Breslau 14. 9. 1648
gest. Breslau 27. 1. 1715
abw M 6. 12. 1706

NEUMANN, Kaspar
geb. Züllichau 11. 7. 1683
gest. Berlin 20. 10. 1737
OM 1721

NEUMAYER, *Georg* Balthasar v.
geb. Kirchheimbolanden (Pfalz) 21. 6. 1826
gest. Neustadt a. d. H. 24. 5. 1909
KM 27. 2. 1896

NEUNHOEFFER, Otto
geb. Stuttgart 17. 10. 1904
KM 23. 4. 1959

NEVANLINNA, *Rolf* Hermann
geb. Joensuu 22. 10. 1895
KM 5. 9. 1939

NEWCOMB, Simon
geb. Wallace (Nova Scotia) 12. 3. 1835
gest. Washington 11. 7. 1909
KM 7. 6. 1883

NEWTON, Charles Thomas
geb. Bredwardine (Wales) 13. 9. 1816
gest. Westgate-on Sea 28. 11. 1894
KM 31. 1. 1861

NICOLAI, Christoph *Friedrich*
geb. Berlin 18. 3. 1733
gest. Berlin 8. 1. 1811
aoM 21. 1. 1799
OM 25. 10. 1804

NICOLAI VON GREIFENKRANZ, Christoph
geb. Schwerin 6. 1. 1649
gest. Zweibrücken 9. 8. 1715
abw M 1. 4. 1701

NICOLE, François
geb. Paris 23. 12. 1683
gest. Paris 10. 1. 1758
AM 30. 6. 1746

NIEBUHR, Barthold Georg
geb. Kopenhagen 27. 8. 1776
gest. Bonn 2. 1. 1831
OM 7. 4. 1810

NIESE, Jürgen Anton *Benedictus*
geb. Burg a. Fehmarn 24. 11. 1849
gest. Halle/Saale 1. 2. 1910
KM 16. 2. 1905

NILSSON, *Martin* Persson
geb. Stoby (Kristianstads Läu) 12. 7. 1874
KM 7. 2. 1924

NILSSON-EHLE, Nils *Hermann*
geb. Skurup (Malmöhus Län) 12. 2. 1873
gest. Lund 29. 12. 1949
KM 21. 11. 1935

NISSEN, Heinrich
geb. Hadersleben 3. 4. 1839
gest. Bonn 29. 2. 1912
KM 18. 1. 1900

NITZSCH, Christian Ludwig
geb. Beucha (Sa.) 3. 9. 1782
gest. Halle/Saale 16. 8. 1837
KM 25. 6. 1818

NITZSCH, Karl Wilhelm
geb. Zerbst 22. 12. 1818
gest. Berlin 20. 6. 1880
OM 6. 11. 1878

NIVERNAIS, Louis-Jules BARBON MANCINI-MAZARINI, Duc de
geb. Paris 16. 12. 1716
gest. Paris 25. 2. 1798
AM 8. 4. 1756

NOACK, Kurt
geb. Stuttgart 22. 1. 1888
OM 21. 10. 1946

NOBILI, Leopoldo
geb. Trassilico (Emilia) 1784
gest. Florenz 17. 8. 1835
KM 19. 2. 1835

NOCK, Arthur Darby
geb. Portsmouth 21. 2. 1902
KM 14. 10. 1937

NÖLDEKE, *Theodor* Eduard Bernhard
geb. Harburg/Elbe 2. 3. 1836
gest. Karlsruhe i. B. 25. 12. 1930
KM 14. 2. 1878
AM 5. 3. 1900

NOETHER, Max
geb. Mannheim 24. 9. 1844
gest. Erlangen 13. 12. 1921
KM 30. 1. 1896

NOLTENIUS, Johann Arnold
geb. Sparenberg bei Bielefeld 16. 4. 1683
gest. Berlin 2. 3. 1740
OM 12. 2. 1721

NOORDEN, *Karl* Friedrich Johann v.
geb. Bonn 11. 9. 1833
gest. Leipzig 25. 12. 1883
KM 20. 12. 1883

NORDEN, Eduard
geb. Emden 21. 9. 1868
gest. Zürich 13. 7. 1941
OM 14. 6. 1912—12. 10. 1938

NORDMANN, Hans
geb. Halberstadt 14. 1. 1879
gest. Berlin 17. 11. 1957
OM 13. 7. 1942—25. 3. 1952

OBENAUS, Fritz
geb. Niedersedlitz 9. 12. 1909
OM 18. 3. 1955

OBERMAIER, Hugo
geb. Regensburg 29. 1. 1877
gest. Freiburg i. Ü. 12. 11. 1946
KM 15. 12. 1927

O'DONOVAN, John
geb. Attateemore (Irland) 9. 7. 1809
gest. Dublin 9. 12. 1861
KM 14. 2. 1856

ÖHMANN, Emil
geb. Helsingfors 25. 1. 1894
KM 13. 1. 1955

OELSSNER, Fred
geb. Leipzig 27. 2. 1903
OM 19. 3. 1953

OELVEN, Christian (getauft Christoph) Heinrich
geb. Berlin 1657, gt. 18. 9.
gest. Berlin zwischen 1716 und 1720
OM 12. 10. 1701

OERSTED, Hans Christian
geb. Rudköbing 14. 8. 1772
gest. Kopenhagen 9. 3. 1851
KM 23. 11. 1820

OHM, George Simon
geb. Erlangen 16. 3. 1787
gest. München 7. 7. 1854
KM 6. 6. 1839

OLBERS, Heinrich *Wilhelm* Matthäus
geb. Arbergen bei Bremen 11. 10. 1758
gest. Bremen 2. 3. 1840
KM 25. 6. 1812
AM 14. 12. 1830

OLDENBURG, Sergej Fedorovič v.
geb. Bjankino (Transbajkal-Gebiet) 14./26. 9. 1863
gest. Leningrad 28. 2. 1934
KM 3. 11. 1927

OLEARIUS, Johann Christoph
geb. Halle/Saale 17. 9. 1668
gest. Arnstadt 31. 3. 1747
abw M 7. 2. 1714

OLFERS, *Ignaz* Franz Werner Maria v.
geb. Münster i. W. 30. 8. 1793
gest. Berlin 23. 4. 1872
KM 13. 4. 1826
OM 4. 1. 1837

OLRIK, Axel
geb. Kopenhagen 3. 7. 1864
gest. Överöd bei Holte 17. 2. 1917
KM 27. 4. 1911

OLSHAUSEN, Justus
geb. Hohenfelde (Holstein) 9. 5. 1800
gest. Berlin 28. 12. 1882
OM 7. 3. 1860

OLTMANNS, Friedrich
geb. Oberndorf (Hann.) 11. 7. 1860
gest. Freiburg i. Br. 13. 12. 1945
KM 8. 12. 1921

OLTMANNS, Jabbo
geb. Wittmund 18. 5. 1783
gest. Berlin 27. 11. 1833
OM 7. 4. 1810
EM 3. 7. 1812
OM 7. 3. 1825

ONCKEN, Hermann Gerhard Karl
geb. Oldenburg i. O. 16. 11. 1869
gest. Göttingen 28. 12. 1945
KM 22. 6. 1922
OM 23. 6. 1932

OPPERT, Julius
geb. Hamburg 9. 7. 1825
gest. Paris 20. 8. 1905
KM 13. 3. 1862

ORELLI, Kaspar v.
geb. Zürich 13. 2. 1787
gest. Zürich 6. 1. 1849
KM 23. 6. 1836

ORIANI, Barnaba
geb. Garegnano bei Mailand 17. 7. 1752
gest. Mailand 12. 11. 1832
KM 25. 6. 1812

ORTH, Johannes
geb. Wallmerod (Nassau) 14. 1. 1847
gest. Berlin 13. 1. 1923
OM 2. 12. 1906

ORTI-MANARA, Giovanni Girolamo Conte
geb. Verona 13. 6. 1803
gest. Verona 16. 7. 1858
KM 22. 12. 1842

OSKAR II., König von Schweden und (bis 1905) Norwegen
geb. Stockholm 21. 1. 1829
gest. Stockholm 8. 12. 1907
EM 14. 9. 1897

OSTWALD, *Wilhelm* Friedrich
geb. Riga 21. 8./2. 9. 1853
gest. Großbothen b. Leipzig 3. 4. 1932
KM 12. 1. 1905

OTTO, Adolf Wilhelm
geb. Greifswald 3. 8. 1786
gest. Breslau 14. 1. 1845
KM 19. 1. 1832

OTTO, Walter
geb. Breslau 30. 5. 1878
gest. München 1. 11. 1941
KM 23. 6. 1938

OUTHIER, Réginald (Regnauld)
geb. La Marre-Jousserans (Franche-Comté) 16. 8. 1694
gest. Bayeux 12. 4. 1774
AM 23. 3. 1747

OWEN, Sir (1884) Richard
geb. Lancaster 20. 7. 1804
gest. London 16. 12. 1892
KM 24. 3. 1836
AM 2. 12. 1878

PALACKÝ, Franz
geb. Hodslawitz (Mähren) 14. 6. 1798
gest. Prag 26. 5. 1876
KM 27. 2. 1845

PALGRAVE, Sir Francis
geb. London Juli 1788
gest. Hampstead bei London 6. 7. 1861
KM 18. 2. 1836

PALLAS, Simon
geb. Berlin 1697
gest. Berlin 24. 7. 1770
OM 1740—1744

PAMBOUR, François-Marie de GUYONNEAU, Comte de GRANDMAISON DE
geb. 1795
gest. Tours 19. 2. 1878
KM 6. 6. 1839

PANKRATOVA, Anna Michailovna
geb. Odessa 28. 1. 1897
gest. Moskau 25. 5. 1957
KM 17. 5. 1956

PANOFKA, *Theodor* Sigismund
geb. Breslau 25. 2. 1800
gest. Berlin 20. 6. 1858
OM 5. 4. 1836

PAPE, Peter Sigismund
geb. Freienwalde 20. 4. 1666
gest. Berlin 3. 1. 1733
OM 11. 7. 1714

PARHON, Constantin Ion
geb. Carnpulung-Muscel 27. 10. 1874
KM 17. 5. 1956

PARIBENI, Roberto
geb. Rom 19. 5. 1876
KM 20. 6. 1939

PARIS, *Gaston*-Bruno-Paulin
geb. Avenay (Marne) 9. 8. 1839
gest. Cannes 6. 3. 1903
KM 20. 4. 1882
AM 5. 3. 1900

PARTHEY, *Gustav* Friedrich Konstantin
geb. Berlin 27. 10. 1798
gest. Rom 2. 4. 1872
OM 24. 8. 1857

PARTSCH, Joseph
geb. Schreiberhau 4. 7. 1851
gest. Bad Brambach 22. 6. 1925
KM 9. 3. 1922

PASCHEN, Louis Karl Heinrich *Friedrich*
geb. Schwerin 22. 1. 1865
gest. Potsdam 25. 2. 1947
OM 9. 2. 1925

PASSAVANT, Daniel
geb. Basel 14. 9. 1722
gest. Basel 14. 5. 1799
OM 4. 7. 1748—1750

PASSIONEI, Domenico
geb. Fossombrone 2. 12. 1682
gest. Frascati 5. 7. 1761
AM 16. 10. 1755

PAUER, Walther
geb. Regensburg 1. 4. 1887
OM 18. 3. 1955

PAULI, Georg *Reinhold*
geb. Berlin 25. 5. 1823
gest. Bremen 3. 6. 1882
KM 30. 3. 1882

PAULI, Johann Arnold
geb. Johannisburg (Ostpr.) 21. 2. 1682
gest. Memel 13. 3. 1741
abw M 30. 11. 1712

PAWLOFF, Todor
geb. Schtip 14. 2. 1890
KM 13. 12. 1956

PEDERSEN, Johannes
geb. Illebölle (Langeland) 7. 11. 1883
KM 20. 6. 1939

PEDRO II., Kaiser von Brasilien (1831—1889)
geb. Rio de Janeiro 2. 12. 1825
gest. Paris 5. 12. 1891
EM 18. 10. 1882

PEIPER, Albrecht
geb. Greifswald 23. 10. 1889
OM 18. 3. 1955

PELLOUTIER, Simon
geb. Leipzig 27. 10. 1694
gest. Berlin 2. 10. 1757
OM 23. 1. 1744

PELOUZE, Théophile-*Jules*
geb. Valognes (Manche) 26. 2. 1807
gest. Paris 31. 5. 1867
KM 6. 2. 1851

PEMBERTON, Henry
geb. London 1694
gest. Oxford 9. 3. 1771
AM 30. 6. 1746

PENCK, Friedrich Karl *Albrecht*
geb. Reudnitz bei Leipzig 25. 9. 1858
gest. Prag 7. 3. 1945
OM 2. 12. 1906

PERARD, Jacques de
geb. Paris 29. 5. 1713
gest. Stettin 29. 6. 1766
AM 21. 12. 1747

PERCY, Pierre-François Baron de
geb. Montagney (Franche-Comté) 28. 10. 1754
gest. Paris 18. 2. 1825
AM 21. 3. 1809
EM 24. 1. 1812

PERLITZI (PERLICIUS), Johann Daniel
geb. Käsmark 20. 10. 1705
gest. Apathfalva 7. 4. 1778
abw M 13. 6. 1731

PERNETTY, Antoine-Joseph
geb. Roanne/Loire 13. 2. 1716
gest. Avignon 15. 10. 1796
OM 22. 9. 1768
AM 30. 10. 1783

PERNICE, Lothar Anton *Alfred*
geb. Halle/Saale 18. 8. 1841
gest. Berlin 23. 9. 1901
OM 9. 4. 1884

PERRONET, Jean-Rodolphe
geb. Suresne bei Paris 25. 10. 1708
gest. Paris 27. 2. 1794
AM 4. 11. 1790

PERROT, Georges
geb. Villeneuve-Saint-Georges (Seine-et-Oise) 12. 11. 1832
gest. Paris 1. 7. 1914
KM 17. 7. 1884

PERTSCH, Ludwig Karl *Wilhelm*
geb. Coburg 19. 4. 1832
gest. Gotha 17. 8. 1899
KM 2. 2. 1888

PERTZ, Georg Heinrich
geb. Hannover 28. 3. 1795
gest. München 7. 10. 1876
KM 5. 11. 1840
OM 23. 1. 1843

PETERMANN, Julius *Heinrich*
geb. Glauchau (Sa.) 12. 8. 1801
gest. Bad Nauheim 10. 6. 1876
OM 18. 5. 1850

PETERS, Christian August Friedrich
geb. Hamburg 7. 9. 1806
gest. Kiel 8. 5. 1880
KM 1. 3. 1866

PETERS, *Wilhelm* Karl Hartwig
geb. Koldenbüttel (Holstein) 22. 4. 1815
gest. Berlin 20. 4. 1883
OM 5. 3. 1851

PETERSEN, Asmus
geb. Kemphye (Schleswig) 6. 12. 1900
OM 15. 8. 1949

PETERSEN, Julius
geb. Straßburg 5. 11. 1878
gest. Murnau (Oberbayern) 22. 8. 1941
OM 23. 10. 1922

PETTENKOFER, *Max* Joseph v.
geb. Lichtenheim bei Neuburg/Donau 3. 12. 1818
gest. München 10. 2. 1901
AM 4. 4. 1898

PEYRON, Vittore Amadeo
geb. Turin 2. 10. 1785
gest. Turin 27. 4. 1870
KM 18. 2. 1836

PEZZANA, Angelo
geb. Parma 17. 2. 1772
gest. Parma 20. 5. 1862
KM 26. 4. 1860

PFAFF, Christoph Heinrich
geb. Stuttgart 2. 3. 1773
gest. Kiel 23. 4. 1823
KM 25. 6. 1812

PFAFF, Johann Friedrich
geb. Stuttgart 22. 12. 1765
gest. Halle/Saale 21. 4. 1825
KM 25. 6. 1812
AM 2. 9. 1817

PFEFFER, *Wilhelm* Friedrich Philipp
geb. Grebenstein bei Kassel 9. 3. 1845
gest. Leipzig 31. 1. 1920
KM 19. 12. 1889

PFITZER, *Ernst* Hugo Heinrich
geb. Königsberg i. Pr. 26. 3. 1846
gest. Heidelberg 2. 12. 1906
KM 19. 1. 1899

PFLEIDERER, Christoph Friedrich v.
geb. Kirchheim u. T. (Württ.) 20. 10. 1736
gest. Tübingen 27. 9. 1821
KM 25. 6. 1812

PFLÜGER, *Eduard* Friedrich Wilhelm
geb. Hanau 7. 6. 1829
gest. Bonn 16. 3. 1910
KM 3. 4. 1873
AM 5. 3. 1900

PHILLIPS, Sir Thomas
geb. Llanelly (Wales) 1801
gest. London 26. 5. 1867
KM 27. 2. 1845

PIAZZI, Guiseppe
geb. Ponte (Veltlin) 16. 7. 1746
gest. Neapel 22. 7. 1826
KM 25. 6. 1812

PICARD, Charles-*Emile*
geb. Paris 24. 7. 1856
gest. Paris 11. 12. 1941
KM 24. 2. 1898—22. 4. 1916

PICKERING, Edward Charles
geb. Boston 19. 7. 1846
gest. Cambridge (Mass.) 3. 2. 1919
KM 11. 1. 1906

PICKERING, John
geb. Salem (Mass.) 7. 2. 1777
gest. Boston 5. 5. 1846
KM 13. 2. 1840

PICTET, Bénédict
geb. Genf 30. 5. 1655
gest. Genf 10. 6. 1724
abw M 7. 2. 1714

PINDER, *Moritz* Eduard
geb. Naumburg/Saale 22. 3. 1807
gest. Berlin 30. 8. 1871
OM 24. 5. 1851

PINDER, Wilhelm
geb. Kassel 25. 6. 1878
gest. Berlin 13. 5. 1947
OM 13. 6. 1938

PISCHEL, Richard
geb. Breslau 18. 1. 1849
gest. Madras 26. 12. 1908
OM 13. 7. 1902

PITSCHMANN, Christian Gottlob
geb. Taubenheim (Sa.) 24. 6. 1683
gest. Zittau 10. 7. 1746
abw M 5. 11. 1722

PLANA, *Giovanni* Antonio Amedeo Baron (1848)
geb. Voghera 8. 11. 1781
gest. Turin 20. 1. 1864
KM 19. 1. 1832

PLANCK, *Max* Karl Ernst Ludwig
geb. Kiel 23. 4. 1858
gest. Göttingen 4. 10. 1947
OM 11. 6. 1894

PLATEAU, *Joseph*-Antoine-Ferdinand
geb. Brüssel 14. 10. 1801
gest. Gent 15. 9. 1883
KM 29. 4. 1869

PLOUCKET (PLOUCQUET), Gottfried
geb. Stuttgart 25. 8. 1716
gest. Tübingen 13. 9. 1790
AM 4. 9. 1749

PODEWILS, Heinrich Graf v.
geb. Suckow (Pomm.) 3. 10. 1695
gest. Magdeburg 30. 7. 1760
EM 23. 1. 1744

PÖLLNITZ, Karl Ludwig Freiherr v.
geb. Issum (Rhld.) 25. 2. 1692
gest. Berlin 23. 6. 1775
EM 23. 1. 1744

POGGENDORFF, Johann Christian
geb. Hamburg 29. 12. 1796
gest. Berlin 24. 1. 1877
OM 4. 2. 1839

POHL, Johann Emanuel
geb. Kamnitz (Böhmen) 22. 2. 1782
gest. Wien 22. 5. 1834
KM 10. 12. 1829

POINCARÉ, Jules-*Henri*
geb. Nancy 29. 4. 1854
gest. Paris 17. 7. 1912
KM 30. 1. 1896

POINSOT, Louis
geb. Paris 3. 1. 1777
gest. Paris 5. 12. 1859
KM 22. 7. 1858

POISSON, Siméon-*Denis*
geb. Pithiviers (Beauce) 21. 6. 1781
gest. Paris 25. 4. 1840
KM 25. 6. 1812
AM 11. 1. 1830

POLACK, Johann Friedrich
geb. Bernstadt (Oberlausitz) 25. 11. 1700
gest. Frankfurt/Oder 22. 4. 1771
abw M 1735

POLENI, Giovanni Marchese di
geb. Venedig 23. 8. 1683
gest. Padua 14. 11. 1761
abw M 3. 10. 1715

POMPECKI, *Joseph* Felix
geb. Groß-Köllen (Ostpr.) 10. 5. 1867
gest. Berlin 8. 7. 1930
OM 18. 2. 1920

PONCELET, Jean-Victor
geb. Metz 1. 7. 1788
gest. Paris 22. 12. 1867
KM 19. 1. 1832

PONTÉCOULANT, Philippe-Gustave DOULCET DE
geb. Paris 21. 6. 1795
gest. Paris 21. 7. 1874
KM 19. 1. 1832

POSELGER, Friedrich Theodor
geb. Elbing 27. 5. 1771
gest. Berlin 9. 2. 1838
OM 21. 6. 1825

POTT, August Friedrich
geb. Nettelrede (Hann.) 14. 11. 1802
gest. Halle/Saale 5. 7. 1887
KM 25. 4. 1850
AM 17. 8. 1877

POTT, Johann Heinrich
geb. Halberstadt 1692, gt. 6. 10.
gest. Berlin 29. 3. 1777
OM 30. 3. 1722

POTTIER, Edmond
geb. Saarbrücken 13. 8. 1855
gest. Paris 4. 7. 1934
KM 29. 10. 1908—1. 3. 1915

PRADES, Jean Martin de
geb. Castelsarrasin (Guyenne) um 1720
gest. Groß-Glogau (Schles.) 1782
AM 10. 5. 1753
EM 1. 4. 1756

PRAETORIUS, Franz
geb. Berlin 22. 12. 1847
gest. Breslau 21. 1. 1927
KM 8. 12. 1910

PRANDTL, Ludwig
geb. Freising 4. 2. 1875
gest. Göttingen 15. 8. 1953
OM 8. 5. 1937
AM mit der Rechtsstellung eines KM 8. 6. 1939
OM 14. 2. 1950

PRANTL, Carl v.
geb. Landsberg/Lech 28. 1. 1820
gest. Oberstdorf 14. 9. 1888
KM 12. 2. 1874

PRELLER, Ludwig
geb. Hamburg 15. 9. 1809
gest. Helgoland 21. 6. 1861
KM 10. 5. 1855

PRÉMONTVAL, André-Pierre LE GUAY DE
geb. Charenton bei Paris 16. 2. 1716
gest. Berlin 3. 9. 1764
OM 29. 6. 1752

PRESCOTT, William Hickling
geb. Salem (Mass.) 14. 5. 1796
gest. Boston 28. 1. 1859
KM 27. 2. 1845

PREŠL, Karl Borživoj
geb. Prag 17. 2. 1794
gest. Prag 2. 10. 1852
KM 3. 5. 1838

PRETZEL, Ulrich
geb. Berlin 14. 7. 1898
KM 13. 1. 1955

PREVOST, Pierre
geb. Genf 3. 3. 1751
gest. Genf 8. 4. 1839
OM 7. 9. 1780
AM 1784
EM 24. 1. 1812

PRINGSHEIM, Nathanael (Natan)
geb. Wziesko (Schles.) 30. 11. 1823
gest. Berlin 6. 10. 1894
OM 9. 5. 1860
EM 1. 7. 1864
OM 17. 8. 1868

PRINSEP, James
geb. London 29. 8. 1799
gest. London 22. 4. 1840
KM 13. 2. 1840

PROKESCH VON OSTEN, Anton Frhr. (1845), Graf (1871)
geb. Graz 10. 12. 1795
gest. Wien 26. 10. 1876
EM 14. 3. 1839

PROMIS, Carlo
geb. Turin 18. 2. 1808
gest. Turin 20. 5. 1873
KM 11. 2. 1869

PRONY, Gaspard-Clair-François-*Marie* RICHE, Baron (1828) de
geb. Chamelet (Lyonnais) 22. 7. 1755
gest. Asnières (Seine) 29. 7. 1839
KM 25. 6. 1812

PÜTTER, Johann Stephan
geb. Iserlohn 25. 6. 1725
gest. Göttingen 12. 8. 1807
AM 26. 9. 1787

PURKYNJE, Johann Evangelista
geb. Libochowitz (Böhmen) 17. 12. 1787
gest. Prag 28. 7. 1869
KM 19. 1. 1832

PUŞCARIU, Sextil
geb. Kronstadt (Siebenbürgen) 4. 1. 1877
gest. Bran (RPR) 5. 5. 1948
KM 7. 10. 1939

QUATREMÈRE, Etienne-Marc
geb. Paris 12. 7. 1782
gest. Paris 18. 9. 1857
KM 25. 6. 1812

QUENSTEDT, Friedrich August v.
geb. Eisleben 9. 7. 1809
gest. Tübingen 21. 12. 1889
KM 2. 4. 1868

QUERINI, Angelo Maria (bürgerl.: Girolamo)
geb. Venedig 30. 3. 1680
gest. Brescia 6. 1. 1759
AM 27. 6. 1748

QUETELET, Lambert *Adolphe* Jacques
geb. Gent 22. 2. 1796
gest. Brüssel 17. 2. 1874
KM 19. 1. 1832

QUINCKE, *Georg* Hermann
geb. Frankfurt/Oder 19. 11. 1834
gest. Heidelberg 13. 1. 1924
KM 13. 3. 1879

QUINTUS ICILIUS, Karl Gottlieb GUICHARDT v., genannt
geb. Magdeburg 24. 9. 1724
gest. Potsdam 13. 5. 1775
OM 5. 1. 1764

RABENER, Johann Gebhard
geb. Sorau
gest. Berlin 29. 1. 1701
OM 6. 12. 1700

RABL, Carl
geb. Wels (Oberösterr.) 2. 5. 1853
gest. Leipzig 24. 12. 1917
KM 14. 12. 1916

RÂDHAKÂNTA Bahâdura, Radscha Çrî
geb.
gest. Kalkutta 19. 4. 1867
EM 27. 4. 1858

RADLKOFER, Ludwig
geb. München 19. 12. 1829
gest. München 11. 2. 1927
KM 8. 2. 1900

RADLOFF, Friedrich *Wilhelm*
geb. Berlin 17. 1. 1837
gest. Petersburg 12./25. 5. 1918
KM 10. 1. 1895

RADOWITZ, *Joseph Maria* Ernst Christian Wilhelm v.
geb. Blankenburg a. Harz 6. 2. 1797
gest. Berlin 25. 12. 1853
EM 27. 6. 1853

RÄTZEL, Georg Friedrich
geb.
gest.
abw M 5. 6. 1711

RAFN, Carl Christian
geb. Brahesborg bei Assens 16. 1. 1795
gest. Kopenhagen 20. 10. 1864
KM 27. 2. 1845

RAJNA, Pio
geb. Sondrio 8. 7. 1847
gest. Florenz 25. 11. 1930
KM 11. 3. 1909

RAMAZZINI, Bernardini
geb. Capri 5. 11. 1633
gest. Padua 5. 11. 1714
abw M 26. 9. 1707

RAMDOHR, *Paul* Georg Karl
geb. Überlingen 1. 1. 1890
OM 2. 12. 1936

RAMLER, Karl Wilhelm
geb. Kolberg 25. 2. 1725
gest. Berlin 11. 4. 1798
OM 14. 9. 1786

RAMMELSBERG, Karl Friedrich
geb. Berlin 1. 4. 1813
gest. Groß-Lichterfelde bei Berlin 28. 12. 1899
OM 15. 8. 1855

RAMMING, Martin
geb. Petersburg 21. 11. 1889
OM 18. 3. 1955

RAMMLER, *Erich* Helmut
geb. Tirpersdorf (Vogtl.) 9. 7. 1901
OM 19. 3. 1953

RAMSAY, Sir (1902) William
geb. Glasgow 2. 10. 1852
gest. Hazlemere (Bucks.) 23. 7. 1916
KM 29. 10. 1896

RAMSTEDT, Gustav *John*
geb. Ekenäs 22. 10. 1873
gest. Helsinki 25. 11. 1950
KM 12. 11. 1936

RANGAVIS (RANGABĒS), Alexandros Rizos
geb. Konstantinopel 25. 12. 1810
gest. Athen 29. 1. 1892
KM 10. 4. 1851

RANKE, Franz *Leopold* v. (1865)
geb. Wiehe/Unstrut 20. 12. 1795
gest. Berlin 23. 5. 1886
OM 13. 2. 1832

RAOUL-ROCHETTE, Desiré-Raoul ROCHETTE, genannt
geb. Saint-Amand (Cher) 8. 3. 1789
gest. Paris 8. 9. 1854
KM 12. 4. 1832

RAPPOLT, Karl Heinrich
geb. Fischhausen (Ostpr.) 17. 6. 1702
gest. Königsberg i. Pr. 23. 10. 1753
abw M 31. 3. 1735

RAST, Georg Heinrich
geb. Königsberg i. Pr. 7. 8. 1695
gest. Königsberg i. Pr. 29. 1. 1726
abw M 29. 11. 1719

RATH, Gerhard vom
geb. Duisburg 20. 8. 1830
gest. Koblenz 23. 4. 1888
KM 13. 7. 1871

RATHKE, Martin *Heinrich*
geb. Danzig 25. 8. 1793
gest. Königsberg i. Pr. 15. 9. 1860
KM 13. 2. 1834

RAU (RHAU, RAUE) Johann
geb. Perleberg 11. 4. 1673
gest. Berlin 24. 2. 1733
OM 10. 9. 1711

RAU, Johann Eberhard
geb. Altenbach bei Hilchenbach 16. 7. 1695
gest. Herborn 24. 5. 1770
abw M 12. 1. 1729

RAULIN, Joseph
geb. Aiguetinte bei Auch 19. 3. 1708
gest. Paris 12. 4. 1784
AM 10. 4. 1777

RAUMER, *Friedrich* Ludwig Georg v.
geb. Wörlitz (Anhalt) 14. 5. 1781
gest. Berlin 14. 6. 1873
OM 18. 6. 1827—22. 3. 1847

RAVAISSON-MOLLIEN, Jean-Gaspard-*Félix* LACHER
geb. Namur 23. 10. 1813
gest. Paris 18. 5. 1900
KM 10. 6. 1847

RAWLINSON, Sir Henry Creswicke
geb. Chadlington (Oxfordshire) 11. 4. 1810
gest. London 5. 3. 1895
AM 18. 5. 1850

RAYLEIGH, John William STRUTT, Baron
geb. Langford Grove (Essex) 12. 11. 1842
gest. Witham (Essex) 30. 6. 1919
KM 29. 10. 1896
AM 6. 4. 1910

RAYNAL, Guillaume-Thomas-François
geb. Saint-Geniez (Rouergue) 12. 4. 1713
gest. Paris 6. 3. 1796
AM 29. 10. 1750

RAZUMOVSKIJ, Kirill Grigorjevič Graf
geb. Lemeši (Ukraine) 18. 3. 1728
gest. Baturin (Ukraine) 3. 1. 1803
AM 19. 9. 1748

RÉAUMUR, René-Antoine FERCHAULT DE
geb. La Rochelle 28. 2. 1683
gest. Bermondière (Maine) 17. 10. 1757
abw M 19. 1. 1742

RECKLINGHAUSEN, *Friedrich* Daniel v.
geb. Gütersloh 2. 12. 1833
gest. Straßburg 26. 8. 1910
KM 26. 2. 1885

REDERN, Sigismund Ehrenreich v., Graf (1757)
geb. Schwerin (6. 9. 1719)
gest. Königsbrück (Sa.) 1. 7. 1789
EM 7. 9. 1747

REDETZKY, Hermann
geb. Lüben 10. 8. 1901
KM 23. 4. 1959

REDLICH, Oswald
geb. Innsbruck 17. 9. 1858
gest. Wien 21. 1. 1944
KM 15. 12. 1927

REGENBOGEN, Otto
geb. Neumarkt (Schles.) 14. 2. 1891
KM 12. 9. 1946

REGNAULT, Henri-*Victor*
geb. Aachen 21. 7. 1810
gest. Auteuil bei Paris 19. 1. 1878
KM 15. 4. 1847
AM 11. 7. 1863

REGNIER, Jacques-Auguste-*Adolphe*
geb. Mainz 7. 7. 1804
gest. Fontainebleau 20. 10. 1884
KM 17. 1. 1867

REHM, Albert
geb. Augsburg 15. 8. 1871
gest. München 31. 7. 1949
KM 23. 10. 1947
OM 19. 7. 1949

REICHERT, Karl Bogislaus
geb. Rastenburg (Ostpr.) 20. 12. 1811
gest. Berlin 21. 12. 1883
OM 4. 4. 1859

REICKE, *Siegfried* Rudolf Hermann
geb. Nürnberg 19. 5. 1897
OM 15. 4. 1942

REIFFENBERG, Frédéric Auguste Ferdinand Thomas Baron de
geb. Mons 14. 11. 1795
gest. St. Josse-ten-Noode bei Brüssel 18. 4. 1850
KM 7. 12. 1837

REIN, *Hermann* Friedrich
geb. Mitwitz (Bayern) 8. 2. 1898
gest. Göttingen 14. 5. 1953
KM 11. 11. 1942
OM 19. 7. 1949

REINAUD, Joseph-Toussaint
geb. Lambesc 4. 12. 1795
gest. Paris 14. 5. 1867
KM 25. 4. 1850

REINBECK, Johann Gustav
geb. Celle 25. 1. 1683
gest. Schönwalde bei Berlin 21. 8. 1741
OM 3. 7. 1720

REINHARDT, Karl
geb. Detmold 14. 2. 1886
gest. Frankfurt a. Main 9. 1. 1958
KM 22. 2. 1945

REIN(H)OLD, Bernhard Heinrich
geb. Olphen (Westf.) 9. 1. 1677
gest. Frankfurt/Oder 22. 5. 1726
abw M 30. 3. 1722

REININGER, Robert
geb. Linz 28. 9. 1869
gest. Wien 17. 6. 1955
KM 14. 9. 1940

RÉMONT DE SAINTE-ALBINE, Pierre
geb. Paris 29. 5. 1699
gest. Paris 9. 10. 1778
AM 4. 9. 1755

REMUSAT, Jean-Pierre-*Abel*
geb. Paris 5. 9. 1788
gest. Paris 4. 6. 1832
KM 9. 6. 1825

RENAN, Ernest
geb. Tréguier (Côtes-du-Nord) 27. 2. 1823
gest. Paris 2. 10. 1892
KM 30. 6. 1859

RENIER, Charles-Adolphe-*Léon*
geb. Charleville 2. 5. 1809
gest. Paris 11. 6. 1885
KM 30. 6. 1859

RENNER, Otto
geb. Neu-Ulm 25. 4. 1883
KM 28. 2. 1935

RETZIUS, Anders Adolf
geb. Lund 13. 10. 1796
gest. Stockholm 18. 4. 1860
KM 8. 12. 1842

RETZIUS, Magnus *Gustav*
geb. Stockholm 27. 10. 1842
gest. Stockholm 22. 7. 1919
KM 1. 6. 1893

REUMONT, Alfred v.
geb. Aachen 15. 8. 1808
gest. Aachen 27. 4. 1887
KM 15. 6. 1854

REUSSE, Johann Hermann
geb. (Harderode bei Holzminden) um 1680
gest.
abw M 5. 10. 1729

REUVENS, Caspar Jacob Christian
geb. den Haag 22. 2. 1793
gest. Rotterdam 26. 7. 1835
KM 4. 12. 1834

REYHER, Samuel
geb. Schleusingen 19. 4. 1635
gest. Kiel 22. 11. 1714
abw M 26. 9. 1702

REZZONICO DELLA TORRE, Antonio Giuseppe Conte
geb. Como 11. 8. 1742
gest. Neapel 23. 6. 1796
AM 26. 8. 1773

RHUMBLER, Ludwig
geb. Frankfurt a. Main 3. 7. 1864
gest. Hannoversch-Münden 6. 7. 1939
KM 31. 10. 1929

RIBBECK, Johann Karl *Otto*
geb. Erfurt 23. 7. 1827
gest. Leipzig 18. 7. 1898
KM 16. 7. 1896

RICCOBONO, Salvatore
geb. San Giuseppe Jato (Prov. Palermo) 31. 1. 1864
KM 11. 11. 1939

RICHARD, Achille
geb. Paris 23. 4. 1794
gest. Paris 5. 10. 1852
KM 7. 5. 1835

RICHARD, Louis-*Claude*-Marie
geb. Versailles 19. 9. 1754
gest. Paris 6. 6. 1821
KM 25. 6. 1812

RICHARDS, Theodore William
geb. Germantown (Pennsylvania) 31. 3. 1868
gest. Cambridge (Mass.) 2. 4. 1928
KM 28. 10. 1909

RICHARDSON, Ernest Cushing
geb. Woburn (Mass.) 7. 2. 1860
gest. Princeton (New Jersey) 3. 6. 1939
KM 6. 11. 1924

RICHARDSON, Sir (1939) Owen Willans
geb. Dewsbury (Yorkshire) 26. 4. 1879
gest. Chandos Lodge, Alton (Hantshire) 15. 2. 1959
KM 23. 7. 1938

RICHELOT, *Friedrich* Julius
geb. Königsberg i. Pr. 6. 11. 1808
gest. Königsberg i. Pr. 31. 3. 1875
KM 8. 12. 1842

RICHTHOFEN, *Ferdinand* Paul Wilhelm Dieprand Freiherr v.
geb. Karlsruhe (Oberschles.) 5. 3. 1833
gest. Berlin 6. 10. 1905
KM 3. 3. 1881
OM 3. 5. 1899

RICKERT, Heinrich
geb. Danzig 25. 5. 1863
gest. Heidelberg 25. 7. 1936
KM 1. 11. 1934

RIDOLFI, Angelo
geb. Verona 25. 5. 1752
gest. Padua 20. 2. 1825
KM 25. 6. 1812

RIECHE, Alfred
geb. Dortmund 28. 4. 1902
KM 6. 9. 1956
OM 27. 4. 1959

RIEDEL, Adolf Friedrich Johann
geb. Biendorf (Meckl.) 5. 12. 1809
gest. Berlin 8. 9. 1872
OM 24. 5. 1851

RIEMANN, Georg Friedrich *Bernhard*
geb. Breselenz (Hann.) 17. 9. 1826
gest. Selasca (Lago Maggiore) 20. 7. 1866
KM 11. 8. 1859
AM 24. 3. 1866

RIENÄCKER, Günther
geb. Bremen 13. 5. 1904
OM 19. 3. 1953

RIESS, Peter Theophil
geb. Berlin 27. 6. 1804
gest. Berlin 22. 10. 1883
OM 28. 6. 1842

RING, Wilhelm Siegfried
geb. Brieg (1675)
gest. Berlin 1736
OM 3. 5. 1719

RINK, Eucharius Gottlieb
geb. Stötteritz bei Leipzig 11. 8. 1670
gest. Altdorf 9. 2. 1745
abw M 15. 7. 1739

RITSCHL, Friedrich Wilhelm
geb. Großvargula (Thür.) 6. 4. 1806
gest. Leipzig 9. 11. 1876
KM 27. 2. 1845

RITTER, August *Heinrich*
geb. Zerbst 21. 11. 1791
gest. Göttingen 3. 2. 1869
OM 13. 2. 1832
AM 13. 2. 1834

RITTER, Gerhard
geb. Bad Sooden/Werra 6. 4. 1888
KM 12. 11. 1936

RITTER, Karl
geb. Quedlinburg 7. 8. 1779
gest. Berlin 28. 9. 1859
OM 18. 4. 1822

RITTER, Moritz
geb. Bonn 16. 1. 1840
gest. Bonn 28. 12. 1923
KM 14. 2. 1907

RIVAROL, Antoine Comte de
geb. Bagnols (Languedoc) 26. 6. 1753
gest. Berlin 13. 4. 1801
AM 14. 7. 1785

ROBERT, Carl
geb. Marburg 8. 3. 1850
gest. Halle/Saale 17. 1. 1922
KM 2. 5. 1907

ROBERT, François
geb. La Chermele (Bourgogne) 1737
gest. Heiligenstadt 3. 5. 1819
AM 28. 1. 1790
EM 24. 1. 1812

ROBERT, Louis
geb. Laurière 15. 2. 1904
KM 29. 6. 1950

ROBIEN, Christophe-Paul Marquis de
geb. Robien (Bretagne) 4. 11. 1698
gest. Rennes 5. 6. 1756
AM 20. 2. 1755

ROBINSON, Edward
geb. Southington (Conn.) 10. 4. 1794
gest. New York 15. 1. 1863
KM 17. 6. 1852

RODENWALDT, Gerhart
geb. Berlin 16. 10. 1886
gest. Berlin 27. 4. 1945
OM 28. 6. 1932

RÖDIGER, Emil
geb. Sangerhausen 13. 10. 1801
gest. Berlin 15. 6. 1874
OM 7. 5. 1864

RÖHRER, Heinz
geb. Leipzig 23. 3. 1905
OM 18. 3. 1955

ROEMER, Karl *Ferdinand*
geb. Hildesheim 5. 1. 1818
gest. Breslau 14. 12. 1891
KM 3. 6. 1869

RÖMER, Ole (Olaus)
geb. Aarhus 25. 9. 1644
gest. Kopenhagen 19. 9. 1710
abw M 30. 12. 1701

RÖNTGEN, Wilhelm Conrad
geb. Lennep 27. 3. 1845
gest. München 10. 2. 1923
KM 12. 3. 1896
AM 22. 12. 1920

RÖRIG, Friedrich (*Fritz*) Hermann
geb. St. Blasien 2. 10. 1882
gest. Berlin 29. 4. 1952
OM 30. 7. 1942

RÖSSLE, Robert
geb. Augsburg 19. 8. 1876
gest. Berlin 21. 11. 1956
OM 15. 3. 1934

ROETHE, Gustav
geb. Graudenz 5. 5. 1859
gest. Badgastein 17. 9. 1926
OM 5. 1. 1903

ROLOFF, Christian Ludwig
geb. Berlin 6. 6. 1726
gest. Berlin 26. 12. 1800
AM 23. 10. 1755
OM 30. 10. 1760

ROMÉ DE LISLE, Jean-Baptiste-Louis
geb. Gray (Franche-Comté) 26. 8. 1736
gest. Paris 7. 3. 1790
AM 1. 3. 1780

ROMPE, Robert
geb. Petersburg 10. 9. 1905
OM 19. 3. 1953

RONCALLI-PAROLINO, Francesco Conte
geb. Brescia 1692
gest. Brescia 1769
AM 3. 7. 1755

ROSE, Gustav
geb. Berlin 18. 3. 1798
gest. Berlin 15. 7. 1873
OM 16. 7. 1834

ROSE, Heinrich
geb. Berlin 6. 8. 1795
gest. Berlin 27. 1. 1864
OM 13. 2. 1832

ROSELLINI, Ippolito
geb. Pisa 13. 8. 1800
gest. Pisa 4. 6. 1843
KM 13. 2. 1834

ROSEN, *Friedrich* August
geb. Hannover 2. 9. 1805
gest. London 12. 9. 1837
KM 4. 12. 1834

ROSEN, Georg
geb. Detmold 24. 9. 1820
gest. Detmold 29. 10. 1891
KM 25. 3. 1858

ROSEN, Viktor Baron v.
geb. Reval 21. 2./5. 3. 1849
gest. Petersburg 10./23. 1. 1908
KM 18. 1. 1900

ROSENBUSCH, Karl *Harry* Ferdinand
geb. Einbeck 24. 6. 1836
gest. Heidelberg 20. 1. 1914
KM 20. 10. 1887

ROSENHAIN, Johann *Georg*
geb. Königsberg i. Pr. 10. 6. 1816
gest. Berlin 14. 3. 1887
KM 11. 8. 1859

ROSENMÜLLER, Johann Christian
geb. Heßberg bei Hildburghausen
25. 5. 1771
gest. Leipzig 28./29. 2. 1820
KM 25. 6. 1812

ROSS, Ludwig
geb. Altekoppel bei Bornhöved (Holstein) 22. 7. 1806
gest. Halle/Saale 6. 8. 1859
KM 18. 2. 1836

ROSSI, Giovanni Battista de
geb. Rom 23. 2. 1823
gest. Rom 20. 9. 1894
KM 16. 6. 1853
AM 9. 7. 1875

ROST, Johann Karl
geb. Nürnberg 24. 11. 1690
gest. Nürnberg 29. 9. 1731
abw M 17. 7. 1727

ROST, Johann Leonhard
geb. Nürnberg 14. 2. 1688
gest. Nürnberg 27. 3. 1727
abw M 3. 2. 1723

ROSTOSKI, Otto
geb. Würzburg 4. 9. 1872
KM 13. 1. 1955

ROSTOVTZEFF (ROSTOVCEV, ROSTOWZEW), Michail Ivanovič
geb. Kiew 9. 11. 1870
gest. New Haven 20. 10. 1952
KM 18. 6. 1914

ROTH, *Justus* Ludwig Adolf
geb. Hamburg 15. 9. 1818
gest. Berlin 1. 4. 1892
OM 22. 4. 1867

ROTH, Walter *Rudolf* v.
geb. Stuttgart 3. 4. 1821
gest. Tübingen 24. 6. 1895
KM 31. 1. 1861
AM 15. 5. 1889

ROUGÉ, Emanuel Vicomte de
geb. Paris 11. 4. 1811
gest. Blois-Dauphin 27. 12. 1872
KM 2. 3. 1854

ROULEZ, *Joseph*-Emanuel-Ghislain
geb. Nivelles (Brabant) 6. 2. 1806
gest. Gent 6. 3. 1878
KM 10. 5. 1855

ROUSSET DE MISSY, Jean
geb. Laon 26. 8. 1686
gest. Brüssel 1762
abw M 14. 3. 1731

ROUX, Wilhelm
geb. Jena 9. 6. 1850
gest. Halle/Saale 15. 9. 1924
KM 14. 12. 1916

ROWLAND, Henry Augustus
geb. Honesdale (Pennsylvania) 27. 11. 1848
gest. Baltimore 16. 4. 1901
KM 22. 2. 1900

ROZIÈRE, Thomas-Louis-Marie-*Eugène* de
geb. Paris 2. 3. 1820
gest. Paris 26. 6. 1896
KM 11. 2. 1864

RUBEN, Walter
geb. Hamburg 26. 12. 1899
OM 18. 3. 1955

RUBENS, Heinrich
geb. Wiesbaden 30. 3. 1865
gest. Berlin 17. 7. 1922
OM 8. 8. 1907

RUBNER, Max
geb. München 2. 6. 1854
gest. Berlin 27. 4. 1932
OM 2. 12. 1906

RUDBERG, Fredrik
geb. Norrköping 30. 8. 1800
gest. Uppsala 14. 6. 1839
KM 3. 5. 1838

RUDBERG, Gunnar
geb. Björsäter (Skaraborgs Län) 17. 10. 1880
gest. Uppsala 6. 10. 1954
KM 20. 6. 1939

RUDOLPHI, Karl Asmund
geb. Stockholm 14. 7. 1771
gest. Berlin 29. 11. 1832
OM 7. 4. 1810

RUDORFF, Adolf August Friedrich
geb. Mehringen (Kr. Lingen) 21. 3. 1803
gest. Berlin 14. 2. 1873
OM 7. 3. 1860

RÜHLE V. LILIENSTERN Johann Jakob Otto *August*
geb. Berlin 16. 4. 1780
gest. Salzburg 1. 7. 1847
EM 6. 5. 1846

RÜHS, Christian Friedrich
geb. Greifswald 1. 3. 1781
gest. Florenz 1. 2. 1820
OM 1. 1. 1819

RUHLAND, Wilhelm
geb. Schleswig 7. 8. 1878
KM 29. 4. 1937

RUMFORD, Benjamin THOMPSON, Graf v. (1790)
geb. Rumford 26. 3. 1753
gest. Auteuil bei Paris 21. 8. 1814
AM 14. 10. 1787—1812

RUMPF, Andreas
geb. Potsdam 3. 12. 1890
KM 23. 5. 1940

RUTHERFORD, Sir, Lord (1931) (1. Baron R. of Nelson) Ernest
geb. Nelson (Neu-Seeland) 30. 8. 1871
gest. Cambridge 19. 10. 1937
KM 7. 6. 1928

SABINE, Sir (1869) Edward
geb. Dublin 14. 10. 1788
gest. Richmond 26. 6. 1883
EM 15. 8. 1855

SACHAU, Karl *Eduard*
geb. Neumünster (Holstein) 20. 7. 1845
gest. Berlin 17. 9. 1930
OM 24. 1. 1887

SACK, August Friedrich *Wilhelm*
geb. Harzgerode 4. 2. 1703
gest. Berlin 23. 4. 1786
OM 23. 1. 1744

ŠAFAŘIK (SCHAFFARIK), Paul Joseph
geb. Kobeljarowo (Fekete-Patak) 13. 5. 1795
gest. Prag 26. 6. 1861
KM 13. 2. 1840

SAHME, Arnold Heinrich
geb. Königsberg i. Pr. 11. 6. 1676
gest. Königsberg i. Pr. 26. 4. 1734
abw M 17. 7. 1726

SAINT-CLAIRE-DEVILLE, *Henri*-Etienne
geb. Saint-Thomas 11. 3. 1818
gest. Boulogne-s.-Seine 1. 7. 1881
KM 19. 11. 1863

SAINT-HILAIRE, Augustin-François-César PROUVANSAL DE, genannt *Auguste* de
geb. Orléans 4. 10. 1799
gest. La Turpinière (Loiret) 30. 9. 1853
KM 13. 2. 1834

SALLÉ, Jacques-Antoine
geb. Paris 4. 6. 1712
gest. Paris 14. 10. 1778
AM 2. 9. 1756

SALLIER, Claude
geb. Saulieu (Bourgogne) 4. 4. 1685
gest. Paris 9. 6. 1761
AM 30. 6. 1746

SALM-HORSTMAR, Friedrich, Fürst und Rheingraf zu
geb. Coesfeld (Westf.) 11. 3. 1799
gest. Coesfeld (Westf.) 27. 3. 1865
EM 19. 3. 1856

SALMON, George
geb. Cork 25. 9. 1819
gest. Dublin 22. 1. 1904
KM 12. 6. 1873

SALOMON, Johann Andreas
geb. Konitz (Westpr.) 16. 12. 1675
gest. Danzig 25. 11. 1746
abw M 6. 2. 1726

SALZMANN, Johann
geb. Straßburg 29. 6. 1679
gest. Straßburg 4. 2. 1738
abw M 5. 10. 1729

SAMARIN, Aleksandr Michailovič
geb. Sakony (heute: Gorki-Gebiet) 14. 8. 1902
KM 9. 4. 1959

SANDEN, Heinrich v.
geb. Königsberg i. Pr. 28. 7. 1672
gest. Königsberg i. Pr. 10. 8. 1728
abw M 1. 2. 1713

SANDER, Bruno
geb. Innsbruck 23. 2. 1884
KM 29. 6. 1950

SANTAREM, Manoel Francisco DE BARROS Y SOUZA, Vicomte de
geb. Lissabon 18. 11. 1790
gest. Paris 17. 1. 1856
KM 10. 6. 1847

SANTIFALLER, Leo
geb. Kastelruth (Südtirol) 24. 7. 1890
KM 13. 1. 1955

SARASIN, Karl Friedrich (*Fritz*)
geb. Basel 3. 12. 1859
gest. Lugano 23. 3. 1942
KM 2. 6. 1932

SARS, Georg Ossian
geb. Florö (Norwegen) 20. 4. 1837
gest. Oslo 7. 4. 1927
KM 24. 2. 1898

SARS, Michael
geb. Bergen 30. 8. 1805
gest. Christiania 22. 10. 1869
KM 26. 7. 1855

SARTI, Emiliano
geb. Rom 1795
gest. Rom 27. 10. 1849
KM 15. 4. 1847

SAUERBRUCH, Ernst *Ferdinand*
geb. Barmen 3. 7. 1875
gest. Berlin 2. 7. 1951
OM 8. 5. 1937

SAUPPE, Hermann
geb. Weesenstein (Sa.) 9. 12. 1809
gest. Göttingen 16. 9. 1893
KM 31. 1. 1861

SAUVAGES DE LA CROIX, François BOISSIER DE
geb. Alais (Languedoc) 12. 5. 1706
gest. Montpellier 19. 2. 1767
AM 16. 1. 1755

SAVIGNY, Friedrich Karl v.
geb. Frankfurt a. Main 22. 2. 1779
gest. Berlin 25. 10. 1861
OM 29. 4. 1811

SAVIGNY, Marie-*Jules*-César LELORGNE DE
geb. Provins (Brie champ.) 5. 4. 1779
gest. Gally (Seine-et-Oise) 5. 10. 1851
KM 13. 4. 1826

SCACCHI, Arcangelo
geb. Gravina 8. 2. 1810
gest. Neapel 11. 10. 1893
KM 13. 4. 1872

SCARPA, Antonio
geb. Motta (Friaul) 13. 6. 1747
gest. Pavia 31. 10. 1832
AM 22. 6. 1780

SCHAARSCHMIDT, Samuel
geb. Terki bei Astrachan (Rußland) 24. 11. 1709
gest. Berlin 17. 6. 1747
OM 22. 8. 1737

SCHADEWALDT, *Wolfgang* Otto Bernhard
geb. Berlin 15. 3. 1900
OM 13. 7. 1942

SCHÄFER, *Arnold* Dietrich
geb. Seehausen bei Bremen 16. 10. 1819
gest. Bonn 19. 11. 1883
KM 12. 2. 1874

SCHÄFER, Dietrich
geb. Bremen 16. 5. 1845
gest. Berlin 12. 1. 1929
OM 4. 8. 1903

SCHÄFFER, Jakob Christian
geb. Querfurt 30. 5. 1718
gest. Regensburg 5. 1. 1790
AM 7. 9. 1758

SCHAFFER, Josef
geb. Trient 13. 10. 1861
gest. Volders 27. 4. 1939
KM 25. 2. 1932

SCHAFFGOTSCH, Philipp Gotthard Graf v.
geb. Jauer 3. 6. 1716
gest. Schloß Johannisberg (Österr.-Schles.) 5. 1. 1795
EM 1. 4. 1756

SCHALK, Fritz
geb. Wien 17. 1. 1903
KM 10. 2. 1955

SCHAPER, Johann Ernst
geb. Küstrin 26. 4. 1668
gest. Rostock 11. 1. 1721
abw M 1. 12. 1701

SCHARDEN, Nikolaus Ludwig v.
geb. Halle/Saale 15. 9. 1704
gest. 22. 12. 1741
OM 7. 4. 1734

SCHARNHORST, Heinrich *Wilhelm* Gebhard v.
geb. Hannover 16. 2. 1786
gest. Bad Ems 13. 6. 1854
EM 27. 6. 1853

SCHAUMANN, Adolf Friedrich Heinrich
geb. Hannover 19. 2. 1809
gest. Hannover 10. 12. 1882
KM 31. 1. 1861

SCHAUMBURG-LIPPE, *Wilhelm* Friedrich Ernst, regierender Graf v.
geb. London 24. 1. 1724
gest. Haus Bergleben bei Wölpinghausen 10. 9. 1777
AM 28. 8. 1749

SCHEFFER-BOICHORST, Paul
geb. Elberfeld 25. 5. 1843
gest. Berlin 17. 1. 1902
OM 2. 8. 1899

SCHEIBEL, Johann Ephraim
geb. Breslau 5. 9. 1736
gest. Breslau 31. 5. 1809
AM 26. 9. 1791

SCHEIDER, Johann Christoph
geb. Zinnwald (Böhmen) (um 1680)
gest.
abw M 31. 5. 1712

SCHELLING, Friedrich Wilhelm Joseph v.
geb. Leonberg (Württ.) 27. 1. 1775
gest. Ragaz (Schweiz) 20. 8. 1854
AM 7. 5. 1832
OM 3. 12. 1842

SCHENDO VAN DER BECH, Michael
geb. in Mazedonien
gest. um 1736
abw M 17. 7. 1726

SCHERER, Wilhelm
geb. Schönborn (Nieder-Österr.) 26. 4. 1841
gest. Berlin 6. 8. 1886
KM 8. 4. 1875
OM 9. 4. 1884

SCHERING, *Ernst* Christian Julius
geb. Sandbergen bei Lüneburg 13. 7. 1833
gest. Göttingen 2. 11. 1897
KM 8. 7. 1875

SCHEUCHZER, Johann Jakob
geb. Zürich 2. 8. 1672
gest. Zürich 23. 6. 1733
abw M 6. 12. 1706

SCHEUNERT, Arthur
geb. Dresden 7. 6. 1879
gest. Basel 10. 1. 1957
OM 19. 3. 1953

SCHEURER, Samuel
geb. Röthenbach (Kt. Bern) 1685, gt. 25. 8.
gest. Bern 20. 9. 1747
abw M 5. 1. 1724

SCHI (SHIH), Hu
geb. Schanghai 17. 12. 1891
KM 2. 6. 1932—20. 12. 1952

SCHIAPARELLI, Giovanni Virginio
geb. Savigliano 14. 3. 1835
gest. Mailand 4. 7. 1910
KM 23. 10. 1879
AM 17. 10. 1904

SCHIEFNER, Franz *Anton*
geb. Reval 6./18. 7. 1817
gest. Petersburg 4./16. 11. 1879
KM 25. 3. 1858

SCHILLING, Johann Jakob
geb. Kleve 25. 4. 1702
gest. Duisburg 13. 12. 1779
abw M 1732

SCHINAS (SCHOINAS), Konstantinos Demetriu
geb. Konstantinopel 1801
gest. Wien 22. 7. 1857
KM 10. 4. 1851

SCHIRMER, *Walter* Franz
geb. Düsseldorf 18. 12. 1888
OM 28. 5. 1943

SCHIRMER, Wolfgang
geb. Berlin 3. 3. 1920
KM 23. 4. 1959

SCHLÄFLI, Ludwig
geb. Graßwil (Kt. Bern) 25. 1. 1814
gest. Bern 20. 3. 1895
KM 12. 6. 1873

SCHLECHTENDAL, Dietrich Franz Leonhard v.
geb. Xanten 27. 11. 1794
gest. Halle/Saale 12. 10. 1866
KM 13. 2. 1834

SCHLEGEL, August Christian
geb. Niedernhall (Hohenloh.) 6. 4. 1682
gest. Schwabach 14. 7. 174(0)
abw M 15. 6. 1736

SCHLEGEL, August *Wilhelm* v.
geb. Hannover 8. 9. 1767
gest. Bonn 12. 5. 1845
AM 18. 4. 1822

SCHLEGEL, Christian August
geb. Saalfeld 30. 1. 1667
gest. Gotha 17. 10. 1722
abw M 30. 11. 1712

SCHLEGEL, Hermann
geb. Altenburg (Thür.) 10. 6. 1804
gest. Leiden 17. 1. 1884
KM 23. 11. 1865

SCHLEIERMACHER, *Friedrich* Daniel Ernst
geb. Breslau 21. 1. 1768
gest. Berlin 12. 2. 1834
OM 7. 4. 1810

SCHLENK, Wilhelm
geb. München 22. 3. 1879
gest. Tübingen 28. 4. 1943
OM 23. 10. 1922
AM 1. 10. 1935

SCHLICHTEGROLL, Adolf Heinrich *Friedrich* v.
geb. Waltershausen 8. 12. 1765
gest. München 4. 12. 1822
KM 25. 6. 1812

SCHLIEFFEN, Martin Ernst v.
geb. Pudenzig (Pomm.) 30. 10. 1732
gest. Windhausen (Hessen) 15. 9. 1825
EM 28. 1. 1791

SCHLOTHEIM, Ernst Friedrich Freiherr v.
geb. Almenhausen (Thür.) 2. 4. 1764
gest. Gotha 28. 3. 1832
EM 4. 1. 1828

SCHLÜTER, Andreas
geb. (Danzig) um 1660
gest. Petersburg Mai 1714
OM 11. 3. 1701

SCHLÜTER, Johann Heinrich
geb. (Braunschweig) 1669
gest. Berlin 29. 9. 1731
OM 27. 10. 1710

SCHMELLER, Joseph Andreas
geb. Tirschenreuth 6. 8. 1785
gest. München 27. 7. 1852
KM 18. 2. 1836

SCHMID, Johann Andreas
geb. Worms 18. 8. 1652
gest. Helmstedt 12. 6. 1726
abw M 11. 3. 1701

SCHMIDT, *Adolf* Friedrich Karl
geb. Breslau 23. 7. 1860
gest. Gotha 17. 10. 1944
KM 17. 1. 1929

SCHMIDT, Erich
geb. Jena 20. 6. 1853
gest. Berlin 30. 4. 1913
OM 18. 2. 1895

SCHMIDT, *Friedrich* Karl
geb. Kaisma (Livland) 15./27. 1. 1832
gest. Petersburg 8./21. 11. 1908
KM 8. 2. 1900

SCHMIDT, Johann Oswald *Erhard*
geb. Dorpat 13. 1. 1876
OM 1. 8. 1918

SCHMIDT, Johannes
geb. Prenzlau 29. 7. 1843
gest. Berlin 4. 7. 1901
OM 9. 4. 1884

SCHMIDT, Jonas
geb. Wiesbaden 7. 10. 1885
gest. Wiesbaden 13. 3. 1958
KM 26. 1. 1950

SCHMIDT, Ludwig
geb. Dresden 16. 7. 1862
gest. Dresden 10. 3. 1944
KM 14. 4. 1942

SCHMIDT, Samuel Heinrich
geb. Marienwerder 3. 2. 1688
gest. (1738)
OM 15. 9. 1735
abw M 1737

SCHMIDT-OTT, Friedrich
geb. Potsdam 4. 6. 1860
gest. Berlin 28. 4. 1956
EM 2. 3. 1914

SCHMIEDEBERG, Johann Ernst *Oswald*
geb. Laidsen (Kurland)
29. 9./11. 10. 1838
gest. Baden-Baden 14. 7. 1921
KM 28. 7. 1910

SCHMIEDER, Siegismund
geb. Löwenhain (Sa.) 24. 11. 1685
gest. Lommatzsch 15. 10. 1717
abw M 3. 10. 1715

SCHMOLLER, *Gustav* Friedrich v. (1908)
geb. Heilbronn 24. 6. 1838
gest. Harzburg 27. 6. 1917
OM 24. 1. 1887

SCHNABEL, Franz
geb. Mannheim 18. 12. 1887
KM 23. 10. 1947

SCHNEIDER, Johann Gottlob
geb. Kollmen (Sa.) 18. 1. 1750
gest. Breslau 12. 1. 1822
AM 18. 7. 1810

SCHNEIDER, Robert Ritter v.
geb. Wien 17. 11. 1854
gest. Wien 24. 10. 1909
KM 29. 10. 1908

SCHÖMANN, Georg Friedrich
geb. Stralsund 28. 6. 1793
gest. Greifswald 25. 3. 1879
KM 17. 6. 1824

SCHÖNBACH, *Anton* Emanuel
geb. Rumburg (Böhmen) 29. 5. 1848
gest. Schruns (Vorarlberg) 25. 8. 1911
KM 5. 7. 1906

SCHÖNBEIN, Christian Friedrich
geb. Metzingen (Württ.) 18. 10. 1799
gest. Sauersberg bei Baden-Baden 29. 8. 1868
KM 24. 4. 1856

SCHÖNE, *Richard* Kurt Theophilus
geb. Dresden 5. 2. 1840
gest. Berlin 5. 3. 1922
EM 5. 3. 1900

SCHÖNEMANN, Daniel
geb. Greifswald 16. 2. 1695
gest. Koppen bei Glogau 1737
OM 12. 9. 1725

SCHÖNFELD, Eduard
geb. Hildburghausen 22. 12. 1828
gest. Bonn 1. 5. 1891
KM 10. 2. 1887

SCHOETTGEN(IUS), Christian
geb. Wurzen 14. 3. 1687
gest. Dresden 15. 12. 1751
abw M 30. 9. 1723

SCHOTT, Friedrich *Otto*
geb. Witten/Ruhr 17. 12. 1851
gest. Jena 27. 8. 1935
KM 6. 7. 1916

SCHOTT, Johann Karl
geb. Heidelberg 1672
gest. Berlin 12. 12. 1717
OM 6. 12. 1706

SCHOTT, Johann *Wilhelm*
geb. Mainz 3. 9. 1802
gest. Berlin 21. 1. 1889
OM 9. 3. 1841

SCHOTTKY, *Friedrich* Hermann
geb. Breslau 24. 7. 1851
gest. Berlin 12. 8. 1935
KM 22. 2. 1900
OM 5. 1. 1903

SCHRADER, Heinrich Adolf
geb. Alfeld (Hann.) 1. 1. 1767
gest. Göttingen 22. 10. 1836
KM 25. 6. 1812

SCHRADER, Konrad *Eberhard*
geb. Braunschweig 5. 1. 1836
gest. Berlin 3. 7. 1908
OM 14. 6. 1875

SCHRAUF, Albrecht
geb. Wien 14. 12. 1837
gest. Wien 29. 11. 1897
KM 13. 6. 1895

SCHREGER, Bernhard Nathanael Gottlieb
geb. Zeitz 6. 6. 1766
gest. Erlangen 8. 10. 1825
KM 25. 6. 1812

SCHRÖDER, *Edward* Karl Wladimir
geb. Witzenhausen/Werra 18. 5. 1858
gest. Göttingen 9. 2. 1942
KM 11. 7. 1912

SCHRÖDER, Kurt
geb. Berlin 31. 7. 1909
OM 2. 7. 1951

SCHROEDER, Richard
geb. Treptow/Tollense 19. 6. 1838
gest. Heidelberg 3. 1. 1917
KM 18. 1. 1900

SCHRÖDER, Robert
geb. Rostock 3. 8. 1884
gest. Leipzig 13. 10. 1959
OM 19. 3. 1953

SCHRÖDINGER, Erwin
geb. Wien 12. 8. 1887
OM 12. 2. 1929
AM 12. 11. 1936
OM 14. 2. 1950

SCHROETER, *Heinrich* Eduard
geb. Königsberg i. Pr. 8. 1. 1829
gest. Breslau 3. 1. 1892
KM 6. 1. 1881

SCHUBART, Wilhelm
geb. Liegnitz 21. 10. 1873
KM 27. 7. 1944

SCHUCHARDT, Hugo
geb. Gotha 4. 2. 1842
gest. Graz 21. 4. 1927
AM 15. 9. 1912

SCHUCHHARDT, Carl
geb. Hannover 6. 8. 1859
gest. Arolsen 7. 12. 1943
OM 9. 7. 1912

SCHÜBLER, Johann Jakob
geb. Nürnberg 1689, gt. 21. 2.
gest. Nürnberg 11. 9. 1742
abw M 10. 2. 1734

SCHÜLLER, Arno
geb. Friedrichsgrün bei Zwickau
16. 11. 1908
OM 18. 3. 1955

SCHÜRER, Emil
geb. Augsburg 2. 5. 1844
gest. Göttingen 30. 4. 1910
KM 20. 7. 1893

SCHÜTZE, Eustasius Friedrich
geb. Hayn (Harz) 3. 4. 1688 a. St.
gest. Altona 19. 3. 1758
AM 8. 12. 1746

SCHULTE, Aloys
geb. Münster i. W. 2. 8. 1857
gest. Bonn 14. 2. 1941
KM 22. 6. 1922

SCHULTZE, Alfred
geb. Breslau 25. 2. 1864
gest. Leipzig 2./3. 7. 1946
KM 10. 7. 1930

SCHUL(T)ZE, Johann Heinrich
geb. Colbitz (Hzm. Magdeburg)
12. 5. 1687
gest. Halle/Saale 10. 10. 1744
abw M 5. 10. 1729

SCHULZE, Franz Eilhard
geb. Eldena (Pomm.) 22. 3. 1840
gest. Berlin 29. 10. 1921
OM 21. 6. 1884

SCHULZE, Johann Karl Gottlieb
geb. Berlin 5. 4. 1749
gest. Berlin 9. 6. 1790
OM 16. 10. 1777

SCHULZE, *Johannes* Karl Hartwig
geb. Bruel (Meckl.) 15. 1. 1786
gest. Berlin 20. 2. 1869
EM 22. 7. 1854

SCHULZE, Wilhelm
geb. Burgsteinfurt 15. 12. 1863
gest. Neu-Babelsberg 16. 1. 1935
OM 16. 11. 1903

SCHUMACHER, Heinrich Christian
geb. Bramstedt (Holstein) 3. 9. 1780
gest. Altona 28. 12. 1850
KM 22. 6. 1826

SCHUMACHER v. Marienfrid, Siegmund
geb. Innsbruck 26. 1. 1872
gest. Innsbruck 31. 5. 1944
KM 4. 7. 1939

SCHUR, Issai
geb. Mohilew/Dnepr 10. 1. 1875
gest. Tel-Aviv 10. 1. 1941
OM 31. 12. 1921—12. 10. 1938

SCHURMAN, Jacob Gould
geb. Freetown (Pr. Edward-Isl.)
22. 5. 1854
gest. New York 12. 8. 1942
EM 11. 12. 1929

SCHWAB, Johann Christoph
geb. Ilsfeld (Württ.) 10. 12. 1743
gest. Stuttgart 15. 4. 1821
AM 9. 8. 1788
EM 24. 1. 1812

SCHWABE, *Kurt* Walter
geb. Reichenbach (Vogtl.) 29. 5. 1905
OM 19. 3. 1953

SCHWALBE, Georg Christian
geb. Quedlinburg 25. 2. 1691
gest. Quedlinburg 15. 8. 1761
abw M 6. 2. 1726

SCHWALBE, Gustav
geb. Quedlinburg 1. 8. 1844
gest. Straßburg 24. 4. 1916
KM 28. 7. 1910

SCHWANN, Theodor
geb. Neuß 7. 12. 1810
gest. Köln 11. 1. 1882
KM 27. 4. 1854

SCHWARTZ, Eduard
geb. Kiel 22. 8. 1858
gest. München 13. 2. 1940
KM 2. 5. 1907

SCHWARZ, Christian Gottlieb
geb. Leisnig (Sa.) 4. 9. 1675
gest. Altdorf 24. 2. 1751
abw M 19. 7. 1730

SCHWARZ, Egbert
geb. Riga 22. 6. 1890
KM 10. 2. 1955

SCHWARZ, Johann Friedrich
geb. Halle/Saale 1675, gt. 17. 6.
gest. Berlin 1716, begr. 1. 3.
OM Juli 1714

SCHWARZ, Karl Hermann *Amandus*
geb. Hermsdorf unterm Kynast (Schles.)
25. 1. 1843
gest. Berlin 30. 11. 1921
OM 19. 12. 1892

SCHWARZSCHILD, Karl
geb. Frankfurt a. Main 9. 10. 1873
gest. Potsdam 11. 5. 1916
OM 14. 6. 1912

SCHWEITZER, Albert
geb. Kaysersberg (Elsaß) 14. 1. 1875
EM 2. 7. 1929

SCHWEITZER, *Bernhard* Gustav
geb. Wesel 3. 10. 1892
KM 12. 10. 1944

SCHWENDENER, Simon
geb. Buchs (Schweiz) 10. 2. 1829
gest. Berlin 27. 5. 1919
OM 13. 7. 1879

SCHWIETERING, Julius
geb. Engter (Bez. Osnabrück) 25. 5. 1884
OM 29. 4. 1939

SCHWYZER, Eduard
geb. Zürich 15. 2. 1874
gest. Berlin 3. 5. 1943
OM 18. 2. 1937

SCOTT, Dukinfield Henry
geb. London 28. 11. 1854
gest. Oakley (Hants) 29. 1. 1934
KM 28. 1. 1932

SECCHI, Giovanni Pietro (Giampietro), S. J.
geb. Sabbione bei Reggio Emilia
15. 7. 1798
gest. Rom 10. 5. 1856
KM 19. 3. 1846

SECKEL, Emil
geb. Neuenheim bei Heidelberg
10. 1. 1864
gest. Todtmoos (Baden) 26. 4. 1924
OM 4. 1. 1912

SECONDAT, Jean-Baptiste Baron de
geb. Martillac (Gironde) 1716
gest. Bordeaux 17. 6. 1796
AM 17. 4. 1755

SEEBECK, Ludwig Friedrich Wilhelm *August*
geb. Jena 27. 12. 1805
gest. Dresden 19. 3. 1849
KM 23. 1. 1845

SEEBECK, *Thomas* Johann
geb. Reval 29. 3./9. 4. 1770
gest. Berlin 10. 12. 1831
KM 25. 6. 1818
OM 1. 1. 1819

SEELIGER, *Hugo* Hans Ritter v.
geb. Biala (Galizien) 23. 9. 1849
gest. München 2. 12. 1924
KM 11. 1. 1906

SEELIGER, Rudolf
geb. München 12. 11. 1886
OM 25. 3. 1949

SEEWALD, *Friedrich* Heinrich
geb. Odenkirchen (Rhld.) 15. 1. 1895
OM 29. 4. 1939—30. 6. 1946

SEFSTRÖM, Nils Gabriel
geb. Ilsbo (Hälsingland) 2. 6. 1787
gest. Stockholm 30. 11. 1845
KM 25. 3. 1841

SEGERS, Johann Ernst
geb. Königsberg i. Pr. 2. 1. 1675
gest. Königsberg i. Pr. 3. 9. 1719
abw M 2. 4. 1703

SEGNER, Johann Andreas v.
geb. Preßburg 9. 10. 1704
gest. Halle/Saale 5. 10. 1777
AM 8. 12. 1746

SEIDEL, Andreas Erasmus v.
geb. Berlin 23. 9. 1650
gest. Berlin 26. 8. 1707
OM 11. 3. 1701

SEIDEL, Christoph Matthäus
geb. Weißenfels 5. 6. 1668
gest. Berlin 8. 6. 1723
OM 3. 7. 1720

SEIDEL, Philipp *Ludwig* v.
geb. Zweibrücken 24. 10. 1821
gest. München 13. 8. 1896
KM 16. 7. 1863

SEIP, Didrik Arup
geb. Hoböl 31. 8. 1884
KM 29. 6. 1950

SEIP, Johann Philipp
geb. Pyrmont 28. 11. 1686
gest. Pyrmont 31. 5. 1757
abw M 7. 10. 1733

SELER, *Eduard* Georg
geb. Crossen/Oder 5. 12. 1849
gest. Berlin 23. 11. 1922
OM 24. 8. 1908

SELIS, Nicolas-Joseph
geb. Paris 27. 4. 1737
gest. Paris 9. 2. 1802
AM 29. 11. 1781

SELLE, Christian Gottlieb
geb. Stettin 7. 10. 1748
gest. Berlin 9. 11. 1800
OM 14. 9. 1786

SELLIUS, Gottfried
geb. Danzig
gest. Charenton bei Paris 25. 6. 1767
OM 1739

SELSCHOP, Samuel
geb. Havelberg 12. 8. 1690
gest. Halberstadt 22. 1. 1743
abw M 9. 6. 1723

SEMLER, Christoph
geb. Halle/Saale 2. 3. 1669
gest. Halle/Saale 9. 3. 1740
abw M 13. 6. 1731

SENART, *Emile*-Charles-Marie
geb. Reims 26. 3. 1847
gest. Paris 21. 2. 1928
KM 18. 1. 1900—1. 3. 1915

SERING, Max
geb. Barby 18. 1. 1857
gest. Berlin 12. 11. 1939
OM 2. 3. 1914—5. 12. 1938

SERRADIFALCO, Domenico Lo Faso Pietrasanta, Duca di
geb. Palermo 21. 2. 1783
gest. Florenz 15. 2. 1863
EM 29. 7. 1836

SERRES, Pierre-*Marcel*-Toussaint de
geb. Montpellier 3. 11. 1783
gest. Montpellier 22. 7. 1862
KM 13. 4. 1826

SETÄLÄ, Emil Nestor
geb. Kokemäki 27. 2. 1864
gest. Järvenpää 8. 2. 1935
KM 12. 5. 1932

SETHE, *Kurt* Heinrich
geb. Berlin 30. 9. 1869
gest. Berlin 6. 7. 1934
KM 15. 7. 1920
OM 22. 12. 1930

SEUFFERT, Bernhard
geb. Würzburg 23. 5. 1853
gest. Graz 15. 5. 1938
KM 18. 6. 1914

SEVERI, Francesco
geb. Arezzo 13. 4. 1879
KM 23. 11. 1933

SIBER, Heinrich
geb. Ihleburg (Prov. Sachsen) 10. 4. 1870
gest. Leipzig 23. 6. 1951
KM 1. 8. 1940

SICKEL, Friedrich Adolf *Theodor* Ritter v.
geb. Aken/Elbe 18. 12. 1828
gest. Meran 21. 4. 1908
KM 6. 4. 1876
AM 5. 3. 1900

SIEBOLD, *Karl* Theodor Ernst v.
geb. Würzburg 16. 2. 1804
gest. München 7. 4. 1885
KM 25. 3. 1841

SIEG, Emil
geb. Breitenteich (Uckermark) 12. 8. 1866
gest. Göttingen 23. 1. 1951
KM 30. 7. 1942

SIEMENS, Ernst *Werner* v. (1888)
geb. Leuthe (Braunschweig) 13. 12. 1816
gest. Berlin 6. 12. 1892
OM 22. 12. 1873

SIERPIŃSKI, Waclaw
geb. Warschau 14. 3. 1882
KM 29. 6. 1950

SIEVERS, Eduard
geb. Lippoldsberg/Weser 25. 11. 1850
gest. Leipzig 30. 3. 1932
KM 18. 1. 1900

SIEVERS, Heinrich Jakob
geb. Lübeck 8. 4. 1708
gest. Linköping 8. 8. 1758
abw M 1731

SIGWART, Christoph v.
geb. Tübingen 28. 3. 1830
gest. Tübingen 5. 8. 1904
KM 29. 1. 1885

SILBERSCHLAG, Johann Esaias
geb. Aschersleben 16. 11. 1721
gest. Berlin 22. 11. 1791
AM 13. 3. 1760
OM 30. 11. 1786

SILVESTRE DE SACY, Antoine Isaac Baron
geb. Paris 21. 9. 1758
gest. Paris 21. 2. 1838
AM 16. 7. 1812

SIMON, Arthur
geb. Barmen 25. 2. 1893
OM 21. 12. 1956

SIMONDE DE SISMONDI, Jean Charles Léonard
geb. Genf 9. 5. 1773
gest. Genf 25. 6. 1842
KM 25. 6. 1812

SIMPSON, Sir (1935) George Clarke
geb. Derby 2. 9. 1878
KM 30. 7. 1931

SINCLAIR, Sir John
geb. Thurso Castle (Caithness) 10. 5. 1754
gest. Edinburgh 21. 12. 1835
AM 12. 1. 1794
EM 24. 1. 1812

SLOANE, Hans
geb. Killiloagh (Down) 16. 4. 1660
gest. Chelsea 11. 1. 1753
abw M 30. 11. 1712

SMIRIN, Moisej Mendeleevič
geb. Disna (heute: Beloruss. SSR) 23. 10. 1895
KM 17. 5. 1956

SMITH, Henry John Stephen
geb. Dublin 2. 11. 1826
gest. Oxford 9. 2. 1883
KM 15. 4. 1880

SNELL, Bruno
geb. Hildesheim 18. 6. 1896
KM 23. 10. 1947

SÖMMERING, Samuel Thomas v.
geb. Thorn 25. 1. 1755
gest. Frankfurt a. Main 2. 3. 1830
AM 19. 8. 1818

SOJMONOV, Petr Aleksandrovič
geb. 9. 1. 1747
gest. 2. 1. 1800
AM 3. 4. 1794

SOLBRIG, David
geb. Raschau (Erzgeb.) 1658, gt. 14. 11.
gest. Seehausen 27. 1. 1730
abw M 10. 12. 1721

SOLIGNAC, Pierre-Joseph de la PIMPIE, Chevalier de
geb. Montpellier 1687
gest. Nancy 28. 2. 1773
AM 28. 8. 1754

SOLMS-LAUBACH, Hermann Graf zu
geb. Laubach 23. 12. 1842
gest. Straßburg 24. 11. 1915
KM 8. 6. 1899

SOLVAY, *Ernest* Gaston
geb. Robecq bei Brüssel 16. 4. 1838
gest. Brüssel 26. 5. 1922
KM 22. 5. 1913

SOMBART, Werner
geb. Ermsleben a. Harz 19. 1. 1863
gest. Berlin 19. 5. 1941
OM 25. 11. 1933

SOMMER, Johann *Ferdinand*
geb. Trier 4. 5. 1875
KM 27. 12. 1944

SOMMERFELD, Arnold
geb. Königsberg i. Pr. 5. 12. 1868
gest. München 26. 4. 1951
KM 11. 3. 1920

SOREL, Albert
geb. Honfleur (Calvados) 13. 8. 1842
gest. Paris 29. 6. 1906
KM 18. 1. 1900

ŠORM, František
geb. Prag 28. 2. 1913
KM 22. 5. 1958

SOZZY, Louis-François de
geb.
gest.
AM 14. 4. 1768

SPACKELER, Georg
geb. Hannover 1. 2. 1883
OM 19. 3. 1953

SPALDING, Georg Ludwig
geb. Barth (Pomm.) 8. 4. 1762
gest. Friedrichsfelde bei Berlin 7. 6. 1811
aoM 2. 8. 1803
OM 15. 8. 1808

SPALLANZANI, Lazaro
geb. Scandiemo 12. 1. 1729
gest. Pavia 12. 2. 1799
AM 18. 1. 1776

SPAMER, Adolf
geb. Mainz 10. 4. 1883
gest. Dresden 20. 6. 1953
OM 17. 2. 1938 (bestätigt am 14. 2. 1946)

SPARKS, Jared
geb. Willington (Conn.) 10. 5. 1789
gest. Cambridge (Mass.) 14. 3. 1866
KM 27. 2. 1845

SPECHT, Franz
geb. Roßlau/Elbe 1. 11. 1888
gest. Mainz 13. 11. 1949
KM 8. 8. 1941
OM 27. 12. 1944

SPEMANN, Hans
geb. Stuttgart 27. 6. 1869
gest. Freiburg i. Br. 12. 9. 1941
KM 7. 2. 1929

SPENER, Christian Maximilian
geb. Frankfurt a. Main 31. 3. 1678
gest. Berlin 5. 5. 1714
OM 11. 3. 1701

SPENER, Jakob Karl
geb. Frankfurt a. Main 1. 2. 1684
gest. Wittenberg 12. 6. 1730
abw M 19. 6. 1726

SPENGEL, Johann *Wilhelm*
geb. Hamburg 19. 2. 1852
gest. Gießen 13. 4. 1921
KM 18. 1. 1900

SPENGEL, Leonhard
geb. München 24. 9. 1803
gest. München 8. 11. 1880
KM 22. 12. 1842

SPIEGEL, Ludwig *Friedrich* Ernst v.
geb. Kitzingen/Main 11. 7. 1820
gest. München 15. 12. 1905
KM 13. 3. 1862

SPIELMANN, Jakob Reinhold
geb. Straßburg 31. 3. 1722
gest. Straßburg 9. 9. 1783
AM 16. 11. 1758

SPIESS, Philipp Ernst
geb. Ettenstedt (Franken) 27. 5. 1734
gest. Bayreuth 5. 3. 1794
AM 5. 1. 1792

SPINELLI, Principe di San Giorgio, Domenico
geb. Frasso 1788
gest. Neapel 10. 4. 1863
EM 18. 5. 1850

SPRANGER, Eduard
geb. Groß-Lichterfelde bei Berlin 27. 6. 1882
OM 16. 1. 1925

SPRENGEL, *Kurt* Polycarp Joachim
geb. Boldekow bei Anklam 3. 8. 1766
gest. Halle/Saale 15. 3. 1833
KM 28. 2. 1822

SPRENGER, Aloys
geb. Nassereit (Tirol) 3. 9. 1813
gest. Heidelberg 19. 12. 1893
KM 25. 3. 1858

SPRINGSFELD, Gottlob Karl
geb. Weißenfels 25. 7. 1714
gest. Weißenfels 13. 3. 1772
AM 23. 12. 1751

SPROCKHOFF, Ernst
geb. Berlin 6. 8. 1892
KM 10. 2. 1955

SPRÖGEL, Otto Theodor
geb. Mitteldorf bei Halberstadt 24. 4. 1699
gest. Berlin 18. 5. 1760
OM 22. 8. 1737

SRBIK, Heinrich Ritter v.
geb. Wien 10. 11. 1878
gest. Ehrwald (Tirol) 16. 2. 1951
KM 11. 6. 1936

STAEHELIN, Felix
geb. Basel 28. 12. 1873
gest. Basel 20. 2. 1952
KM 29. 6. 1950

STÄLIN, Christoph Friedrich v.
geb. Kalw 4. 8. 1805
gest. Stuttgart 12. 8. 1873
KM 17. 12. 1846

STAFF (STAPF), Nathanael v.
geb.
gest. (Berlin 1715)
OM 25. 2. 1711

STANISLAUS AUGUST (PONIATOWSKI), König von Polen
geb. 7. 1. 1732
gest. Petersburg 12./23. 2. 1798
AM 6. 10. 1791

STARKE (STARCK), Sebastian Gottfried
geb. Brand bei Freiberg (Sa.) 1. 4. 1668
gest. Berlin 1. 7. 1710
OM 11. 3. 1701

STEENBECK, Max
geb. Kiel 21. 3. 1904
OM 21. 12. 1956

STEENSTRUP, Johannes *Japetus* Smith
geb. Vang (Norwegen) 8. 3. 1813
gest. Kopenhagen 20. 6. 1897
KM 21. 7. 1859

STEFFENS, Heinrich
geb. Stavanger (Norwegen) 2. 5. 1773
gest. Berlin 13. 2. 1845
OM 12. 3. 1835

STEGEMANN, Hermann
geb. Koblenz 30. 5. 1870
gest. Merlingen (Kt. Bern) 8. 6. 1945
KM 18. 5. 1933

STEIN, Heinrich Friedrich *Karl* Freiherr v. und zum
geb. Nassau 25. 10. 1757
gest. Kappenberg (Westf.) 29. 7. 1831
EM 18. 6. 1827

STEIN ZUM ALTENSTEIN, *Karl* Sigismund Franz Freiherr v.
geb. Ansbach 7. 10. 1770
gest. Berlin 14. 5. 1840
EM 28. 3. 1822

STEINER, Jakob
geb. Utzensdorf (Schweiz) 18. 3. 1796
gest. Berlin 1. 4. 1863
OM 16. 7. 1834

STEINHAUS, Wilhelm
geb. Barmen 30. 4. 1884
KM 13. 1. 1955

STEINHEIL, Karl *August* v.
geb. Rappoltsweiler (Elsaß) 12. 10. 1801
gest. München 14. 9. 1870
KM 26. 7. 1866

STEINITZ, Wolfgang
geb. Breslau 28. 2. 1905
OM 2. 7. 1951

STEINWEHR, Wolf Balthasar Adolf v.
geb. Deez (Neumark) 9. 8. 1704
gest. Frankfurt/Oder 4. 4. 1771
abw M 19. 3. 1738

STENGEL, Edmund
geb. Marburg 24. 12. 1879
KM 12. 11. 1936

STENZEL, Gustav Adolf Harald
geb. Zerbst 21. 3. 1792
gest. Breslau 2. 1. 1854
KM 27. 2. 1845

STRASBURGER, Eduard
geb. Warschau 1. 2. 1844
gest. Bonn 19. 5. 1912
KM 19. 12. 1889

STRESEMANN, Erwin
geb. Dresden 22. 11. 1889
OM 18. 3. 1955

STRÖMGREN, Svante *Elis*
geb. Hälsingborg 31. 5. 1870
gest. Kopenhagen 5. 4. 1947
KM 15. 1. 1925

STROMEYER, Friedrich
geb. Göttingen 2. 8. 1776
gest. Göttingen 18. 8. 1835
EM 19. 8. 1818

STROUX, Johannes
geb. Hagenau (Elsaß) 25. 8. 1886
gest. Berlin 25. 8. 1954
OM 11. 6. 1937

STRÜVER, Johannes (Giovanni)
geb. Braunschweig 23. 1. 1842
gest. Rom 21. 2. 1915
KM 8. 2. 1900

STRUVE, Friedrich Georg *Wilhelm*
geb. Altona 15. 4. 1793
gest. Petersburg 11./23. 11. 1864
KM 19. 1. 1832

STRUVE, Karl *Hermann*
geb. Pulkovo bei Petersburg
21. 9./3. 10. 1854
gest. Herrenalb 12. 8. 1920
OM 29. 8. 1904

STRUVE, *Otto* Wilhelm
geb. Dorpat 25. 4./7. 5. 1819
gest. Karlsruhe i. B. 14. 4. 1905
KM 2. 4. 1868

STUBBE, Hans
geb. Berlin 7. 3. 1902
OM 25. 3. 1949

STUBBS, William
geb. Knaresborough (Yorkshire)
21. 6. 1825
gest. Cuddesdon bei Oxford 22. 4. 1901
KM 30. 3. 1882

STUBENRAUCH, Timotheus Christian
geb. Quartschen (Neumark) 9. 10. 1693
gest. Berlin 11. 8. 1750
OM 13. 2. 1737

STUDEMUND, *Wilhelm* Friedrich Adolf
geb. Stettin 3. 7. 1843
gest. Breslau 9. 8. 1889
KM 25. 7. 1889

STUDER, *Bernhard* Rudolf
geb. Büren (Kt. Bern) 21. 8. 1794
gest. Bern 2. 5. 1887
KM 23. 1. 1845

STUDNICZKA, Franz
geb. Jaslo (Galizien) 14. 8. 1860
gest. Leipzig 4. 12. 1929
KM 8. 5. 1924

STUDT, Konrad v. (1906)
geb. Schweidnitz 5. 10. 1838
gest. Berlin 29. 10. 1921
EM 17. 3. 1900

STUDY, Christian Hugo *Eduard*
geb. Coburg 23. 3. 1862
gest. Bonn 6. 1. 1930
KM 17. 5. 1923

STÜBNER, Friedrich Wilhelm
geb. Bayreuth 17. 1. 1710
gest. Müncheberg (Vogtl.) 22. 8. 1736
abw M 17. 6. 1733

STUMPF, Carl
geb. Wiesentheid (Ufr.) 21. 4. 1848
gest. München 25. 12. 1936
OM 18. 2. 1895

STUMPF, Johannes
geb. Köln/Holweide 6. 4. 1862
gest. Berlin 18. 11. 1936
OM 27. 1. 1926

STURM, Jacques-Charles-François
geb. Genf 29. 9. 1803
gest. Paris 18. 22. 1855
KM 19. 2. 1835

STURM, Johann Friedrich
geb. Königsberg i. Pr. 1658, gt. 2. 6.
gest. Berlin 27. 1. 1702
OM 11. 3. 1701

STURM, Leonhard Christoph
geb. Altdorf 5. 11. 1669
gest. Blankenburg a. Harz 6. 6. 1719
abw M 21. 7. 1702

STUSS, Johann Heinrich
geb. Grohnde (Hann.) 20. 6. 1686
gest. Gotha 6. 5. 1775
abw M 29. 10. 1738

STUTZ, Georg *Ulrich*
geb. Zürich 5. 5. 1868
gest. Berlin 6. 7. 1938
OM 4. 3. 1918

SUAREZ, Karl Gottlieb
geb. Schweidnitz 27. 2. 1746
gest. Berlin 14. 5. 1798
OM 9. 4. 1798

SUESS, Eduard
geb. London 20. 8. 1831
gest. Marz bei Oedenburg 26. 4. 1914
AM 5. 3. 1900

SÜSSMILCH, Johann Peter
geb. Zehlendorf bei Berlin 3. 9. 1707
gest. Berlin 22. 3. 1767
OM 29. 1. 1745

SUEVERN, Johann *Wilhelm*
geb. Lemgo 3. 1. 1775
gest. Berlin 2. 10. 1829
OM 3. 5. 1815

SULZER, Johann Georg
geb. Winterthur 16. 10. 1720
gest. Berlin 25. 2. 1779
OM 29. 10. 1750

SUNDEVALL, Carl Jakob
geb. Högestad (Schonen) 22. 10. 1801
gest. Stockholm 2. 2. 1875
KM 27. 2. 1862

SUOLAHTI, *Hugo* Viktor
geb. Tavasthus 7. 10. 1874
gest. Helsinki 23. 2. 1944
KM 23. 7. 1943

SUPERVILLE, Daniel v.
geb. Rotterdam 2. 12. 1696
gest. Rotterdam 16. 11. 1773
abw M 4. 12. 1731

SWARTZ, Olof
geb. Norrköping 21. 9. 1760
gest. Bergiilund 19. 9. 1818
KM 25. 6. 1812

SWEERTS, Freiherr v. REIST, Ernst Maximilian
geb. Petrowitz 1. 12. 1710
gest. Berlin 4. 7. 1757
EM 23. 1. 1744

SWEET, Henry
geb. London 15. 9. 1845
gest. Oxford 30. 4. 1912
KM 6. 6. 1901

SYBEL, *Heinrich* Karl Ludwig v.
geb. Düsseldorf 2. 12. 1817
gest. Marburg 1. 8. 1895
KM 30. 6. 1859
OM 20. 12. 1875

SYLVESTER, James Joseph
geb. London 3. 9. 1814
gest. London 15. 3. 1897
KM 26. 7. 1866

TAFINGER, Friedrich Wilhelm
geb. Tübingen 1726, gt. 2. 11.
gest. Tübingen 2. 6. 1777
AM 10. 5. 1753

TAMMANN, Gustav
geb. Jamburg (Gouv. Petersburg) 16./28. 5. 1861
gest. Göttingen 17. 12. 1938
KM 26. 6. 1919

TANGL, Michael
geb. Wolfsberg (Kärnten) 26. 5. 1861
gest. Klagenfurt 7. 9. 1921
OM 4. 3. 1918

TAUBENSCHLAG, Rafał
geb. Przemyšl 6. 5. 1881
gest. Warschau 25. 6. 1958
KM 17. 5. 1956

TAYLOR, Sir Alfred Edward
geb. Oundle (Northamptonshire) 22. 12. 1869
gest. Edinburgh 31. 10. 1945
KM 1. 11. 1934

TEICHMEIER, Hermann Friedrich
geb. Minden (Westf.) 30. 4. 1685
gest. Jena 5. 2. 1746
abw M 3. 1. 1725

TELLER, Wilhelm Abraham
geb. Leipzig 9. 1. 1734
gest. Berlin 9. 12. 1804
OM 30. 11. 1786

TEMMINCK, Coenraad Jacob
geb. Amsterdam 31. 3. 1778
gest. Leiden 30. 1. 1858
EM 10. 12. 1855

TEMPELHOFF, Georg Friedrich v.
geb. Trampe (Mark) 19. 3. 1737
gest. Berlin 13. 7. 1807
OM 7. 12. 1786

TENORE, Michele
geb. Neapel 5. 5. 1781
gest. Neapel 19. 7. 1861
KM 25. 6. 1812

TERRASSON, Jean
geb. Lyon 1670
gest. Paris 15. 9. 1750
AM 23. 10. 1749

TEUBER, Christian Andreas
geb. Neuruppin 23. 9. 1697
gest. Dedeleben bei Halberstadt 29. 6. 1755
abw M 1732

TEUBER, Gottfried
geb. Zeitz 8. 11. 1656
gest. Zeitz 13. 2. 1731
abw M 30. 11. 1712

TEUCHERT, Hermann
geb. Loppow (Kr. Landsberg/Warthe) 3. 3. 1880
KM 13. 1. 1955

TEUTSCH, Friedrich
geb. Schäßburg 16. 9. 1852
gest. Hermannstadt 11. 2. 1933
KM 27. 7. 1922

THAER, *Albrecht* Daniel
geb. Celle 14. 5. 1752
gest. Möglin (Mark) 26. 10. 1828
OM 19. 3. 1804
EM 1. 1. 1821

THENARD, Louis-*Jacques* Baron de (1824)
geb. La Louptière bei Nogent-s.-S. 4. 5. 1777
gest. Paris 21. 6. 1857
KM 25. 6. 1812
AM 15. 8. 1855

THIÉBAULT, Dieudonné
geb. La Roche bei Remiremont 26. 12. 1733
gest. Versailles 5. 12. 1807
OM 18. 4. 1765
AM 1784

THIERSCH, *Friedrich* Wilhelm v.
geb. Kirchscheidungen/Unstrut 17. 6. 1784
gest. München 25. 2. 1860
KM 9. 6. 1825
AM 27. 4. 1858

THIESSEN, Peter Adolf
geb. Schweidnitz 6. 4. 1899
OM 30. 6. 1939 (11. 7. 1945—21. 10. 1955 unterbrochen)

THILO, *Erich* Rudolf Julius
geb. Neubrandenburg 27. 8. 1898
OM 19. 7. 1949

THOMAS, Frederick William
geb. Fazelay (Staffordshire) 21. 3. 1867
gest. Oxford 6. 5. 1956
KM 15. 4. 1937

THOMPSON, Sir Edward Maunde
geb. Clarendon (Jamaica) 4. 5. 1840
gest. Mayfield (Sussex) 14. 9. 1929
KM 2. 5. 1895

THOMSEN, Hans Peter Jürgen *Julius*
geb. Kopenhagen 16. 2. 1826
gest. Kopenhagen 13. 2. 1909
KM 8. 2. 1900

THOMSEN, *Vilhelm* Ludwig Peter
geb. Kopenhagen 25. 1. 1842
gest. Kopenhagen 12. 5. 1927
KM 18. 1. 1900

THOMSON, Sir Joseph John
geb. bei Manchester 18. 12. 1856
gest. Cambridge 30. 8. 1940
KM 28. 7. 1910

THORLACIUS, Börge
geb. Kolding 1. 5. 1775
gest. Kopenhagen 8. 10. 1829
KM 28. 2. 1822

THORMANN, Michael Friedrich
geb. Cölln (Berlin) um 1650
gest. Berlin 1711, begr. 18. 5.
OM 11. 3. 1701

THÜMMIG (THUMMIGIUS), Ludwig Philipp
geb. Helmbrechts bei Kulmbach 12. 5. 1697
gest. Kassel 15. 4. 1728
abw M 12. 11. 1721

THURET, *Gustave*-Adolphe
geb. Paris 23. 5. 1817
gest. Nizza 11. 5. 1875
KM 29. 4. 1869

THURNEYSEN, Rudolf
geb. Basel 14. 3. 1857
gest. Bonn 9. 8. 1940
KM 23. 7. 1925

THURNWALD, *Richard* Christian
geb. Wien 18. 9. 1869
gest. Berlin 19. 1. 1954
OM 21. 10. 1946—6. 7. 1950

TIEDE, Joachim
geb. Bärwalde (Neumark) um 1662
gest. vor 1720
abw M 1702

TIEDEMANN, Friedrich
geb. Kassel 23. 8. 1781
gest. München 22. 1. 1861
KM 25. 6. 1812
AM 15. 7. 1854

TILESIUS VON TILENAU, Wilhelm Gottlob
geb. Mühlhausen (Thür.) 17. 7. 1769
gest. Mühlhausen (Thür.) 17. 5. 1857
KM 25. 6. 1812

TIMMERMANN, Johann Arnold
geb. Homberg/Rh. 17. 8. 1693
gest. Duisburg 24. 11. 1742
abw M 8. 8. 1736

TOALDO, Giuseppe
geb. Pianezzo bei Vicenza 11. 7. 1719
gest. Padua 11. 11. 1797
AM 7. 7. 1776

TOBLER, Adolf
geb. Hirzel (Kt. Zürich) 23. 5. 1835
gest. Berlin 18. 3. 1910
OM 15. 8. 1881

TODT, Fritz
geb. Pforzheim 4. 9. 1891
gest. bei Rastenburg (Ostpr.) 8. 2. 1942
EM 24. 1. 1939

TOEPLER, *August* Joseph Ignaz
geb. Brühl bei Bonn 7. 9. 1836
gest. Dresden 6. 3. 1912
KM 13. 3. 1879

TOLDT, Carl
geb. Bruneck (Tirol) 3. 5. 1840
gest. Wien 13. 11. 1920
KM 15. 7. 1920

TOLSTOV (TOLSTOW), Sergej Pavlovič
geb. bei Petersburg (heute: Leningrad-Gebiet) 25. 1. 1907
KM 17. 5. 1956

TOPČIEV (TOPTSCHIJEW), Aleksandr Vasil'evič
geb. bei Zarizyn (heute Stalingrad-Gebiet) 9. 8. 1907
KM 13. 1. 1955

TORRES-CASTELLANOS, Juan Manuel de
geb.
gest.
AM 26. 9. 1750

TORSTRICK, Johann *Adolf*
geb. Bremen 22. 1. 1821
gest. Bremen 22. 11. 1877
KM 10. 2. 1876

TOUSSAINT, François-Vincent
geb. Paris 21. 12. 1715
gest. Berlin 22. 6. 1772
AM 4. 3. 1751
OM 8. 11. 1764

TRALLES, Bernhard Ludwig
geb. Breslau 1. 3. 1708
gest. Breslau 7. 2. 1797
AM 6. 10. 1791

TRALLES, Johann Georg
geb. Hamburg 15. 10. 1763
gest. London 15. 11. 1822
OM 21. 1. 1804

TRAUBE, Moritz
geb. Ratibor 12. 2. 1826
gest. Berlin 28. 6. 1894
KM 29. 7. 1886

TRAUTMANN, Reinhold
geb. Königsberg i. Pr. 16. 1. 1883
gest. Jena 4. 10. 1951
KM 6. 11. 1947
OM 19. 7. 1949

TREIBS, Wilhelm
geb. Oberstein/Nahe 6. 11. 1890
OM 19. 3. 1953

TREITSCHKE, Gotthard *Heinrich* v.
geb. Dresden 15. 9. 1834
gest. Berlin 28. 4. 1896
OM 13. 8. 1895

TREMBLEY, Jean
geb. Genf 13. 4. 1749
gest. Le Mas d'Agenais (Lot-et-Garonne) 18. 9. 1811
AM 10. 9. 1793
OM 2. 10. 1794
AM 12. 3. 1807

TRENDELENBURG, Friedrich *Adolf*
geb. Eutin 30. 11. 1802
gest. Berlin 24. 1. 1872
OM 11. 3. 1846

TRENDELENBURG, Wilhelm
geb. Rostock 16. 7. 1877
gest. Tübingen 16. 3. 1946
OM 17. 1. 1931

TRESSAN, Louis-Elisabeth de la VERGNE, Marquis de
geb. Le Mans 4. 11. 1705
gest. Paris 31. 10. 1783
AM 5. 2. 1750

TREUB, Melchior
geb. Voorschoten bei Leiden 26. 12. 1851
gest. Saint-Raphael (Var) 5. 10. 1910
KM 8. 2. 1900

TREUER, Gottlieb Samuel
geb. Jakobsdorf (Mark) 24. 12. 1683
gest. Göttingen 25. 2. 1743
abw M 6. 4. 1729

TREVIRANUS, Gottfried Reinhold
geb. Bremen 4. 2. 1776
gest. Bremen 16. 2. 1837
KM 25. 6. 1812

TREVIRANUS, Ludolph Christian
geb. Bremen 18. 9. 1799
gest. Bonn 6. 5. 1864
KM 13. 2. 1834

TREW, Christoph Jakob
geb. Lauf bei Nürnberg 26. 4. 1695
gest. Nürnberg 18. 7. 1768
AM 3. 2. 1746

TROELTSCH, *Ernst* Peter Wilhelm
geb. Haunstetten bei Augsburg 17. 2. 1865
gest. Berlin 1. 2. 1923
KM 21. 11. 1912
OM 11. 1. 1923

TROLL, Carl
geb. Gabersee (Oberbayern) 24. 12. 1899
KM 6. 8. 1943

TROMMSDORF, Johann Bartholomäus
geb. Erfurt 8. 5. 1770
gest. Erfurt 8. 3. 1837
KM 25. 6. 1812

TRONCHIN, Théodore
geb. Genf 24. 5. 1709
gest. Paris 30. 11. 1781
AM 11. 3. 1751

TROTT ZU SOLZ, August v.
geb. Imshausen bei Bebra 29. 12. 1855
gest. Imshausen bei Bebra 27. 10. 1938
EM 2. 3. 1914

TRUBLET, Nicolas-Charles-Joseph
geb. Saint-Malo Dez. 1697
gest. Saint-Malo 14. 3. 1770
AM 8. 5. 1749

TSCHERMAK-SEYSENEGG, Gustav Edler (1917) v. (1906)
geb. Littau (Mähren) 19. 4. 1836
gest. Wien 4. 5. 1927
KM 3. 3. 1881

TULASNE, Louis-René, genannt *Edmond*
geb. Azay-le-Rideau (Indre-et-Loire) 12. 9. 1815
gest. Hyères (Var) 22. 12. 1885
KM 29. 4. 1869

TURNER, Sir William
geb. Lancaster 7. 1. 1832
gest. Edinburgh 15. 2. 1916
KM 10. 3. 1898

TURPIN DE CRISSÉ, Lancelot Comte
geb. in der Beauce 1710
gest. (in Deutschland) 1799
AM 28. 8. 1754

TURRETIN, Jean Alphonse
geb. Genf 24. 8. 1672
gest. Genf 1. 5. 1737
abw M 12. 6. 1708

TYCHSEN (TÜCHSEN), Olaus (Oluff) Gerhard
geb. Tondern 1734, gt. 15. 12.
gest. Rostock 30. 12. 1815
AM 2. 8. 1803
EM 24. 1. 1812

TYDEMAN, Meinard
geb. Zwolle 20. 3. 1741
gest. Leiden 1. 2. 1825
KM 25. 6. 1812

UHDEN, Johann Christian
geb. Egeln 30. 3. 1695
gest. Berlin 6. 1. 1783
EM 1747
OM Jan. 1748

UHDEN, Johann Daniel *Wilhelm* Otto
geb. Berlin 23. 8. 1763
gest. Berlin 21. 1. 1835
aoM 15. 8. 1808
OM 7. 4. 1810

UHLAND, Johann *Ludwig*
geb. Tübingen 26. 4. 1787
gest. Tübingen 13. 11. 1862
KM 27. 2. 1845

ULHOORN, Hendrik
geb. Leiden 1692
gest. Amsterdam 1749
abw M 31. 1. 1740

ULLOA, Antonio d'
geb. Sevilla 12. 1. 1716
gest. Isla de Leon bei Cadix 5. 7. 1795
AM 16. 4. 1750

UNGER, Franz
geb. Amthof (Steiermark) 30. 11. 1800
gest. Graz 12./13. 2. 1870
KM 26. 7. 1855

UNGER, Johann Friedrich v. (1776)
geb. Thurau (Hann.) 25. 6. 1714
gest. Braunschweig 8. 2. 1781
AM 4. 11. 1751

UNVERZAGT, Wilhelm
geb. Wiesbaden 21. 5. 1892
OM 25. 3. 1949 (bereits am 22. 6. 1939 gewählt)

UPPSTRÖM, Anders
geb. Hammarby bruk (Gästrikland) 29. 6. 1806
gest. Uppsala 21. 1. 1865
KM 25. 3. 1858

USENER, *Hermann* Karl
geb. Weilburg 23. 10. 1834
gest. Bonn 21. 10. 1905
KM 4. 6. 1891

VAHLEN, Johannes
geb. Bonn 27. 9. 1830
gest. Berlin 30. 11. 1911
OM 16. 12. 1874

VAHLEN, Karl *Theodor*
geb. Wien 30. 6. 1869
gest. Prag Frühjahr 1945
OM 24. 7. 1937

VALENCIENNES, Achille
geb. Paris 9. 8. 1794
gest. Paris 13. 4. 1865
KM 24. 3. 1836

VALENTINI, Michael Bernhard
geb. Gießen 26. 11. 1657
gest. Gießen 18. 3. 1729
abw M 4. 10. 1704

VALENTINI, Rudolf v.
geb. Krussow (Uckermark) 1. 10. 1855
gest. Hameln 18. 12. 1925
EM 2. 3. 1914

VALLAURI, Giancarlo
geb. Rom 19. 10. 1882
gest. Turin 7. 5. 1957
KM 18. 10. 1939

VARIGNON, Pierre
geb. Caen 1654
gest. Paris 22. 12. 1722
abw M 6. 5. 1711

VASMER, *Max* Julius Friedrich
geb. Petersburg 28. 2. 1886
OM 11. 5. 1931

VASSALLI-EANDI, Antonio Maria
geb. Turin 30. 1. 1761
gest. Turin 5. 7. 1825
KM 25. 6. 1812

VATER, Abraham
geb. Wittenberg 9. 12. 1684
gest. Wittenberg 18. 11. 1751
abw M 10. 3. 1728

VATER, Johann Severin
geb. Altenburg 27. 5. 1771
gest. Halle/Saale 15. 3. 1826
KM 25. 6. 1812

VAUQUELIN, Nicolas-Louis
geb. Saint-André d'Hébertot (Normandie) 16. 5. 1763
gest. Saint-André d'Hébertot (Normandie) 14. 11. 1829
KM 25. 6. 1812

VAVILOV (WAWILOW), Sergej Ivanovič
geb. Moskau 24. 3. 1891
gest. Moskau 25. 1. 1951
KM 29. 6. 1950

VEGA, Georg Freiherr v.
geb. Zagoritze (Krain) 23. 3. 1754
gest. Nußdorf bei Wien 26. 9. 1802
AM 4. 8. 1800

VENTURI, Marsilio
geb.
gest.
AM 5. 10. 1752

VERBRUGGE, Otto
geb. den Haag 1670, gt. 14. 12.
gest. Groningen 25. 9. 1745
abw M 8. 2. 1741

VERDY DU VERNOIS, Adrien-Marie-François de
geb. Ornans (Franche-Comté) 15. 4. 1738
gest. Siethen (Mark) 3. 6. 1814
EM 20. 1. 1790
OM 2. 3. 1792
EM 9. 4. 1812

VERNEUIL, Philippe-*Edouard* POULLETIER DE
geb. Paris 13. 2. 1805
gest. Paris 29. 5. 1873
KM 14. 10. 1858

VERSCHUER, *Otmar* Reinhold Rolf Ernst Freiherr v.
geb. Richelsdorfer Hütte (Kr. Rotenburg/Fulda) 16. 7. 1896
OM 19. 4. 1943—30. 6. 1946

VIBORG, Erik Nissen
geb. Bedstedt (Schleswig) 5. 4. 1759
gest. Kopenhagen 25. 9. 1822
KM 25. 6. 1812

VIERECK, Adam Otto v.
geb. Weitendorf (Mecklbg.) 10. 3. 1684
gest. Berlin 11. 7. 1758
EM 1747

VIGNOLES, Alphonse des
geb. Aubars (Languedoc) 19. 10. 1649
gest. Berlin 24. 7. 1744
abw M 11. 3. 1701
OM 1703

VIGORS, Nicholas Aylward
geb. Old-Leighlin (Irland) 1785
gest. London 26. 10. 1840
KM 13. 2. 1834

VILLARI, Pasquale
geb. Neapel 3. 10. 1827
gest. Florenz 6. 12. 1917
AM 5. 3. 1900

VILLERMÉ, Louis-René
geb. Paris 10. 5. 1782
gest. Paris 16. 11. 1863
KM 14. 2. 1856

VILLERS, *Charles*-François Dominique de
geb. Bolchen (Lothr.) 4. 11. 1765
gest. Göttingen 26. 2. 1815
KM 25. 6. 1812

VILLOISON, Jean-Baptiste-Gaspard d'ANSSE DE
geb. Corbeil (Isle de France) 5. 3. 1750
gest. Paris 26. 4. 1805
AM 22. 7. 1774

VINOGRADOFF, Sir (1917) Paul (Pavel Gavrilovič)
geb. Kostroma (Rußland) 18./30. 11. 1854
gest. Paris 19. 12. 1925
KM 22. 6. 1911

VINOGRADOV (WINOGRADOW, VINOGRADOFF), Ivan Matveevič
geb. bei Tveŕ (heute: Kalinin-Gebiet, Rayon Velikie Luki) 14. 9. 1891
KM 19. 6. 1950

VINOGRADOV (WINOGRADOW, VINOGRADOFF), Viktor Vladimirovič
geb. Rjasan 12. 1. 1895
KM 13. 1. 1955

VIRCHOW, *Rudolf* Ludwig Karl
geb. Schievelbein (Pomm.) 13. 10. 1821
gest. Berlin 5. 9. 1902
OM 22. 12. 1873

VISCHER, Wilhelm
geb. Basel 30. 5. 1808
gest. Basel 5. 7. 1874
KM 12. 2. 1874

VISCONTI, Ennio Quirino
geb. Rom 1. 11. 1751
gest. Paris 7. 2. 1818
AM 16. 7. 1812

VITELLI, Girolamo
geb. Santa Croce del Sannio 27. 7. 1849
gest. Spotorno bei Genua 2. 9. 1935
KM 15. 7. 1897

VIVIEN DE SAINT MARTIN, Louis
geb. Saint-Martin-de-Fontenay (Calvados) 17. 5. 1802
gest. Paris 26. 12. 1896
KM 11. 4. 1867

VOCKERODT, Johann Gotthilf
geb. Halle/Saale 15. 3. 1693
gest. Berlin 5. 3. 1755
EM 23. 1. 1744

VÖCHTING, Hermann v.
geb. Blomberg (Lippe) 8. 2. 1847
gest. Tübingen 24. 11. 1917
KM 16. 1. 1913

VOGEL, Hermann Karl
geb. Leipzig 3. 4. 1841
gest. Potsdam 13. 8. 1907
OM 30. 3. 1892

VOGT, Cécile
geb. Annecy (Frankreich) 27. 3. 1875
EM 29. 6. 1950

VOGT, Heinrich
geb. Gau-Algesheim (Hessen) 5. 10. 1890
KM 4. 7. 1939

VOGT, Oskar
geb. Husum 6. 4. 1870
gest. Neustadt (Schwarzwald) 31. 7. 1959
EM 29. 6. 1950

VOIGT, Johannes
geb. Bettenhausen bei Meiningen 27. 8. 1786
gest. Königsberg i. Pr. 23. 9. 1863
KM 17. 12. 1846

VOIGT, Woldemar
geb. Leipzig 2. 9. 1850
gest. Gießen 13. 12. 1919
KM 8. 3. 1900

VOIT, Carl v.
geb. Amberg 31. 10. 1831
gest. München 31. 1. 1908
KM 24. 2. 1898

VOLBRECHT, Johann Christian
geb. Goslar 30. 7. 1686
gest. Bönkeim (Ostpr.) 8. 10. 1753
abw M 8. 9. 1734

VOLCKMANN, Paul
geb. Bremen 18. 3. 1669
gest. Berlin 27. 10. 1721
OM 27. 10. 1710

VOLMER, Max
geb. Hilden (Rhld.) 3. 5. 1885
OM 29. 11. 1934 (bestätigt 14. 2. 1946)

VOLTA, Alessandro Conte
geb. Como 19. 2. 1745
gest. Pavia 5. 3. 1827
AM 7. 12. 1786

VOLTAIRE, François-Marie AROUET DE
geb. Paris 21. 11. 1694
gest. Paris 30. 5. 1778
AM 9. 6. 1746

VOSS, Johann Heinrich
geb. Sommersdorf (Meckl.) 20. 2. 1751
gest. Heidelberg 29. 3. 1826
AM 14. 5. 1814

VOSSLER, Karl
geb. Hohenheim bei Stuttgart 6. 9. 1872
gest. München 18. 5. 1949
OM 25. 3. 1949

VRIES, Hugo de
geb. Haarlem 16. 2. 1848
gest. Lunteren (Gelderland) 21. 5. 1935
KM 16. 1. 1913

VRIES, Matthias de
geb. Haarlem 9. 11. 1820
gest. Leiden 9. 8. 1892
KM 31. 1. 1861

VVEDENSKIJ (WWEDENSKI), Boris Alekseevič
geb. Moskau 19. 4. 1893
KM 13. 1. 1955

WAALS, *Johannes* Diderik van der
geb. Leiden 23. 11. 1837
gest. Amsterdam 8. 3. 1923
KM 22. 2. 1900

WACHSMUTH, Curt
geb. Naumburg/Saale 27. 4. 1837
gest. Leipzig 8. 6. 1905
KM 4. 6. 1891

WACHTER, Johann Georg
geb. Memmingen 7. 3. 1673
gest. Leipzig 7. 11. 1757
OM 24. 1. 1720—1722

WACKERNAGEL, Jakob
geb. Basel 1. 12. 1853
gest. Basel 22. 5. 1938
KM 19. 1. 1911

WACKERNAGEL, Karl Heinrich *Wilhelm*
geb. Berlin 23. 4. 1806
gest. Basel 21. 12. 1868
KM 10. 4. 1851

WACKERNAGEL, Rudolf
geb. Basel 7. 6. 1855
gest. Wenkendorf bei Basel 16. 4. 1925
KM 9. 6. 1921

WADDINGTON, William Henry
geb. Saint-Remi-s.-l'Avre (Eure-et-Loire) 11. 12. 1826
gest. Paris 13. 1. 1894
KM 15. 2. 1866

WAGENMANN, Karl
geb. Köln 6. 2. 1886
gest. Halle/Saale 23. 9. 1953
OM 19. 3. 1953

WAGNER, Friedrich Johannes Heinrich *Rudolf*
geb. Bayreuth 30. 6. 1805
gest. Göttingen 13. 5. 1864
KM 25. 3. 1841

WAGNER, Johann Wilhelm
geb. Heldburg (Thür.) 24. 11. 1681
gest. Berlin 16. 9. 1745
OM 8. 10. 1716
abwM 1720
OM 1727

WAGNER, Karl Willy
geb. Friedrichsdorf i. Taunus 22. 2. 1883
gest. Friedrichsdorf i. Taunus 4. 9. 1953
OM 5. 12. 1925

WAHLENBERG, Göran
geb. Skarphyttans bruk (Värmland) 1. 10. 1780
gest. Uppsala 22. 3. 1851
KM 17. 3. 1814

WAILLY, Joseph-Noël, genannt *Natalis*, de
geb. Mézières 10. 5. 1805
gest. Paris 4. 12. 1886
KM 25. 3. 1858

WAITZ, Georg
geb. Flensburg 9. 10. 1813
gest. Berlin 24. 5. 1886
KM 14. 4. 1842
OM 3. 4. 1875

WAITZ, Freiherr v. ESCHEN, Jakob Sigismund
geb. Gotha 16. 5. 1698
gest. Berlin 7. 11. 1776
AM 3. 2. 1746
EM 23. 6. 1775

WALDEYER (v. WALDEYER-HARTZ, [1916]) Heinrich *Wilhelm* Gottfried
geb. Hehlen/Weser 6. 10. 1836
gest. Berlin 23. 1. 1921
OM 18. 2. 1884

WALDSCHMIDT, Ernst
geb. Lünen (Westf.) 15. 7. 1897
KM 13. 1. 1955

WALLACH, Otto
geb. Königsberg i. Pr. 27. 3. 1847
gest. Göttingen 26. 2. 1931
KM 13. 6. 1907

WALLICH, Nathanael
geb. Kopenhagen 28. 1. 1786
gest. London 28. 4. 1854
KM 19. 1. 1832

WALMESLEY, Charles
geb. Westwood 13. 1. 1722
gest. Bath 25. 11. 1797
AM 5. 2. 1750

WALTER, Friedrich August
geb. Berlin 26. 9. 1764
gest. Berlin 18. 12. 1826
OM 16. 1. 1794

WALTER, Johann Gottlieb
geb. Königsberg i. Pr. 1. 7. 1734
gest. Berlin 4. 1. 1818
OM 2. 12. 1773

WALTHER, Christian
geb. Norkitten (Ostpr.) 31. 7. 1655
gest. Königsberg i. Pr. 17. 1. 1717
abw M 8. 7. 1701

WALTHER, Samuel
geb. Wegenstedt (Altmark) 18. 2. 1679
gest. Magdeburg 10. 3. 1754
abw M 5. 10. 1729

WALTZ, Johann Theophil
geb. Albershausen (Württ.) Okt. 1713
gest. Leipzig 17. 7. 1747
AM 29. 1. 1745

WARBURG, *Emil* Gabriel
geb. Altona 9. 3. 1846
gest. Grunau bei Bayreuth 28. 7. 1931
OM 13. 8. 1895

WARBURG, *Otto* Heinrich
geb. Freiburg i. Br. 8. 10. 1883
OM 21. 10. 1946

WARMING, Johannes *Eugenius* Bülow
geb. Manö 3. 11. 1841
gest. Kopenhagen 2. 4. 1924
KM 19. 1. 1899

WARTBURG, Walther v.
geb. Riedholz (Kt. Solothurn) 18. 5. 1888
KM 20. 3. 1947

WATELET, Claude-Henri
geb. Paris 1718
gest. Paris 12. 1. 1786
AM 28. 6. 1764

WATTENBACH, Ernst Christian *Wilhelm*
geb. Rantzau (Holstein) 22. 9. 1819
gest. Frankfurt a. Main 20. 9. 1897
OM 15. 8. 1881

WATZNAUER, Adolf
geb. Reichenberg 29. 4. 1907
OM 27. 9. 1957

WEBER, *Albrecht* Friedrich
geb. Breslau 17. 2. 1825
gest. Berlin 30. 11. 1901
OM 24. 8. 1857

WEBER, Alfred
geb. Erfurt 30. 7. 1868
gest. Heidelberg 2. 5. 1958
KM 18. 12. 1947–27. 6. 1950

WEBER, *Eduard* Friedrich
geb. Wittenberg 10. 3. 1806
gest. Leipzig 18. 5. 1871
KM 27. 10. 1864

WEBER, Ernst Heinrich
geb. Wittenberg 24. 6. 1795
gest. Leipzig 26. 1. 1878
KM 13. 12. 1827
AM 5. 8. 1859

WEBER, Heinrich
geb. Heidelberg 5. 3. 1842
gest. Straßburg 17. 5. 1913
KM 30. 1. 1896

WEBER, *Wilhelm* Eduard
geb. Wittenberg 24. 10. 1804
gest. Göttingen 23. 6. 1891
KM 13. 2. 1834
AM 11. 7. 1863

WEBSKY, Christian Friedrich *Martin*
geb. Wüstegiersdorf (Schles.) 17. 7. 1824
gest. Berlin 27. 11. 1886
OM 24. 5. 1875

WECKE, Johann Konrad
geb.
gest. Dresden 11. 1. 1734
abw M 12. 9. 1714

WEDEL(IUS), Georg Wolfgang
geb. Golßen (Nd.-Lausitz) 12. 11. 1645
gest. Jena 6. 9. 1721
abw M 6. 12. 1706

WEGELIN, Jakob
geb. St. Gallen 19. 6. 1721
gest. Berlin 7. 9. 1791
OM 13. 11. 1766

WEGNER, Gottfried
geb. Oels 18. 3. 1644
gest. Königsberg i. Pr. 14. 6. 1709
abw M 9. 5. 1707

WEGNER, Richard Nikolaus
geb. Gelsenkirchen 13. 5. 1884
KM 23. 4. 1959

WEICHMANN, Christian Friedrich
geb. Harburg 24. 8. 1698
gest. Wolfenbüttel 4. 8. 1770
abw M 10. 3. 1734

WEICKERT, Carl
geb. Leipzig 24. 2. 1885
OM 21. 10. 1946—25. 10. 1950

WEIDLER, Johann Friedrich
geb. Großneuhausen (Thür.) 23. 4. 1691
gest. Wittenberg 30. 11. 1755
abw M 14. 6. 1730

WEIERSTRASS, *Karl* Theodor Wilhelm
geb. Osterfelde (Westf.) 31. 10. 1815
gest. Berlin 19. 2. 1897
OM 19. 11. 1856

WEIGELT, Johannes
geb. Reppen 24. 7. 1890
gest. Klein-Gerau (Hessen) 22. 4. 1948
KM 27. 2. 1941

WEIL, Henri
geb. Frankfurt a. Main 26. 8. 1818
gest. Paris 5. 11. 1909
KM 12. 3. 1896
AM 25. 9. 1908

WEINHOLD, *Karl* Gotthelf Jakob
geb. Reichenbach (Schles.) 26. 10. 1823
gest. Bad Nauheim 15. 8. 1901
OM 25. 7. 1889

WEISMANN, August
geb. Frankfurt a. Main 17. 1. 1834
gest. Freiburg i. Br. 5. 11. 1914
KM 11. 3. 1897

WEISS, Christian Samuel
geb. Leipzig 26. 2. 1780
gest. Eger 1. 10. 1856
OM 3. 5. 1815

WEITZENBÖCK, Roland
geb. Kremsmünster 26. 5. 1885
gest. Zelhem (Niederlande) 24. 7. 1955
KM 9. 4. 1940

WEIZSÄCKER, Ludwig Friedrich *Julius*
geb. Oehringen (Württ.) 13. 2. 1828
gest. Bad Kissingen 3. 9. 1889
OM 24. 1. 1887

WELCKER, Friedrich Gottlieb
geb. Grünberg (Hessen) 4. 11. 1784
gest. Bonn 17. 12. 1868
AM 11. 3. 1846

WELLHAUSEN, Julius
geb. Hameln 17. 5. 1844
gest. Göttingen 7. 1. 1918
KM 18. 1. 1900

WELS, Paul
geb. Binnenwalde (Ostpr.) 2. 2. 1890
OM 18. 3. 1955

WENCK, *Karl* Robert
geb. Leipzig 12. 8. 1854
gest. Marburg 8. 7. 1927
KM 18. 6. 1925

WENDEBORN, Gebhard Friedrich August
geb. Wolfsburg 20. 4. 1742
gest. Hamburg 24. 5. 1811
AM 24. 9. 1792

WENDLAND, Theodor *Paul*
geb. Hohenstein (Ostpr.) 17. 8. 1864
gest. Göttingen 10. 9. 1915
KM 9. 7. 1914

WENGER, Leopold
geb. Obervellach (Kärnten) 4. 9. 1874
gest. Obervellach (Kärnten) 21. 9. 1953
KM 15. 7. 1926

WENT, *Friedrich* August Ferdinand Christian
geb. Amsterdam 18. 6. 1863
gest. Wassenaar 24. 7. 1935
KM 28. 2. 1935

WENTZEL, geb. HECKMANN, Marie Elisabeth (*Elise*)
geb. Berlin 20. 3. 1833
gest. Berlin 4./5. 2. 1914
EM 5. 3. 1900

WERENFELS, Samuel
geb. Basel 1. 3. 1657
gest. Basel 1. 6. 1740
abw M 4. 11. 1709

WERNER, Gottlob
geb. Thomendorf-Wehrau 25. 9. 1750
gest. Dresden 30. 6. 1817
AM 15. 8. 1808

WERNER, Joseph
geb. Bern 1637, gt. 22. 6.
gest. Berlin 21. 9. 1710
OM 12. 10. 1701

WERNLE, Paul
geb. Zürich-Hottingen 1. 5. 1872
gest. Basel 11. 4. 1939
KM 6. 12. 1923

WERNSDORFF, Gottlieb
geb. Wittenberg 8. 8. 1717
gest. Danzig 22. 1. 1774
AM 29. 1. 1745

WERTHEIM, Wilhelm
geb. Wien 22. 2. 1815
gest. Tours 20. 1. 1861
KM 24. 2. 1853

WESENBERG-LUND, *Carl* Jørgen
geb. Kopenhagen 22. 12. 1867
gest. Hillerød (Dänemark) 12. 11. 1955
KM 9. 5. 1935

WESTERMANN, *Diedrich* Hermann
geb. Baden (Hann.) 24. 6. 1875
gest. Baden (Hann.) 31. 5. 1956
OM 8. 6. 1938

WESTPHAL, Andreas
geb. Anklam 1684, gt. 10. 10.
gest. Greifswald 23. 4. 1747
abw M 5. 9. 1726

WETTSTEIN, Johann Jakob
geb. Basel 5. 3. 1693
gest. Amsterdam 23. 3. 1754
AM 15. 6. 1752

WETTSTEIN, Johann Kaspar
geb. Basel 1. 2. 1695
gest. 15. 8. 1760
AM 16. 3. 1752

WETTSTEIN, Ritter v. WESTERSHEIM, Fritz
geb. Prag 24. 6. 1895
gest. Innsbruck 12. 2. 1945
OM 8. 6. 1935

WETTSTEIN, Ritter v. WESTERSHEIM, Richard
geb. Wien 30. 6. 1863
gest. Trins (Tirol) 10. 8. 1931
KM 8. 12. 1921

WHEATON, Henry
geb. Providence (Rhode Island) 27. 11. 1785
gest. Roxburgh (Mass.) 11. 3. 1848
EM 30. 9. 1843

WHEATSTONE, Sir (1868) Charles
geb. Gloucester 6. 2. 1802
gest. Paris 19. 10. 1875
KM 8. 5. 1851

WHITE, Andrew Dickson
geb. Homer (New York) 7. 11. 1832
gest. Ithaca (New York) 4. 11. 1918
EM 12. 12. 1900

WHITNEY, William Dwight
geb. Northampton (Mass.) 9. 2. 1827
gest. New Haven (Conn.) 8. 6. 1894
KM 13. 2. 1873

WIECHERT, Johann *Emil*
geb. Tilsit 26. 12. 1861
gest. Göttingen 19. 3. 1928
KM 8. 2. 1912

WIED, Maximilian Prinz zu
geb. Neuwied 23. 9. 1782
gest. Neuwied 3. 2. 1867
EM 15. 8. 1853

WIEDEMANN, Christian Rudolf Wilhelm
geb. Braunschweig 7. 11. 1770
gest. Kiel 21. 12. 1840
KM 25. 6. 1812

WIEDEMANN, Eilhard
geb. Erlangen 6. 8. 1891
gest. Sarstedt 17. 9. 1950
OM 19. 7. 1949

WIEDEMANN, *Gustav* Heinrich
geb. Berlin 2. 10. 1826
gest. Leipzig 24. 3. 1899
KM 13. 3. 1879

WIEGAND, Theodor
geb. Bendorf (Rhld.) 30. 10. 1864
gest. Berlin 19. 12. 1936
OM 23. 10. 1922

WIELAND, Christoph Martin
geb. Biberach 5. 9. 1733
gest. Weimar 20. 1. 1813
AM 7. 12. 1786—1812

WIELAND, Heinrich
geb. Pforzheim 4. 6. 1877
gest. München 5. 8. 1957
KM 4. 2. 1937

WIEN, Wilhelm (*Willy*)
geb. Gaffken (Ostpr.) 13. 1. 1864
gest. München 31. 8. 1928
KM 14. 7. 1910

WIESELER, *Friedrich* Julius August
geb. Altencelle (Hann.) 19. 10. 1811
gest. Göttingen 3. 12. 1892
KM 27. 2. 1879

WIESNER, Julius Ritter v.
geb. Teschen 20. 1. 1838
gest. Wien 9. 10. 1916
KM 8. 6. 1899

WILAMOWITZ-MOELLENDORFF, Enno Friedrich Wichard *Ulrich* v.
geb. Markowitz (Prov. Posen) 22. 12. 1848
gest. Berlin 25. 9. 1931
KM 4. 6. 1891
OM 2. 8. 1899

WILCKEN, Ulrich
geb. Stettin 18. 12. 1862
gest. Baden-Baden 10. 12. 1944
OM 7. 1. 1921

WILD, Heinrich
geb. Uster (Kt. Zürich) 17. 12. 1833
gest. Zürich 5. 9. 1902
KM 6. 1. 1881

WILHELM, Gustav *Adolf*
geb. Tetschen-Liebwert 10. 9. 1864
gest. Wien 10. 8. 1950
KM 27. 4. 1911

WILKEN, Friedrich
geb. Ratzeburg 23. 5. 1777
gest. Berlin 24. 12. 1840
KM 25. 6. 1812
OM 1. 1. 1819

WILLDENOW (WILDENOW), Karl Ludwig
geb. Berlin 22. 8. 1765
gest. Berlin 10. 7. 1812
OM 16. 1. 1794

WILLE, Johann *Nordal* Fischer
geb. Haaböl (Norwegen) 28. 10. 1858
gest. Oslo 4. 2. 1924
KM 8. 12. 1921

WILLERS, Friedrich-Adolf
geb. Bremerförde 29. 1. 1883
gest. Dresden 5. 1. 1959
KM 13. 1. 1955

WILLIAMSON, Alexander William
geb. Wandsworth bei London 1. 5. 1824
gest. High Pitfold, Hindhead (Surrey) 6. 5. 1904
KM 18. 11. 1875

WILLSTÄTTER, *Richard* Martin
geb. Karlsruhe i. B. 13. 8. 1872
gest. Locarno 3. 8. 1942
OM 16. 12. 1914
EM 1. 4. 1916
AM 26. 11. 1925

WILMANNS, Wilhelm
geb. Jüterbog 14. 3. 1842
gest. Bonn 29. 1. 1911
KM 5. 7. 1906

WILSON, Edmund Beecher
geb. Geneva (Illinois) 19. 10. 1856
gest. New York 3. 3. 1939
KM 20. 2. 1913

WILSON, Horace Hayman
geb. London 26. 9. 1786
gest. Oxford 8. 5. 1860
KM 16. 2. 1837
AM 21. 4. 1839

WIMMER, *Ludwig* Franz Adalbert
geb. Ringkjöbing 7. 2. 1839
gest. Kopenhagen 29. 4. 1920
KM 4. 6. 1891

WINDAUS, *Adolf* Otto Reinhold
geb. Berlin 25. 12. 1876
gest. Göttingen 9. 6. 1959
OM 13. 6. 1936

WINDELBAND, Wilhelm
geb. Potsdam 11. 5. 1848
gest. Heidelberg 24. 10. 1915
KM 5. 2. 1903

WINKLER, Clemens
geb. Freiberg 26. 12. 1838
gest. Dresden 8. 10. 1904
KM 8. 2. 1900

WINKLER, Emil
geb. Neutitschein (Mähren) 4. 6. 1891
gest. Berlin 28. 1. 1942
OM 29. 4. 1939

WINKLER, *Hans* Karl Albert
geb. Oschatz (Sa.) 23. 4. 1877
gest. Dresden 22. 11. 1945
KM 7. 7. 1927

WINNECKE, Friedrich *August* Theodor
geb. Groß-Heere bei Hildesheim 5. 2. 1835
gest. Bonn 2. 12. 1897
KM 23. 10. 1879

WINSLOW (WINSLÖ), Jakob Benignus
geb. Odense (Dänemark) 17. 4. 1669
gest. Paris 3. 4. 1760
abw M 2. 9. 1723

WINTER, Eduard
geb. Grottau 16. 9. 1896
OM 18. 3. 1955

WOLTMANN, Reinhard
geb. Axstedt (Hann.) Dez. 1757
gest. Hamburg 20. 4. 1837
KM 26. 6. 1817

WOOLHOUSE, John Thomas
geb. um 1650
gest. in England 15. 1. 1734
abw M 1723

WRIGHT, William
geb. Mullye (Mallai, Br.-Indien) 17. 1. 1830
gest. Cambridge 22. 5. 1889
KM 5. 11. 1868

WÜLFFER, Johann
geb. Nürnberg 7. 6. 1651
gest. Nürnberg 3. 12. 1724
abw M 12. 4. 1715

WÜLLNER, Friedrich Hugo Anton *Adolf*
geb. Düsseldorf 13. 6. 1835
gest. Aachen 6. 10. 1908
KM 7. 3. 1889

WÜRTZ (WURTZ), Charles-*Adolphe*
geb. Straßburg 26. 11. 1817
gest. Paris 12. 5. 1884
KM 10. 3. 1859

WÜSTENFELD, Heinrich *Ferdinand*
geb. Hannoversch-Münden 31. 7. 1808
gest. Hannover 8. 2. 1899
KM 27. 2. 1879

WULLSTEIN, Horst
geb. Halle/Saale 24. 7. 1906
KM 10. 2. 1955

WUNDT, Max
geb. Leipzig 29. 1. 1879
KM 11. 6. 1942

WUNDT, Wilhelm
geb. Neckarau bei Mannheim 16. 8. 1832
gest. Großbothen bei Leipzig 31. 8. 1920
KM 18. 1. 1900

WURZELBAU, Johann Philipp v.
geb. Nürnberg 28. 9. 1651
gest. Nürnberg 21. 7. 1725
abw M 6. 12. 1706

YATES, James
geb. Liverpool 30. 4. 1789
gest. London 7. 5. 1871
KM 17. 1. 1867

ZACH, Franz Xaver Freiherr v.
geb. Preßburg 4. 6. 1754
gest. Paris 2. 9. 1832
AM 4. 8. 1800
EM 24. 1. 1812

ZACHARIAE VON LINGENTHAL, Karl Eduard
geb. Heidelberg 24. 12. 1812
gest. Großkmehlen 3. 6. 1894
KM 26. 7. 1866

ZAHN, Robert
geb. Bruchsal 9. 1. 1870
gest. Berlin 27. 11. 1945
OM 13. 5. 1938

ZALLINGER ZUM THURN, Otto v.
geb. Bozen 27. 11. 1856
gest. Salzburg 12. 5. 1933
KM 8. 5. 1924

ZAŁUSKI, Joseph Andreas Graf
geb. 7. 8. 1701
gest. Warschau 9. 1. 1774
AM 12. 9. 1748

ZANGE, Johannes
geb. Elberfeld 12. 12. 1880
KM 13. 1. 1955

ZANGEMEISTER, *Karl* Friedrich Wilhelm
geb. Hallungen (Thür.) 28. 9. 1837
gest. Heidelberg 8. 6. 1902
KM 10. 2. 1887

ZANOTTI, Eustachio
geb. Bologna 27. 11. 1709
gest. Bologna 15. 5. 1782
AM 23. 10. 1760

ZANOTTI, Francesco Maria
geb. Bologna 6. 1. 1692
gest. Bologna 25. 12. 1777
AM 23. 10. 1760

ZEDLITZ, Karl Abraham Freiherr v.
geb. Schwarzwalde (Schles.) 4. 1. 1731
gest. Kapsdorf (Schles.) 18. 3. 1793
EM 12. 9. 1776

ZEEMAN, Pieter
geb. Zonnemaire (Zeeland) 25. 5. 1865
gest. Amsterdam 9. 10. 1943
KM 1. 6. 1922

ZELLER, *Eduard* Gottlob
geb. Klein-Bottwar (Württ.) 22. 1. 1814
gest. Stuttgart 19. 3. 1908
KM 11. 2. 1864
OM 9. 12. 1872
EM 1. 10. 1894
AM 14. 1. 1895

ZELTNER, Gustav Georg
geb. Hiltpoltstein 16./17. 9. 1672
gest. Poppenreuth bei Fürth 20. 7. 1738
abw M 19. 7. 1730

ZETKIN, Maxim
geb. Paris 1. 8. 1883
KM 10. 2. 1955

ZETTERSTEEN, *Carl* Vilhelm
geb. Orsa (Kopparbergs Län) 18. 8. 1866
gest. Uppsala 1. 6. 1953
KM 23. 2. 1922

ZEUSS, Johann Kaspar
geb. Vogtendorf bei Kronach 22. 7. 1806
gest. Vogtendorf bei Kronach 10. 11. 1856
KM 14. 2. 1856

ZIELIŃSKI, Tadeusz (Thaddäus)
geb. Gut Skrzypezyńce (Kr. Uman) 14. 9. 1859
gest. Oberschondorf (Oberbayern) 8. 5. 1944
KM 21. 11. 1935

ZIMMER, Heinrich
geb. Kastellaun (Hunsrück) 11. 12. 1851
gest. Hahnenklee (Harz) 29. 7. 1910
OM 13. 1. 1902

ZIMMERMANN, Eberhard August Wilhelm v.
geb. Ülzen (Hann.) 17. 8. 1743
gest. Braunschweig 3./4. 7. 1815
KM 25. 6. 1812

ZIMMERMANN, Hermann
geb. Langensalza 17. 12. 1845
gest. Berlin 3. 4. 1935
OM 29. 8. 1904

ZIMMERMANN, Johann Georg
geb. Brugg 8. 12. 1728
gest. Hannover 7. 10. 1795
AM 23. 10. 1760

ZIMMERMANN, Johannes Jakob
geb. Zürich 10. 12. 1695
gest. Zürich 30. 11. 1756
AM 8. 12. 1746

ZINN, Johann Gottfried
geb. Schwabach 4. 12. 1727
gest. Göttingen 6. 4. 1759
AM 5. 10. 1752

ZIRKEL, Ferdinand
geb. Bonn 20. 5. 1838
gest. Bonn 11. 6. 1912
KM 20. 10. 1887

ŽIRMUNSKIJ (SCHIRMUNSKI), Viktor Maksimovič
geb. Petersburg 2. 8. 1891
KM 17. 5. 1956

ZITTEL, Karl Alfred Ritter v.
geb. Bahlingen (Baden) 25. 9. 1839
gest. München 5. 1. 1904
KM 13. 6. 1895

ZOËGA, Georg
geb. Dahler bei Tondern 20. 12. 1755
gest. Rom 10. 2. 1809
AM 5. 8. 1806

ZOELLNER, Johann Friedrich
geb. Neudamm (Neumark) 24. 4. 1753
gest. Berlin 12. 9. 1804
OM 6. 10. 1791

ZSCHOKKE, Friedrich
geb. Aarau 27. 5. 1860
gest. Basel 10. 1. 1936
KM 24. 7. 1930

ZUCKER, Friedrich
geb. Fürth 30. 6. 1881
KM 2. 12. 1948
OM 19. 7. 1949

ZÜRNER, Adam Friedrich
geb. Marieney (Vogtl.) 15. 8. 1679
gest. Dresden 1742, begr. 21. 12.
abw M 8. 10. 1716

ZUMBACH V. KOESFELD, Konrad
geb. Leiden 31. 5. 1697
gest. Leiden 15. 4. 1780
abw M 1732

ZUMBACH V. KOESFELD, Lothar
geb. Trier 27. 8. 1661
gest. Kassel 29. 7. 1727
abw M 12. 9. 1714

ZUMPT, Karl Gottlob
geb. Berlin 20. 3. 1792
gest. Karlsbad 26. 6. 1849
OM 12. 3. 1835

ZWINGER, Theodor
geb. Basel 26. 8. 1658
gest. Basel 22. 4. 1724
abw M 12. 4. 1706

2. Biographischer Index 1946—1959

2.1 Chronologisch-systematisches Verzeichnis der Mitglieder seit Wiedereröffnung der Akademie als Deutsche Akademie der Wissenschaften zu Berlin (1946–1959)

2.11 Die ordentlichen Mitglieder

1 PLANCK, *Max* Karl Ernst Ludwig — 11. 6. 1894
o. Professor der Physik an der Universität Berlin
geb. Kiel 23. 4. 1858
gest. Göttingen 4. 10. 1947

2 MEINECKE, Friedrich — 15. 2. 1915—30. 6. 1950
o. Professor der Geschichte an der Universität Berlin
geb. Salzwedel 30. 10. 1862
gest. Berlin 6. 2. 1954

3 SCHMIDT, Johann Oswald *Erhard* — 1. 8. 1918
o. Professor der Mathematik an der Universität Berlin
geb. Dorpat 13. 1. 1876

4 LAUE, *Max* Theodor Felix v. — 14. 8. 1920
o. Professor der theoretischen Physik an der Universität Berlin
geb. Pfaffendorf bei Koblenz 9. 10. 1879

5 GUTHNICK, Paul — 11. 1. 1923
o. Professor der Astronomie an der Universität Berlin, Direktor der Universitäts-Sternwarte
geb. Hitdorf/Rh. 12. 1. 1879
gest. Potsdam-Babelsberg 6. 9. 1947

6 FRANKE, Otto — 4. 6. 1923
o. Professor der Sinologie an der Universität Berlin
geb. Gernrode 27. 9. 1863
gest. Berlin 5. 8. 1946

7 JAEGER, *Werner* Wilhelm — 5. 2. 1924
o. Professor der klassischen Philologie an der Universität Berlin
geb. Lobberich (Rhld.) 30. 7. 1888
AM 1. 10. 1936; seit 14. 2. 1950 wieder OM

8 HAHN, Otto — 2. 12. 1924
Direktor des Kaiser-Wilhelm-Instituts für Chemie in Berlin-Dahlem
geb. Frankfurt a. Main 8. 3. 1879

9 SPRANGER, Eduard — 16. 1. 1925
o. Professor der Philosophie und Pädagogik an der Universität Berlin
geb. Groß-Lichterfelde bei Berlin 27. 6. 1882

10 PASCHEN, Louis Karl Heinrich *Friedrich* — 9. 2. 1925
Präsident der Physikalisch-Technischen Reichsanstalt in Berlin
geb. Schwerin 22. 1. 1865
gest. Potsdam 25. 2. 1947

Ordentliche Mitglieder

1 BRACKMANN, Albert — 3. 7. 1925
o. Professor der mittleren Geschichte an der Universität Berlin, Generaldirektor der Preußischen Staatsarchive
geb. Hannover 24. 6. 1871
gest. Berlin 17. 3. 1952

2 WAGNER, Karl Willy — 5. 12. 1925
Präsident des Telegraphentechnischen Reichsamtes, o. Professor der Physik an der Technischen Hochschule Berlin-Charlottenburg
geb. Friedrichsdorf i. Taunus 22. 2. 1883
gest. Friedrichsdorf i. Taunus 4. 9. 1953

3 FICKER, Heinrich v. — 28. 7. 1926
o. Professor der Meteorologie an der Universität Berlin, Direktor des Preußischen Meteorologischen Instituts
geb. München 22. 11. 1881
gest. Wien 29. 4. 1957
AM 1. 10. 1937; seit 10. 10. 1949 wieder OM

4 SCHRÖDINGER, Erwin — 12. 2. 1929
o. Professor der theoretischen Physik an der Universität Berlin
geb. Wien 12. 8. 1887
AM 12. 11. 1936; seit 14. 2. 1950 wieder OM

5 MEISSNER, *Bruno* Ernst — 22. 12. 1930
o. Professor der semitischen Sprachen (Assyriologie) an der Universität Berlin
geb. Graudenz 25. 4. 1868
gest. Zeuthen (Mark) 13. 3. 1947

6 VASMER, *Max* Julius Friedrich — 11. 5. 1931
o. Professor der Slavistik an der Universität Berlin
geb. Petersburg 28. 2. 1886

7 STILLE, *Hans* Wilhelm — 23. 6. 1933
o. Professor der Geologie an der Universität Berlin
geb. Hannover 8. 10. 1876

8 HARTMANN, Max — 15. 3. 1934
Abteilungsleiter im Kaiser-Wilhelm-Institut für Biologie in Berlin-Dahlem, Honorarprofessor an der Universität Berlin
geb. Lauterecken (Pfalz) 7. 7. 1876

9 RÖSSLE, Robert — 15. 3. 1934
o. Professor der Pathologie an der Universität Berlin
geb. Augsburg 19. 8. 1876
gest. Berlin 21. 11. 1956

1 HARTMANN, Nicolai 6. 4. 1934
o. Professor der Philosophie an der Universität Berlin
geb. Riga 20. 2. 1882
gest. Göttingen 9. 10. 1950

2 KREBS, Norbert 25. 6. 1934
o. Professor der Geographie an der Universität Berlin
geb. Leoben 29. 8. 1876
gest. Berlin 5. 12. 1947

3 VOLMER, Max 29. 11. 1934*)
o. Professor der physikalischen und der Elektrochemie an der Technischen Hochschule Berlin-Charlottenburg
geb. Hilden (Rhld.) 3. 5. 1885

4 DEFANT, *Albert* Joseph Maria 8. 6. 1935
Direktor des Instituts und Museums für Meereskunde in Berlin, o. Professor der Ozeanographie an der Universität Berlin
geb. Trient 12. 7. 1884

5 KOPFF, *August* Adalbert 7. 2. 1936
o. Professor der Astronomie an der Universität Berlin, Direktor des Astronomischen Recheninstituts (Copernicus-Institut) in Berlin-Dahlem
geb. Heidelberg 5. 2. 1882

6 WINDAUS, *Adolf* Otto Reinhold 13. 6. 1936
o. Professor der Chemie an der Universität Berlin
geb. Berlin 25. 12. 1876
gest. Göttingen 9. 6. 1959

7 RAMDOHR, *Paul* Georg Karl 2. 12. 1936
o. Professor der Mineralogie an der Universität Berlin
geb. Überlingen 1. 1. 1890

8 DEBYE, *Peter* Joseph Wilhelm 6. 1. 1937
o. Professor der Physik an der Universität Berlin, Direktor des Kaiser-Wilhelm-Instituts für Physik in Berlin-Dahlem
geb. Maastricht 24. 3. 1884
KM 11. 3. 1920

9 KOSCHAKER, Paul 18. 2. 1937
o. Professor des römischen Rechts und der Rechtsgeschichte an der Universität Berlin
geb. Klagenfurt 19. 4. 1879
gest. Walchensee 1. 6. 1951

---

*) Bestätigt am 14. 2. 1946.

Ordentliche Mitglieder

1 PRANDTL, Ludwig 8. 5. 1937
Direktor des Kaiser-Wilhelm-Instituts für Strömungsforschung in Göttingen
geb. Freising 4. 2. 1875
gest. Göttingen 15. 8. 1953
AM mit der Rechtsstellung eines KM 8. 6. 1939;
seit 14. 2. 1950 wieder OM

2 SAUERBRUCH, Ernst *Ferdinand* 8. 5. 1937
o. Professor der Chirurgie an der Universität Berlin
geb. Barmen 3. 7. 1875
gest. Berlin 2. 7. 1951

3 KRAFT, Ernest Anton 11. 6. 1937—11. 4. 1946
Direktor der Turbinenfabrik der AEG, Honorarprofessor an der Technischen Hochschule Berlin-Charlottenburg
geb. Wien 17. 8. 1880

4 STROUX, Johannes 11. 6. 1937
o. Professor der klassischen Philologie an der Universität Berlin
geb. Hagenau (Elsaß) 25. 8. 1886
gest. Berlin 25. 8. 1954

5 BERTHOLET, Alfred 10. 1. 1938
o. Professor der Kirchengeschichte an der Universität Berlin
geb. Basel 9. 11. 1868
gest. Basel 24. 8. 1951

6 SPAMER, Adolf 17. 2. 1938*)
o. Professor der deutschen Volkskunde an der Universität Berlin und an der Technischen Hochschule Dresden
geb. Mainz 10. 4. 1883
gest. Dresden 20. 6. 1953

7 GRAPOW, *Hermann* Willi Berthold Kurt 8. 6. 1938
o. Professor der Ägyptologie an der Universität Berlin
geb. Rostock 1. 9. 1885

8 WESTERMANN, *Diedrich* Hermann 8. 6. 1938
o. Professor der afrikanischen Sprachen an der Universität Berlin
geb. Baden (Hann.) 24. 6. 1875
gest. Baden (Hann.) 31. 5. 1956

9 GELZER, Matthias ausw OM 13. 6. 1938
o. Professor der alten Geschichte an der Universität Frankfurt a. Main
geb. Liestal (Schweiz) 19. 12. 1886
OM 31. 10. 1946

---

*) Bestätigt am 14. 2. 1946.

Ordentliche Mitglieder

1 PINDER, Wilhelm 13. 6. 1938
o. Professor der Kunstgeschichte an der Universität Berlin
geb. Kassel 25. 6. 1878
gest. Berlin 13. 5. 1947

2 KÜHN, *Alfred* Richard Wilhelm 16. 6. 1938—15. 10. 1951
Direktor des Kaiser-Wilhelm-Instituts für Biologie in Berlin-Dahlem, o. Professor der Biologie und Zoologie an der Universität Berlin
geb. Baden-Baden 22. 4. 1885

3 HAMEL, *Georg* Karl Wilhelm 28. 11. 1938—11. 3. 1954
o. Professor der Mathematik an der Technischen Hochschule Berlin-Charlottenburg
geb. Düren (Rhld.) 12. 9. 1877
gest. Landshut 4. 10. 1954

4 BARTELS, August *Julius* 29. 4. 1939
Direktor des Geophysikalischen Instituts in Potsdam,
o. Professor der Geophysik an der Universität Berlin
geb. Magdeburg 17. 8. 1899

5 BUTENANDT, *Adolf* Friedrich Johann 29. 4. 1939
Direktor des Kaiser-Wilhelm-Instituts für Biochemie in Berlin-Dahlem
geb. Wesermünde 24. 3. 1903

6 LUDIN, Adolf 29. 4. 1939
o. Professor des Wasserbaus an der Technischen Hochschule Berlin-Charlottenburg
geb. Karlsruhe i. B. 27. 12. 1879

7 HARTMANN, Richard 29. 4. 1939
o. Professor der Arabistik und Islamkunde an der Universität Berlin
geb. Neunkirchen (Württ.) 8. 6. 1881

8 HARTUNG, Fritz 29. 4. 1939
o. Professor der mittleren und neueren Geschichte an der Universität Berlin
geb. Saargemünd 12. 1. 1883

9 SCHWIETERING, Julius 29. 4. 1939
o. Professor der deutschen Philologie an der Universität Berlin
geb. Engter (Bez. Osnabrück) 25. 5. 1884

10 HAENISCH, Axel *Erich* 25. 2. 1942
o. Professor der Sinologie an der Universität Berlin
geb. Berlin 27. 8. 1880

Ordentliche Mitglieder

1 REICKE, *Siegfried* Rudolf Hermann — 15. 4. 1942
o. Professor des Kirchenrechts an der Universität Berlin
geb. Nürnberg 19. 5. 1897

2 NORDMANN, Hans — 13. 7. 1942—25. 3. 1952
Abteilungs-Präsident im Reichsbahnzentralamt in Berlin,
Honorarprofessor an der Technischen Hochschule Berlin-Charlottenburg
geb. Halberstadt 14. 1. 1879
gest. Berlin 17. 11. 1957

3 SCHADEWALDT, *Wolfgang* Otto Bernhard — 13. 7. 1942
o. Professor der klassischen Philologie an der Universität Berlin
geb. Berlin 15. 3. 1900

4 RÖRIG, Friedrich (*Fritz*) Hermann — 30. 7. 1942
o. Professor der mittleren und neueren Geschichte an der Universität Berlin
geb. St. Blasien 2. 10. 1882
gest. Berlin 29. 4. 1952

5 KUHN, Hans — 8. 4. 1943
o. Professor der nordischen Philologie an der Universität Berlin
geb. Minden i. W. 13. 7. 1899

6 HEISENBERG, *Werner* Karl — 19. 4. 1943
o. Professor der Physik an der Universität Berlin
geb. Würzburg 5. 12. 1901
KM 23. 6. 1938

7 SCHIRMER, *Walter* Franz — 28. 5. 1943
o. Professor der englischen Philologie an der Universität Berlin
geb. Düsseldorf 18. 12. 1888

8 BAETHGEN, Friedrich — 27. 12. 1944
o. Professor der mittleren Geschichte an der Universität Berlin
geb. Greifswald 30. 7. 1890

9 SPECHT, Franz — 27. 12. 1944
o. Professor der indogermanischen Sprachwissenschaft an der Universität Berlin
geb. Roßlau/Elbe 1. 11. 1888
gest. Mainz 13. 11. 1949
KM 8. 8. 1941

10 HEUBNER, *Wolfgang* Otto — 14. 2. 1946—30. 6. 1950
o. Professor der Pharmakologie an der Universität Berlin
geb. Leipzig 18. 6. 1877

1 KIENLE, Johann (*Hans*) Georg 14. 2. 1946
Direktor des Astrophysikalischen Observatoriums Potsdam,
Professor mit vollem Lehrauftrag für Astrophysik
an der Universität Berlin
geb. Kulmbach 22. 10. 1895

2 MITTEIS, Heinrich 20. 6. 1946
o. Professor der deutschen Rechtsgeschichte an der Universität
Berlin
geb. Prag 26. 11. 1889
gest. München 29. 7. 1952

3 NOACK, Kurt 21. 10. 1946
o. Professor der Botanik an der Universität Berlin
geb. Stuttgart 22. 1. 1888

4 WARBURG, *Otto* Heinrich 21. 10. 1946
Direktor des (Kaiser-Wilhelm-) Instituts für Zellphysiologie
in Berlin-Dahlem
geb. Freiburg i. Br. 8. 10. 1883

5 FRINGS, Theodor 21. 10. 1946
o. Professor der Germanistik an der Universität Leipzig
geb. Dülken (Rhld.) 23. 7. 1886

6 KOHLRAUSCH, Eduard 21. 10. 1946
o. Professor der Rechte an der Universität Berlin
geb. Darmstadt 4. 2. 1874
gest. Berlin 22. 1. 1948

7 THURNWALD, *Richard* Christian 21. 10. 1946–6. 7. 1950
o. Professor der Ethnologie, Völkerpsychologie und Soziologie
an der Universität Berlin
geb. Wien 18. 9. 1869
gest. Berlin 19. 1. 1954

8 WEICKERT, Carl 21. 10. 1946–25. 10. 1950
Direktor der Antiken-Abteilung der ehemaligen Staatlichen
Museen in Berlin
geb. Leipzig 24. 2. 1885

9 BONHOEFFER, Karl Friedrich 21. 4. 1947
Direktor des (Kaiser-Wilhelm-)Instituts für physikalische Chemie
und Elektrochemie in Berlin-Dahlem, o. Professor der physikalischen
Chemie an der Universität Berlin
geb. Breslau 13. 1. 1899
gest. Göttingen 18. 5. 1957

10 MITSCHERLICH, *Eilhard* Alfred 21. 4. 1947
o. Professor der Kulturtechnik an der Universität Berlin
geb. Berlin 29. 8. 1874
gest. Paulinenaue bei Nauen 3. 2. 1956

Ordentliche Mitglieder

1 BARKHAUSEN, Georg *Heinrich* 25. 3. 1949
o. Professor der Elektrotechnik an der Technischen Hochschule Dresden
geb. Bremen 2. 12. 1881
gest. Dresden 20. 2. 1956

2 BINDER, Ludwig 25. 3. 1949
o. Professor der Elektrotechnik an der Technischen Hochschule Dresden
geb. Ingolstadt 26. 5. 1881
gest. Dresden 12. 9. 1958

3 ERTEL, *Hans* Richard Max 25. 3. 1949
o. Professor der Geophysik und Meteorologie an der Universität Berlin
geb. Berlin 24. 3. 1904

4 FRIEDRICH, Walter 25. 3. 1949
Direktor des Akademie-Instituts für Medizin und Biologie in Berlin-Buch, o. Professor der medizinischen Physik und Rektor der Universität Berlin
geb. Magdeburg 25. 12. 1883

5 HUND, Friedrich 25. 3. 1949
o. Professor der theoretischen Physik an der Universität Jena
geb. Karlsruhe i. B. 4. 2. 1896

6 LOHMANN, Karl 25. 3. 1949
o. Professor der physikalischen Chemie an der Universität Berlin
geb. Bielefeld 10. 4. 1898

7 MANGOLD, Ernst 25. 3. 1949
o. Professor der Ernährungsphysiologie der Tiere an der Universität Berlin
geb. Berlin 5. 2. 1879

8 SEELIGER, Rudolf 25. 3. 1949
o. Professor der Experimentalphysik an der Universität Greifswald
geb. München 12. 11. 1886

9 STUBBE, Hans 25. 3. 1949
Direktor des Akademie-Instituts für Kulturpflanzenforschung in Gatersleben, o. Professor der landwirtschaftlichen Genetik an der Universität Halle
geb. Berlin 7. 3. 1902

10 BAUMGARTEN, *Arthur* Edwin Paul 25. 3. 1949
o. Professor der Rechte an der Universität Berlin
geb. Königsberg i. Pr. 31. 3. 1884

Ordentliche Mitglieder

1 BOOR, Hanns *Otto* de — 25. 3. 1949
o. Professor der Rechte an der Universität Leipzig
geb. Schleswig 9. 9. 1886
gest. Göttingen 10. 2. 1956

2 HAMANN, Richard — 25. 3. 1949
o. Professor der Kunstgeschichte an den Universitäten Marburg und Berlin
geb. Seehausen (Kr. Wanzleben) 29. 5. 1879

3 HOHL, *Ernst* Heinrich — 25. 3. 1949
o. Professor der alten Geschichte an den Universitäten Rostock und Berlin
geb. Stuttgart 18. 4. 1886
gest. Berlin 24. 2. 1957

4 JUSTI, Ludwig — 25. 3. 1949
Generaldirektor der ehemaligen Staatlichen Museen in Berlin
geb. Marburg 14. 3. 1876
gest. Potsdam 19. 10. 1957

5 UNVERZAGT, Wilhelm — 25. 3. 1949*)
Vorsitzender der Akademie-Kommission für Vor- und Frühgeschichte in Berlin, Professor der Vor- und Frühgeschichte
geb. Wiesbaden 21. 5. 1892

6 VOSSLER, Karl — 25. 3. 1949
o. Professor der romanischen Literatur und Sprachwissenschaft an der Universität München
geb. Hohenheim bei Stuttgart 6. 9. 1872
gest. München 18. 5. 1949

7 GOTHAN, Walter — 4. 6. 1949
Professor mit vollem Lehrauftrag für Paläobotanik an der Universität Berlin
geb. Woldegk (Meckl.) 26. 8. 1879
gest. Berlin 30. 12. 1954

8 BUBNOFF, Serge v. — 19. 7. 1949
o. Professor der Geologie an der Universität Greifswald
geb. Petersburg 15. 7. 1888
gest. Berlin 16. 11. 1957
KM 27. 2. 1941

9 HASSE, Helmut — 19. 7. 1949
o. Professor der Mathematik an der Universität Berlin
geb. Kassel 25. 8. 1898

10 LÜTTRINGHAUS, Arthur — 19. 7. 1949
o. Professor der Chemie an der Universität Halle-Wittenberg
geb. Köln-Mülheim 6. 7. 1906

---

*) Bereits am 22. 6. 1939 gewählt.

1 THILO, *Erich* Rudolf Julius 19. 7. 1949
o. Professor der anorganischen Chemie an der Universität Berlin
geb. Neubrandenburg 27. 8. 1898

2 BRUGSCH, Karl Louis *Theodor* 19. 7. 1949
o. Professor der inneren Medizin an der Universität Berlin
geb. Graz 11. 10. 1878

3 EICKEN, Carl v. 19. 7. 1949
o. Professor der Hals-, Nasen- und Ohrenkrankheiten an der Universität Berlin
geb. Mülheim/Ruhr 31. 12. 1873

4 GULEKE, Nicolai 19. 7. 1949—24. 5. 1951
o. Professor der Chirurgie an der Universität Jena
geb. Pernau (Livland) 25. 4. 1878

5 LÖHLEIN, Walther 19. 7. 1949—29. 6. 1950
o. Professor der Augenheilkunde an der Universität Berlin
geb. Berlin 5. 1. 1882
gest. Essen 14. 9. 1954

6 REIN, *Hermann* Friedrich 19. 7. 1949
o. Professor der Physiologie an der Universität Göttingen
geb. Mitwitz (Bayern) 8. 2. 1898
gest. Göttingen 14. 5. 1953
KM 11. 11. 1942

7 STIEVE, Hermann 19. 7. 1949
o. Professor der Anatomie und Histologie an der Universität Berlin
geb. München 22. 5. 1886
gest. Berlin 6. 9. 1952

8 STOECKEL, Walter 19. 7. 1949
o. Professor der Gynäkologie an der Universität Berlin
geb. Stobingen (Ostpr.) 14. 3. 1871

9 DOBBERSTEIN, *Johannes* Christian Albert 19. 7. 1949
o. Professor der Veterinärmedizin an der Universität Berlin
geb. Graudenz 19. 9. 1895

10 KAPPERT, Hans 19. 7. 1949—22. 1. 1951
o. Professor der Pflanzengenetik an der Universität Berlin
geb. Münster i. W. 24. 8. 1890

11 WIEDEMANN, Eilhard 19. 7. 1949
Professor, Leiter des Forsteinrichtungsamts und der Forstlichen Versuchsanstalt Niedersachsen in Sarstedt
geb. Erlangen 6. 8. 1891
gest. Sarstedt 17. 9. 1950

1 BEYER, Friedrich August *Kurt* 19. 7. 1949
o. Professor der Statik der Baukonstruktionen an der Technischen Hochschule Dresden
geb. Dresden 27. 12. 1881
gest. Dresden 9. 5. 1952

2 DISCHINGER, *Franz* Anton 19. 7. 1949–2. 11. 1950
o. Professor des Stahlbetonbaus an der Technischen Universität Berlin
geb. Heidelberg 8. 10. 1887

3 FRANCK, Hans *Heinrich* 19. 7. 1949
o. Professor der technischen Chemie an der Technischen Universität Berlin
geb. Würzburg 22. 11. 1888

4 FRENZEL, Walter 19. 7. 1949
o. Professor der Textiltechnik an der Technischen Hochschule Dresden
geb. Klein-Zschachwitz (Sa.) 29. 9. 1884

5 KEGEL, Karl 19. 7. 1949
o. Professor des Bergbaus und der Bergwirtschaft an der Bergakademie Freiberg
geb. Magdeburg 19. 5. 1876
gest. Freiberg (Sa.) 5. 3. 1959

6 EISSFELDT, Otto 19. 7. 1949
o. Professor der Theologie (nordwestsemitische Philologie) an der Universität Halle-Wittenberg
geb. Northeim (Hann.) 1. 9. 1887
KM 24. 2. 1949

7 KRAUSS, Werner 19. 7. 1949
o. Professor der romanischen Philologie an der Universität Leipzig
geb. Stuttgart 7. 6. 1900

8 NEUBERT, Fritz 19. 7. 1949
o. Professor der romanischen Philologie an der Universität Berlin
geb. Bautzen 2. 7. 1886

9 REHM, Albert 19. 7. 1949
o. Professor der klassischen Philologie an der Universität München
geb. Augsburg 15. 8. 1871
gest. München 31. 7. 1949
KM 23. 10. 1947

Ordentliche Mitglieder

1 TRAUTMANN, Reinhold — 19. 7. 1949
o. Professor der Slavistik an der Universität Jena
geb. Königsberg i. Pr. 16. 1. 1883
gest. Jena 4. 10. 1951
KM 6. 11. 1947

2 WISSMANN, Wilhelm — 19. 7. 1949
o. Professor der indogermanischen Sprachwissenschaft an der Universität Berlin
geb. Berlin 27. 2. 1899

3 ZUCKER, Friedrich — 19. 7. 1949
o. Professor der klassischen Philologie an der Universität Jena
geb. Fürth 30. 6. 1881
KM 2. 12. 1948

4 BLOHM, *Georg* Friedrich — 15. 8. 1949
o. Professor der landwirtschaftlichen Betriebslehre an der Universität Halle-Wittenberg
geb. Thürkow (Meckl.) 25. 10. 1896

5 PETERSEN, Asmus — 15. 8. 1949
o. Professor der landwirtschaftlichen Betriebslehre an der Universität Rostock
geb. Kemphye (Schleswig) 6. 12. 1900

6 SCHRÖDER, Kurt — 2. 7. 1951
Professor mit Lehrstuhl für angewandte Mathematik an der Universität Berlin
geb. Berlin 31. 7. 1909

7 GROTRIAN, Walter — 2. 7. 1951
Direktor des Astrophysikalischen Observatoriums der Akademie in Potsdam, Professor mit Lehrstuhl für Astrophysik an der Universität Berlin
geb. Aachen 21. 4. 1890
gest. Potsdam 3. 3. 1954

8 CORRENS, *Erich* Paul Hubert — 2. 7. 1951
Direktor des Akademie-Instituts für Faserstoff-Forschung in Teltow-Seehof
geb. Tübingen 12. 5. 1896

9 MAURER, Eduard — 2. 7. 1951
Direktor des Eisenforschungsinstituts des Ministeriums für Schwerindustrie in Hennigsdorf
geb. Königstein 3. 11. 1886

Ordentliche Mitglieder

1 STEINITZ, Wolfgang — 2. 7. 1951
Professor mit Lehrstuhl für finno-ugrische Sprachwissenschaft an der Universität Berlin
geb. Breslau 28. 2. 1905

2 TREIBS, Wilhelm — 19. 3. 1953
Professor mit Lehrstuhl für organische Chemie an der Universität Leipzig
geb. Oberstein/Nahe 6. 11. 1890

3 LANGENBECK, Wolfgang — 19. 3. 1953
Professor mit Lehrstuhl für organische Chemie an der Universität Halle-Wittenberg
geb. Göttingen 21. 6. 1899

4 RIENÄCKER, Günther — 19. 3. 1953
Professor mit Lehrstuhl für anorganische Chemie an der Universität Rostock
geb. Bremen 13. 5. 1904

5 HEIN, Franz — 19. 3. 1953
Professor mit Lehrstuhl für anorganische Chemie an der Universität Jena
geb. Grötzingen bei Karlsruhe i. B. 30. 6. 1892

6 DEUBEL, Fritz — 19. 3. 1953
Professor mit Lehrstuhl für angewandte Geologie an der Universität Berlin
geb. Weilar 9. 9. 1898

7 MOTHES, Kurt — 19. 3. 1953
Abteilungsleiter im Akademie-Institut für Kulturpflanzenforschung in Gatersleben, Professor mit Lehrstuhl für Pharmakognosie an der Universität Halle-Wittenberg
geb. Plauen (Vogtl.) 3. 11. 1900

8 SCHEUNERT, Arthur — 19. 3. 1953
Direktor des Instituts für Ernährungsforschung und der Anstalt für Vitaminforschung und Vitaminprüfung in Potsdam-Rehbrücke
geb. Dresden 7. 6. 1879
gest. Basel 10. 1. 1957

9 KATSCH, Gerhardt — 19. 3. 1953
Professor mit Lehrstuhl für innere Medizin an der Universität Greifswald
geb. Berlin 14. 5. 1887

10 HOLTZ, Peter — 19. 3. 1953
Professor mit Lehrstuhl für Pharmakologie an der Universität Rostock
geb. Stolberg (Rhld.) 6. 2. 1902

Ordentliche Mitglieder

1 SCHRÖDER, Robert 19. 3. 1953
Professor mit Lehrstuhl für Gynäkologie und Geburtshilfe
an der Universität Leipzig
geb. Rostock 3. 8. 1884
gest. Leipzig 13. 10. 1959

2 ROMPE, Robert 19. 3. 1953
Direktor des Akademie-Instituts für Strahlungsquellen in Berlin,
Professor mit Lehrstuhl für Physik an der Universität Berlin
geb. Petersburg 10. 9. 1905

3 BERTSCH, Heinrich 19. 3. 1953
Leiter der HV Chemie im Staatssekretariat für Chemie, Steine
und Erden in Berlin, Professor mit Lehrauftrag für chemische
Technologie an der Universität Berlin
geb. Rosenfeld 11. 1. 1897

4 NELLES, Johannes 19. 3. 1953
Werkleiter der Chemischen Werke Buna
geb. Frankfurt a. Main 25. 11. 1910

5 LEIBNITZ, Eberhard 19. 3. 1953
Professor mit Lehrstuhl für chemische Technologie an der
Universität Leipzig
geb. Hannover 31. 1. 1910

6 SCHWABE, *Kurt* Walter
Professor mit Lehrstuhl für physikalische Chemie und Elektrochemie an der Technischen Hochschule Dresden
geb. Reichenbach (Vogtl.) 29. 5. 1905

7 FRÜHAUF, Hans 19. 3. 1953
Professor mit Lehrstuhl für Hochfrequenztechnik und Elektronenröhren an der Technischen Hochschule Dresden
geb. Pforzheim 4. 1. 1904

8 FALTIN, Hans 19. 3. 1953
Professor mit Lehrstuhl für Thermodynamik und thermische
Strömungsmaschinen an der Technischen Hochschule Dresden
geb. Halle/Saale 26. 9. 1896

9 RAMMLER, *Erich* Helmut 19. 3. 1953
Professor mit Lehrstuhl für Brennstofftechnik, Wärmewirtschaft,
Brikettierung an der Bergakademie Freiberg
geb. Tirpersdorf (Vogtl.) 9. 7. 1901

10 SPACKELER, Georg 19. 3. 1953
Professor mit Lehrstuhl für Bergbaukunde an der Bergakademie
Freiberg
geb. Hannover 1. 2. 1883

Ordentliche Mitglieder

1 WAGENMANN, Karl 19. 3. 1953
Direktor der Hauptabteilung Hütten im Mansfeld-Kombinat „Wilhelm Pieck" Eisleben
geb. Köln 6. 2. 1886
gest. Halle/Saale 23. 9. 1953

2 EISENKOLB, *Friedrich* Johann 19. 3. 1953
Professor mit Lehrstuhl für Werkstoffkunde an der Technischen Hochschule Dresden
geb. Warnsdorf 5. 1. 1901

3 JANTE, Alfred 19. 3. 1953
Professor mit Lehrstuhl für Verbrennungsmaschinen und Kraftfahrwesen an der Technischen Hochschule Dresden
geb. Schönlanke 3. 6. 1908

4 KLAFFENBACH, *Günther* Edmund Wilhelm 19. 3. 1953
Professor mit Lehrauftrag für griechische Epigraphik an der Universität Berlin
geb. Berlin 20. 6. 1890

5 BIELFELDT, Hans Holm 19. 3. 1953
Professor mit Lehrstuhl für slavische Philologie an der Universität Berlin
geb. Lübeck 6. 3. 1907

6 KLEMPERER, Victor 19. 3. 1953
Professor mit Lehrstuhl für romanische Philologie an den Universitäten Berlin und Halle-Wittenberg
geb. Landsberg/Warthe 9. 10. 1881

7 MEUSEL, Alfred 19. 3. 1953
Direktor des Museums für deutsche Geschichte in Berlin, Professor mit Lehrstuhl für neuere Geschichte an der Universität Berlin
geb. Kiel 19. 5. 1896

8 OELSSNER, Fred 19. 3. 1953
Professor für politische Ökonomie am Institut für Gesellschaftswissenschaften des ZK der SED
geb. Leipzig 27. 2. 1903

9 GOTTSCHALDT, Kurt 19. 3. 1953
Professor mit Lehrstuhl für Psychologie an der Universität Berlin
geb. Dresden 25. 4. 1902

10 HERTZ, Gustav 17. 12. 1954
Professor mit Lehrstuhl für Physik an der Universität Leipzig
geb. Hamburg 22. 7. 1887

Ordentliche Mitglieder

1 HÖLDER, Ernst 18. 3. 1955
Professor mit Lehrstuhl für Mathematik (Analysis) an der Universität Leipzig
geb. Leipzig 2. 4. 1901

2 KÄHLER, Erich 18. 3. 1955
Professor mit Lehrstuhl für Mathematik (Arithmetik und Algebra) an der Universität Leipzig
geb. Leipzig 16. 1. 1906

3 EMICKE, *Otto* Christoph Martin Erhard 18. 3. 1955
Direktor des NE-Forschungsinstituts des Ministeriums für Berg- und Hüttenwesen in Freiberg
geb. Ratibor 27. 4. 1891

4 OBENAUS, Fritz 18. 3. 1955
Professor mit Lehrstuhl für Hochspannungstechnik an der Technischen Hochschule Dresden
geb. Niedersedlitz 9. 12. 1909

5 BILKENROTH, Georg 18. 3. 1955
Technisch-wissenschaftlicher Direktor des VEB Projektierungs- und Konstruktionsbüro „Kohle“ in Berlin
geb. Osendorf bei Halle/Saale 24. 2. 1898

6 GÖRLICH, Paul 18. 3. 1955
Wissenschaftlicher Hauptleiter des VEB Carl Zeiss in Jena, Professor mit Lehrauftrag für Festkörperphysik an der Universität Jena
geb. Dresden 7. 10. 1905

7 NEUBER, Heinz 18. 3. 1955
Professor mit Lehrstuhl für technische Mechanik an der Technischen Hochschule Dresden
geb. Stettin 22. 11. 1906

8 PAUER, Walther 18. 3. 1955
Professor mit Lehrstuhl für Energiewirtschaft an der Technischen Hochschule Dresden
geb. Regensburg 1. 4. 1887

9 FALKENHAGEN, Hans 18. 3. 1955
Professor mit Lehrstuhl für theoretische Physik an der Universität Rostock
geb. Wernigerode 13. 5. 1895

10 SCHÜLLER, Arno 18. 3. 1955
Professor mit Lehrauftrag für Mineralogie an der Universität Berlin
geb. Friedrichsgrün bei Zwickau 16. 11. 1908

Ordentliche Mitglieder

1 KNÖLL, Hans 18. 3. 1955
Professor mit Lehrauftrag für Bakteriologie an der Universität Jena
geb. Wiesbaden 7. 1. 1913

2 STRESEMANN, Erwin 18. 3. 1955
Professor mit Lehrauftrag für Zoologie an der Universität Berlin
geb. Dresden 22. 11. 1889

3 KAESTNER, Alfred 18. 3. 1955
Professor mit Lehrstuhl für spezielle Zoologie an der Universität Berlin
geb. Leipzig 17. 5. 1901

4 GERSCH, Manfred 18. 3. 1955
Professor mit Lehrstuhl für Zoologie an der Universität Jena
geb. Dresden 12. 8. 1909

5 WELS, Paul 18. 3. 1955
Professor mit Lehrstuhl für Pharmakologie an der Universität Greifswald
geb. Binnenwalde (Ostpr.) 2. 2. 1890

6 BREDT, Heinrich 18. 3. 1955
Professor mit Lehrstuhl für allgemeine Pathologie und pathologische Anatomie an der Universität Leipzig
geb. Oberneudorf (Siebenbürgen) 29. 1. 1906

7 FELIX, Willi 18. 3. 1955
Professor mit Lehrstuhl für Chirurgie an der Universität Berlin
geb. Zürich 10. 2. 1892

8 PEIPER, Albrecht 18. 3. 1955
Professor mit Lehrstuhl für Kinderheilkunde an der Universität Leipzig
geb. Greifswald 23. 10. 1889

9 RÖHRER, Heinz 18. 3. 1955
Präsident der Forschungsanstalt für Tierseuchen, Insel Riems — Friedrich-Loeffler-Institut, Professor mit Lehrauftrag für vergleichende Pathologie an der Universität Greifswald
geb. Leipzig 23. 3. 1905

10 BÜRGER, Max 18. 3. 1955
Professor mit Lehrstuhl für innere Medizin an der Universität Leipzig
geb. Hamburg 16. 11. 1885

11 RUBEN, Walter 18. 3. 1955
Professor mit Lehrstuhl für Indologie an der Universität Berlin
geb. Hamburg 26. 12. 1899

Ordentliche Mitglieder

1 RAMMING, Martin 18. 3. 1955
Professor mit Lehrstuhl für Japanologie an der Universität Berlin
geb. Petersburg 21. 11. 1889

2 HARTKE, Werner 18. 3. 1955
Professor mit Lehrstuhl für klassische Philologie an der Universität Berlin
geb. Eschwege/Werra 1. 3. 1907

3 BLÜMEL, Carl 18. 3. 1955
Professor, Direktor der Antiken-Abteilung der Staatlichen Museen zu Berlin
geb. Berlin 13. 4. 1893

4 BLOCH, Ernst 18. 3. 1955
Professor mit Lehrstuhl für Philosophie an der Universität Leipzig
geb. Ludwigshafen 8. 7. 1885

5 HAUSSHERR, Hans 18. 3. 1955
Professor mit Lehrstuhl für allgemeine Geschichte der Neuzeit an der Universität Halle-Wittenberg
geb. Berlin 8. 7. 1898

6 KUCZYNSKI, Jürgen 18. 3. 1955
Professor mit Lehrstuhl für Wirtschaftsgeschichte an der Universität Berlin
geb. Elberfeld 17. 9. 1904

7 LINTZEL, Martin 18. 3. 1955
Professor mit Lehrstuhl für mittelalterliche Geschichte an der Universität Halle-Wittenberg
geb. Magdeburg 28. 2. 1901
gest. Halle/Saale 15. 7. 1955

8 STERN, Leo 18. 3. 1955
Professor mit Lehrstuhl für neuere Geschichte und Geschichte der Arbeiterbewegung an der Universität Halle-Wittenberg
geb. Woloka (Österr.) 27. 3. 1901

9 WINTER, Eduard 18. 3. 1955
Professor mit Lehrstuhl für osteuropäische Geschichte an der Universität Berlin
geb. Grottau 16. 9. 1896

10 THIESSEN, Peter Adolf 22. 10. 1955
Direktor des Akademie-Instituts für physikalische Chemie in Berlin
geb. Schweidnitz 6. 4. 1899
bereits OM 30. 6. 1939—10. 7. 1945

Ordentliche Mitglieder

1 STEENBECK, Max · 21. 12. 1956
Direktor des Akademie-Instituts für magnetische Werkstoffe in Jena
geb. Kiel 21. 3. 1904

2 SIMON, Arthur 21. 12. 1956
Professor mit Lehrstuhl für allgemeine, analytische, anorganische und anorganisch-technische Chemie an der Technischen Hochschule Dresden
geb. Barmen 25. 2. 1893

3 KÖHLER, Günther 21. 12. 1956
Professor mit Lehrstuhl für Geographie an der Technischen Hochschule Dresden
geb. Dresden 15. 11. 1901
gest. Dresden 11. 7. 1958

4 KRAATZ, Helmut 21. 12. 1956
Professor mit Lehrstuhl für Frauenheilkunde an der Universität Berlin
geb. Wittenberg 6. 8. 1902
KM 10. 2. 1955

5 BEHRENS, Friedrich 21. 12. 1956
Professor mit Lehrstuhl für politische Ökonomie an der Universität Leipzig
geb. Rostock 20. 9. 1909

6 KAUTZSCH, Hans Friedrich *Eberhard* 27. 9. 1957
Chefgeologe der Staatlichen Geologischen Komission in Berlin, Professor mit Lehrauftrag für angewandte Geologie an der Universität Berlin
geb. Darmstadt 2. 11. 1911

7 KIRCHBERG, Helmut 27. 9. 1957
Professor mit Lehrstuhl für Aufbereitung an der Bergakademie Freiberg
geb. Mainz 31. 1. 1906
KM 17. 5. 1956

8 LEUTWEIN, Friedrich 27. 9. 1957
Professor mit Lehrstuhl für Mineralogie, Petrographie und Geochemie an der Bergakademie Freiberg
geb. Berlin 9. 8. 1911

9 MEISSER, Otto 27. 9. 1957
Professor mit Lehrstuhl für angewandte Geophysik an der Bergakademie Freiberg
geb. Apolda 19. 6. 1899

Ordentliche Mitglieder

1 WATZNAUER, Adolf — 27. 9. 1957
Professor mit Lehrstuhl für Geologie und Petrographie an der Bergakademie Freiberg
geb. Reichenberg 29. 4. 1907

2 BOIE, Werner — 27. 4. 1959
Professor mit Lehrstuhl für Wärmetechnik und Wärmewirtschaft an der Technischen Hochschule Dresden
geb. Dresden 26. 9. 1901
KM 17. 5. 1956

3 LICHTENHELDT, Willibald — 27. 4. 1959
Professor mit Lehrstuhl für Getriebelehre und Feinmechanik an der Technischen Hochschule Dresden
geb. Werdau (Sa.) 30. 10. 1901
KM 17. 5. 1956

4 RIECHE, Alfred — 27. 4. 1959
Direktor des Akademie-Instituts für organische Chemie in Berlin, Professor mit vollem Lehrauftrag für technische Chemie an der Universität Jena
geb. Dortmund 28. 4. 1902
KM 6. 9. 1956

5 KUNTZEN, Heinrich — 27. 4. 1959
Professor mit Lehrstuhl für Chirurgie an der Universität Jena
geb. Hannoversch-Münden 11. 1. 1893
KM 13. 1. 1955

2.12 Die Ehrenmitglieder

1	SCHMIDT-OTT, Friedrich Ministerialdirektor im Preußischen Kultusministerium geb. Potsdam 4. 6. 1860 gest. Berlin 28. 4. 1956	2. 3. 1914
2	SCHWEITZER, Albert Leiter des Spitals zu Lambarene/Äquatorialafrika geb. Kaysersberg (Elsaß) 14. 1. 1875	2. 7. 1929
3	VOGT, Oskar Leiter des Hirnforschungsinstituts in Neustadt (Schwarzwald) geb. Husum 6. 4. 1870 gest. Neustadt (Schwarzwald) 31. 7. 1959	29. 6. 1950
4	VOGT, Cécile Mitglied des Hirnforschungsinstituts in Neustadt (Schwarzwald) geb. Annecy (Frankreich) 27. 3. 1875	29. 6. 1950
5	HARTING, Hans Wissenschaftlicher Hauptleiter der Optischen Werke Zeiss in Jena geb. Berlin 15. 1. 1868 gest. Jena 21. 9. 1951	29. 6. 1950
6	BLASCHKE, Wilhelm em. o. Professor für Mathematik an der Universität Hamburg geb. Graz 13. 9. 1885	7. 4. 1957

2.13 Die korrespondierenden Mitglieder

1 KENYON, Sir (1912) *Frederic* George — 18. 1. 1900
Kustos der Handschriften am Britischen Museum in London
geb. London 15. 1. 1863
gest. Godstone (Surrey) 23. 8. 1952

2 CUMONT, *Franz* Valéry Marie — 27. 4. 1911
Professor der Altertumskunde in Gent
geb. Aalst (Alost, Ost-Flandern) 3. 1. 1868
gest. Wolawe-Saint-Pierre bei Brüssel 19. 8. 1947

3 WILHELM, Gustav *Adolf* — 27. 4. 1911
o. Professor der griechischen Altertumskunde und Epigraphik in Wien
geb. Tetschen-Liebwert 10. 9. 1864
gest. Wien 10. 8. 1950

4 ROSTOVTZEFF (ROSTOVCEV, ROSTOWZEW), Michail Ivanovič — 18. 6. 1914
ord. Akademiker für alte Geschichte in Petersburg
geb. Kiew 9. 11. 1870
gest. New Haven 20. 10. 1952

5 KRAUS, Carl v. — 19. 7. 1917
o. Professor der deutschen Philologie in München
geb. Wien 20. 4. 1868
gest. München 9. 4. 1952

6 HEDIN, *Sven* Anders — 28. 11. 1918
Forschungsreisender
geb. Stockholm 19. 2. 1865
gest. Stockholm 26. 11. 1952

7 SOMMERFELD, Arnold — 11. 3. 1920
o. Professor der Physik in München
geb. Königsberg i. Pr. 5. 12. 1868
gest. München 26. 4. 1951

8 KORSCHELT, Eugen — 9. 12. 1920
o. Professor der Zoologie in Marburg
geb. Zittau 28. 9. 1858
gest. Marburg 28. 12. 1946

9 KNUDSEN, *Martin* Hans Christian — 23. 6. 1921
Professor der Physik in Kopenhagen
geb. Hasmark (Fünen) 15. 2. 1871
gest. Kopenhagen 27. 5. 1949

1 ZETTERSTEEN, *Carl* Vilhelm 23. 2. 1922
Professor der semitischen Sprachen in Uppsala
geb. Orsa (Kopparbergs Län) 18. 8. 1866
gest. Uppsala 1. 6. 1953

2 BOHR, Niels 1. 6. 1922
Professor der theoretischen Physik in Kopenhagen
geb. Kopenhagen 7. 10. 1885

3 JUNKER, Hermann 27. 7. 1922
o. Professor der Ägyptologie in Wien, Direktor des Deutschen Archäologischen Instituts in Kairo
geb. Bendorf/Rh. 29. 11. 1877

4 KONOW, Sten 21. 6. 1923
Professor der indischen Philologie in Oslo
geb. S.-Aurdal (Valdres, Norwegen) 17. 4. 1867
gest. Oslo 29. 6. 1948

5 MEWALDT, Johannes 7. 2. 1924
o. Professor der klassischen Philologie in Königsberg
geb. Posen 29. 4. 1880

6 NILSSON, *Martin* Persson 7. 2. 1924
Professor der Archäologie und alten Geschichte in Lund
geb. Stoby (Kristianstads Län) 12. 7. 1874

7 STRÖMGREN, Svante *Elis* 15. 1. 1925
Professor der Astronomie in Kopenhagen
geb. Hälsingborg 31. 5. 1870
gest. Kopenhagen 5. 4. 1947

8 CROCE, Benedetto 5. 2. 1925—27. 7. 1950
Philosoph in Neapel
geb. Pescasseroli (Prov. Aquila) 25. 2. 1866
gest. Neapel 20. 11. 1952

9 MERCATI, *Giovanni* Davide Michele 5. 11. 1925
Präsident der Vatikanischen Bibliothek in Rom, Kardinal
geb. Villa Gaida (Emilia) 17. 12. 1866
gest. Rom 22. 8. 1957

10 JOST, Ludwig 19. 11. 1925
o. Professor der Botanik in Heidelberg
geb. Karlsruhe i. B. 13. 11. 1865
gest. Heidelberg 22. 2. 1947

Korrespondierende Mitglieder

1 WENGER, Leopold 15. 7. 1926
o. Professor der Rechte in Wien
geb. Obervellach (Kärnten) 4. 9. 1874
gest. Obervellach (Kärnten) 21. 9. 1953

2 KLOSTERMANN, Erich 5. 5. 1927
o. Professor der neutestamentlichen Theologie und altchristlichen Literatur in Königsberg
geb. Kiel 14. 2. 1870

3 OBERMAIER, Hugo 15. 12. 1927
Professor der menschlichen Urgeschichte in Madrid
geb. Regensburg 29. 1. 1877
gest. Freiburg i. Ü. 12. 11. 1946

4 BJERKNES, Vilhelm 10. 5. 1928
Professor der Mechanik und der mathematischen Physik in Oslo
geb. Christiania 14. 3. 1862
gest. Oslo 9. 4. 1951

5 JOFFÉ, Abram 21. 6. 1928
ord. Akademiker der Physik, Professor am Industrie-Institut in Leningrad
geb. Romny 30. 10. 1880
(Mitgliedschaft vom 15. 11. 1938—14. 3. 1956 unterbrochen)

6 BORN, Max 31. 10. 1929
o. Professor der theoretischen Physik in Göttingen
geb. Breslau 11. 12. 1882
(Mitgliedschaft vom 19. 11. 1942—30. 6. 1946 unterbrochen)

7 BROUWER, Luitzen *Egbertus* Jan 31. 10. 1929
o. Professor der Mathematik in Amsterdam
geb. Overschie bei Rotterdam 27. 2. 1881

8 FRANCK, James 31. 10. 1929—26. 1. 1951
o. Professor der Experimentalphysik in Göttingen
geb. Hamburg 26. 8. 1882
(Mitgliedschaft vom 19. 11. 1942—30. 6. 1946 unterbrochen)

9 HARDY, Godfrey Harold 31. 10. 1929
Professor der Mathematik in Cambridge
geb. Cranleigh (Surrey) 7. 2. 1877
gest. Cambridge 1. 12. 1947

10 JACOBY, Felix 30. 1. 1930
Professor der klassischen Philologie in Kiel
geb. Magdeburg 19. 3. 1876
gest. Berlin 10. 11. 1959
Mitgliedschaft unterbrochen vom 2. 12. 1938—11. 4. 1952)

1 FRANCHI DE'CAVALIERI, Pio 13. 2. 1930
Präsident der Pontificia Accademia Romana di archeologia in Rom
geb. Veroli (Prov. Rom) 31. 8. 1869

2 SCHULTZE, Alfred 10. 7. 1930
o. Professor der Rechte in Leipzig
geb. Breslau 25. 2. 1864
gest. Leipzig 2./3. 7. 1946

3 HARRISON, Ross Granville 24. 7. 1930
Professor der vergleichenden Anatomie in New Haven
geb. Germantown (Pennsylvania) 13. 1. 1870

4 SIMPSON, Sir (1935) Georg Clarke 30. 7. 1931
Direktor des Meteorological Office in London
geb. Derby 2. 9. 1878

5 HOCHSTETTER, Ferdinand 25. 2. 1932
o. Professor der Anatomie in Wien
geb. Hruschau (Österr.-Schles.) 5. 2. 1861
gest. Wien 10. 11. 1954

6 LITTMANN, Richard Ludwig *Enno* 12. 5. 1932
o. Professor der morgenländischen Sprachen in Tübingen
geb. Oldenburg 16. 9. 1875
gest. Tübingen 4. 5. 1958

7 COMPTON, Arthur Holly 2. 6. 1932
Professor der Physik in Chicago
geb. Wooster (Ohio) 10. 9. 1892

8 SCHI (SHIH), Hu 2. 6. 1932—20. 12. 1952
Professor der Philosophie und Literatur in Peiping
geb. Schanghai 17. 12. 1891

9 SEVERI, Francesco 23. 11. 1933
Professor der Mathematik in Rom
geb. Arezzo 13. 4. 1879

10 GROSSER, Otto 8. 2. 1934
o. Professor der Anatomie in Prag
geb. Wien 21. 11. 1873
gest. Zell a. See 23. 3. 1951

11 FARINELLI, Arturo 22. 2. 1934
Professor der deutschen Literatur in Turin
geb. Intra (Prov. Novara) 30. 3. 1867
gest. Turin 21. 4. 1948

Korrespondierende Mitglieder

1 GRABMANN, Martin — 1. 11. 1934
o. Professor der katholischen Dogmatik in München
geb. Winterzhofen (Bayern) 5. 1. 1875
gest. Eichstätt 9. 1. 1949

2 APPLETON, Sir (1941) Edward Victor — 13. 12. 1934
Professor der Physik in London
geb. Breadfort (Yorkshire) 6. 9. 1892

3 RENNER, Otto — 28. 2. 1935
o. Professor der Botanik in Jena
geb. Neu-Ulm 25. 4. 1883

4 GARDINER, Sir Alan Henderson — 28. 3. 1935
Ägyptologe in London
geb. Eltham (Kent) 29. 3. 1879

5 WESENBERG-LUND, *Carl* Jørgen — 9. 5. 1935
Professor der Hydrobiologie in Kopenhagen
geb. Kopenhagen 22. 12. 1867
gest. Hillerød (Dänemark) 12. 11. 1955

6 LEICHT, Pier Silverio — 20. 6. 1935
Professor der Rechtsgeschichte in Rom
geb. Venedig 25. 6. 1874
gest. Rom 3. 2. 1956

7 BOWER, Sir Frederick Orpen — 21. 11. 1935
em. Professor der Botanik in Glasgow
geb. Ripon (Yorkshire) 4. 11. 1855
gest. Ripon (Yorkshire) 11. 4. 1948

8 NILSSON-EHLE, Nils *Hermann* — 21. 11. 1935
Professor der Vererbungslehre in Lund
geb. Skurup (Malmöhus Län) 12. 2. 1873
gest. Lund 29. 12. 1949

9 BROCH, Olaf — 5. 12. 1935
Professor der slavischen Sprachen in Oslo
geb. Horten 4. 8. 1867

10 HESSELBERG, Hans *Theodor* — 5. 3. 1936
Direktor des Meteorologischen Instituts in Oslo
geb. Lierne 7. 1. 1885

11 LÖFSTEDT, Haimar *Einar* Harald — 19. 3. 1936
Professor der klassischen Philologie in Lund
geb. Uppsala 15. 6. 1880
gest. Lund 10. 6. 1955

1 SRBIK, Heinrich Ritter v. 11. 6. 1936
o. Professor der Geschichte in Wien
geb. Wien 10. 11. 1878
gest. Ehrwald (Tirol) 16. 2. 1951

2 RAMSTEDT, Gustav *John* 12. 11. 1936
o. Professor der altaischen Sprachen in Helsinki
geb. Ekenäs 22. 10. 1873
gest. Helsinki 25. 11. 1950

3 RITTER, Gerhard 12. 11. 1936
o. Professor der neueren Geschichte in Freiburg
geb. Bad Sooden/Werra 6. 4. 1888

4 STENGEL, Edmund 12. 11. 1936
o. Professor der mittleren und neueren Geschichte in Marburg
geb. Marburg 24. 12. 1879

5 ANDERSON, Walter 10. 12. 1936
o. Professor der estnischen und vergleichenden Volkskunde in Dorpat
geb. Minsk 10. 10. 1885

6 JABERG, Karl 14. 1. 1937
o. Professor der romanischen Philologie in Bern
geb. Langenthal (Kt. Bern) 24. 4. 1877

7 WIELAND, Heinrich 4. 2. 1937
o. Professor der Chemie in München
geb. Pforzheim 4. 6. 1877
gest. München 5. 8. 1957

8 CLOOS, Hans 15. 4. 1937
o. Professor der Geologie und Paläontologie in Bonn
geb. Magdeburg 8. 11. 1885
gest. Bonn 26. 9. 1951

9 KRETSCHMAR, Paul 15. 4. 1937
o. Professor der vergleichenden Sprachwissenschaft in Wien
geb. Berlin 2. 5. 1866
gest. Wien 9. 3. 1956

10 THOMAS, Frederick William 15. 4. 1937
Professor des Sanskrit in Oxford
geb. Fazelay (Staffordshire) 21. 3. 1867
gest. Oxford 6. 5. 1956

11 FITTING, Johannes 29. 4. 1937
o. Professor der Botanik in Bonn
geb. Halle/Saale 23. 4. 1877

1 RUHLAND, Wilhelm — 29. 4. 1937
o. Professor der Botanik in Leipzig
geb. Schleswig 7. 8. 1878

2 LOMMATZSCH, Erhard — 29. 4. 1937
o. Professor der romanischen Philologie in Frankfurt a. Main
geb. Dresden 2. 2. 1886

3 EKWALL, Bror Oscar *Eilert* — 14. 10. 1937
Professor der englischen Philologie in Lund
geb. Vallsjö (Jönköpings Län) 8. 1. 1877

4 LAKE, Kirsopp — 14. 10. 1937
Professor der Kirchengeschichte in Cambridge (Mass.)
geb. Southampton 7. 4. 1872
gest. Cambridge (Mass.) 10. 11. 1946

5 NOCK, Arthur Darby — 14. 10. 1937
Professor der Religionsgeschichte in Cambridge (Mass.)
geb. Portsmouth 21. 2. 1902

6 MERLO, Clemente — 17. 2. 1938
Professor der romanischen Philologie in Pisa
geb. Neapel 2. 5. 1879

7 LOMBARDI, Luigi — 28. 4. 1938
Professor der Elektrotechnik in Rom
geb. Dronero (Prov. Cuneo) 21. 8. 1867
gest. Rom 7. 2. 1958

8 AHLMANN, *Hans* Jakob Konrad — 23. 6. 1938
Professor der Geographie in Stockholm
geb. Karlsborg 14. 11. 1889

9 HASSINGER, Hugo — 23. 6. 1938
o. Professor der Geographie in Wien
geb. Wien 8. 11. 1877
gest. Wien 13. 3. 1952

10 RICHARDSON, Sir (1939) Owen Willans — 23. 7. 1938
Physiker in Alton
geb. Dewsbury (Yorkshire) 26. 4. 1879
gest. Chandos Lodge, Alton (Hantshire) 15. 2. 1959

11 LEITZMANN, Albert — 3. 11. 1938
em. o. Professor der germanischen Philologie in Jena
geb. Magdeburg 3. 8. 1867
gest. Jena 16. 4. 1950

1 BROCKELMANN, Carl 4. 5. 1939
em. o. Professor der arabischen Sprache in Breslau
geb. Rostock 17. 9. 1868
gest. Halle/Saale 6. 5. 1956

2 HARDER, Richard 4. 5. 1939
o. Professor der klassischen Philologie in Kiel
geb. Tetenbüll (Schleswig) 19. 1. 1896
gest. Münster i. W. 4. 9. 1957

3 HOOPS, Johannes 4. 5. 1939
em. o. Professor der englischen Philologie in Heidelberg
geb. Rablinghausen bei Bremen 20. 7. 1865
gest. Heidelberg 14. 4. 1949

4 KEES, Hermann 4. 5. 1939
o. Professor der Ägyptologie in Göttingen
geb. Leipzig 21. 12. 1886

5 PARIBENI, Roberto 20. 6. 1939
Präsident des Istituto di Archeologia e Storia del'Arte in Rom
geb. Rom 19. 5. 1876

6 PEDERSEN, Johannes 20. 6. 1939
Professor der orientalischen Philologie (semitische Sprachen) in Kopenhagen
geb. Illebölle (Langeland) 7. 11. 1883

7 RUDBERG, Gunnar 20. 6. 1939
Professor der griechischen Sprache und Literatur in Uppsala
geb. Bjorsäter (Skaraborgs Län) 17. 10. 1880
gest. Uppsala 6. 10. 1954

8 VOGT, Heinrich 4. 7. 1939
o. Professor der Astronomie in Heidelberg
geb. Gau-Algesheim (Hessen) 5. 10. 1890

9 BOTHE, Walther 28. 7. 1939
Direktor des Kaiser-Wilhelm-Instituts für medizinische Forschung in Heidelberg, Hon.-Professor der Physik
geb. Oranienburg (Mark) 8. 1. 1891
gest. Heidelberg 8. 2. 1957

10 NEVANLINNA, *Rolf* Hermann 5. 9. 1939
o. Professor der Mathematik in Helsinki
geb. Joensuu 22. 10. 1895

11 FUNAIOLI, Gino 27. 9. 1939
Professor der klassischen Philologie in Bologna
geb. Pomarance (Prov. Pisa) 2. 10. 1878
gest. Florenz 28. 12. 1958

Korrespondierende Mitglieder

1 Biezeno, Cornelis Benjamin — 2. 10. 1939
o. Professor der angewandten Mechanik in Delft
geb. Delft 2. 3. 1888

2 Puşcariu, Sextil — 7. 10. 1939
o. Professor der rumänischen Sprache und Literatur in Klausenburg
geb. Kronstadt (Siebenbürgen) 4. 1. 1877
gest. Bran (RPR) 5. 5. 1948

3 Vallauri, Giancarlo — 18. 10. 1939
Professor der Elektrotechnik in Turin
geb. Rom 19. 10. 1882
gest. Turin 7. 5. 1957

4 Helland-Hansen, Björn — 20. 10. 1939
Direktor des Geophysikalischen Instituts, Professor der Ozeanographie in Bergen
geb. Christiania 16. 10. 1877
gest. Bergen 7. 9. 1957

5 Riccobono, Salvatore — 11. 11. 1939
em. Professor des römischen Rechts in Rom
geb. San Giuseppe Jato (Prov. Palermo) 31. 1. 1864

6 Weitzenböck, Roland — 9. 4. 1940
Professor der Mathematik in Amsterdam
geb. Kremsmünster 26. 5. 1885
gest. Zelhem (Niederlande) 24. 7. 1955

7 Rumpf, Andreas — 23. 5. 1940
o. Professor der Archäologie in Köln
geb. Potsdam 3. 12. 1890

8 Melich, János (Johann) — 5. 6. 1940
Professor der ungarischen Sprache in Budapest
geb. Szarvas 16. 9. 1872

9 Siber, Heinrich — 1. 8. 1940
o. Professor des bürgerlichen Rechts in Leipzig
geb. Ihleburg (Prov. Sachsen) 10. 4. 1870
gest. Leipzig 23. 6. 1951

10 Reininger, Robert — 14. 9. 1940
o. Professor der Philosophie in Wien
geb. Linz 28. 9. 1869
gest. Wien 17. 6. 1955

11 Bubnoff, Serge v. — 27. 2. 1941
(s. OM 1949)

Korrespondierende Mitglieder

1 KUHN, Richard 27. 2. 1941
Direktor des Kaiser-Wilhelm-Instituts für medizinische Forschung in Heidelberg
geb. Wien 3. 12. 1900

2 WEIGELT, Johannes 27. 2. 1941
o. Professor der Geologie und Paläontologie in Halle
geb. Reppen 24. 7. 1890
gest. Klein-Gerau (Hessen) 22. 4. 1948

3 HOFMANN, Johann Baptist 8. 8. 1941
Redaktor am Thesaurus Linguae Latinae in München
geb. Neukenroth (Obfr.) 11. 2. 1886
gest. München 27. 7. 1954

4 MLADENOV, Stefan 13. 5. 1942
Professor der indogermanischen Sprachwissenschaft in Sofia
geb. Widin 27. 12. 1880

5 BORCHLING, Conrad 11. 6. 1942
o. Professor der deutschen Philologie in Hamburg
geb. Hitzacker/Elbe 20. 3. 1872
gest. Hamburg 1. 11. 1946

6 WUNDT, Max 11. 6. 1942
o. Professor der Philosophie in Tübingen
geb. Leipzig 29. 1. 1879

7 KÖTZSCHKE, Rudolf 2. 7. 1942
em. o. Professor der Geschichte in Leipzig
geb. Dresden 8. 7. 1867
gest. Leipzig 3. 8. 1949

8 ANDREAS, Willy 22. 7. 1942
o. Professor der neueren Geschichte in Heidelberg
geb. Karlsruhe i. B. 30. 10. 1884

9 AUBIN, Hermann 22. 7. 1942
o. Professor der Geschichte in Breslau
geb. Reichenberg (Böhmen) 23. 12. 1885

10 MÜLLER, Karl Alexander v. 22. 7. 1942
o. Professor der Geschichte in München
geb. München 20. 12. 1882

11 SIEG, Emil 30. 7. 1942
o. Professor der indischen Philologie in Göttingen
geb. Breitenteich (Uckermark) 12. 8. 1866
gest. Göttingen 23. 1. 1951

Korrespondierende Mitglieder

1 EULER-CHELPIN, Hans v. 6. 8. 1942
o. Professor der Chemie am Karolinischen Institut in Stockholm
geb. Augsburg 15. 2. 1873

2 MAIURI, Amedeo 18. 8. 1942
Professor und Direktor des Nationalmuseums in Neapel
geb. Veroli (Prov. Frosinone) 7. 1. 1886

3 REIN, *Hermann* Friedrich 11. 11. 1942
(s. OM 1949)

4 FISCHER, August 17. 4. 1943
em. o. Professor der orientalischen Sprachen in Leipzig
geb. Halle/Saale 14. 2. 1865
gest. Leipzig 14. 2. 1949

5 BUSCHOR, Ernst 29. 5. 1943
o. Professor der Archäologie in München
geb. Hürben (Bayern) 2. 6. 1886

6 TROLL, Carl 6. 8. 1943
o. Professor der Geographie in Bonn
geb. Gabersee (Oberbayern) 24. 12. 1899

7 SCHUBART, Wilhelm 27. 7. 1944
Kustos an den Staatlichen Museen in Berlin
geb. Liegnitz 21. 10. 1873

8 SCHWEITZER, *Bernhard* Gustav 12. 10. 1944
o. Professor der Archäologie in Leipzig
geb. Wesel 3. 10. 1892

9 SOMMER, Johann *Ferdinand* 27. 12. 1944
o. Professor der vergleichenden Sprachwissenschaft in München
geb. Trier 4. 5. 1875

10 REINHARDT, Karl 22. 2. 1945
o. Professor der klassischen Philologie in Leipzig
geb. Detmold 14. 2. 1886
gest. Frankfurt a. Main 9. 1. 1958

11 LITT, Theodor 9. 5. 1946
o. Professor der Philosophie in Leipzig
geb. Düsseldorf 27. 12. 1880

12 KÖRTE, Alfred 29. 8. 1946
em. o. Professor der klassischen Philologie in Leipzig
geb. Berlin 5. 9. 1866
gest. Leipzig 6. 11. 1946

Korrespondierende Mitglieder

1 REGENBOGEN, Otto — 12. 9. 1946
o. Professor der klassischen Philologie in Heidelberg
geb. Neumarkt (Schles.) 14. 2. 1891

2 WARTBURG, Walther v. — 20. 3. 1947
o. Professor der romanischen Philologie in Basel
geb. Riedholz (Kt. Solothurn) 18. 5. 1888

3 KLINGNER, Friedrich — 10. 4. 1947
o. Professor der klassischen Philologie in München
geb. Dresden 7. 7. 1894

4 HECKMANN, Otto — 5. 6. 1947
o. Professor der Astronomie und Direktor der Sternwarte in Hamburg
geb. Opladen (Rhld.) 23. 6. 1901

5 GOETZ, Walter — 16. 10. 1947
em. o. Professor der Geschichte in München
geb. Leipzig 11. 11. 1867
gest. Gräfelfing bei München 30. 10. 1958

6 JACHMANN, Günther — 23. 10. 1947
o. Professor der klassischen Philologie in Köln
geb. Gumbinnen 20. 5. 1887

7 KAHLE, Paul — 23. 10. 1947
Professor der semitischen Sprachen in Oxford
geb. Hohenstein (Ostpr.) 21. 1. 1875

8 LATTE, Kurt — 23. 10. 1947
o. Professor der klassischen Philologie in Göttingen
geb. Königsberg i. Pr. 9. 3. 1891

9 REHM, Albert — 23. 10. 1947
(s. OM 1949)

10 SCHNABEL, Franz — 23. 10. 1947
o. Professor der Geschichte in München
geb. Mannheim 18. 12. 1887

11 SNELL, Bruno — 23. 10. 1947
o. Professor der klassischen Philologie in Hamburg
geb. Hildesheim 18. 6. 1896

12 TRAUTMANN, Reinhold — 6. 11. 1947
(s. OM 1949)

13 WEBER, Alfred — 18. 12. 1947—27. 6. 1950
em. o. Professor der Volkswirtschaft in Heidelberg
geb. Erfurt 30. 7. 1868
gest. Heidelberg 2. 5. 1958

Korrespondierende Mitglieder

1 LEHMANN, Paul — 2. 12. 1948
o. Professor der klassischen Philologie in München
geb. Braunschweig 13. 7. 1884

2 ZUCKER, Friedrich — 2. 12. 1948
(s. OM 1949)

3 EISSFELDT, Otto — 24. 2. 1949
(s. OM 1949)

4 MEITNER, Lise — 20. 12. 1949
o. Professor der physikalischen Chemie in Stockholm
geb. Wien 7. 11. 1878

5 MÜNZINGER, Adolf — 26. 1. 1950
o. Professor der bäuerlichen Betriebslehre in Hohenheim
geb. Kirchentellinsfurt (Württ.) 12. 1. 1876

6 SCHMIDT, Jonas — 26. 1. 1950
o. Professor der Tierzucht und Tierernährung in Hohenheim
geb. Wiesbaden 7. 10. 1885
gest. Wiesbaden 13. 3. 1958

7 VAVILOV (WAWILOW), Sergej Ivanovič — 29. 6. 1950
Präsident der Akademie der Wissenschaften der UdSSR in Moskau
geb. Moskau 24. 3. 1891
gest. Moskau 25. 1. 1951

8 SIERPIŃSKI, Waclaw — 29. 6. 1950
Professor der Mathematik in Warschau
geb. Warschau 14. 3. 1882

9 KOEHLER, Hilding — 29. 6. 1950
Professor der experimentellen und theoretischen Meteorologie in Uppsala
geb. Tranemo 12. 9. 1888

10 VINOGRADOV (WINDOGRADOW, VINOGRADOFF), Ivan Matveevič — 29. 6. 1950
Professor der Mathematik in Moskau
geb. bei Tvér (heute: Kalinin-Gebiet, Rayon Velikie Luki) 14. 9. 1891

11 ALEKSANDROV (ALEXANDROW, ALEXANDROFF), Pavel Sergeevič — 29. 6. 1950
Professor der Mathematik in Moskau
geb. Moskau 7. 5. 1896

12 BLACKETT, Patrik Maynard Stuart — 29. 6. 1950
Professor der Physik in Manchester
geb. London 18. 11. 1897

Korrespondierende Mitglieder

1 BRAGG, William Lawrence 29. 6. 1950
Professor der Experimentalphysik in London
geb. Adelaide 31. 3. 1891

2 HALDANE, John Burdon Sanderson 29. 6. 1950
Professor der Biometrie in London
geb. Oxford 5. 11. 1892

3 SANDER, Bruno 29. 6. 1950
Professor der Mineralogie in Innsbruck
geb. Innsbruck 23. 2. 1884

4 HEISKANEN, Weikko Aleksanteri 29. 6. 1950
Professor der Geodäsie in Helsinki
geb. Kangaslampi 23. 7. 1895

5 ABDERHALDEN, Emil 29. 6. 1950
o. Professor der Physiologie und physiologische Chemie in Zürich
geb. Oberuzwyl (St. Gallen) 9. 3. 1877
gest. Zürich 5. 8. 1950

6 BOEKE, Jan 29. 6. 1950
Professor der Histologie in Utrecht
geb. Hengelo (Niederlande) 23. 10. 1874
gest. Bandung (Indonesien) 12. 9. 1956

7 ENGEL'GARDT (ENGELHARDT), Vladimir Aleksandrovič 29. 6. 1950
Professor der Chemie in Moskau
geb. Moskau 4. 12. 1894

8 HÄGGQVIST, Gösta 29. 6. 1950
Professor der Histologie in Stockholm
geb. Rödön (Jamtsland Län) 18. 10. 1891

9 JOLIOT-CURIE, Frédéric 29. 6. 1950
Professor der Physik in Paris
geb. Paris 19. 3. 1900
gest. Paris 14. 8. 1958

10 JOLIOT-CURIE, Irène 29. 6. 1950
Professor der Physik und Chemie in Paris
geb. Paris 12. 9. 1897
gest. Paris 17. 3. 1956

11 ROBERT, Louis 29. 6. 1950
Professor der Epigraphik, griechischen Altertümer und historischen Landeskunde in Paris
geb. Laurière (Haute-Vienne) 15. 2. 1904

Korrespondierende Mitglieder

1 SEIP, Didrik Arup 29. 6. 1950
Professor der nordischen Sprachgeschichte in Oslo
geb. Hoböl 31. 8. 1884

2 LINDBLOM, Karl *Gerhard* 29. 6. 1950
o. Professor der Ethnologie in Stockholm
geb. Aby (Kalmar Län) 26. 8. 1887

3 JONES, Daniel 29. 6. 1950
Professor der Phonetik in London
geb. London 9. 12. 1881

4 LEWY, Ernst 29. 6. 1950
Professor der allgemeinen Sprachwissenschaft in Dublin
geb. Breslau 19. 9. 1881

5 CASTIGLIONI, Luigi 29. 6. 1950
Professor der klassischen Philologie in Mailand
geb. Azzate (Varese) 28. 9. 1882

6 GANSHOF, François 29. 6. 1950
Professor der mittelalterlichen Geschichte in Gent
geb. Brügge 14. 3. 1895

7 STAEHELIN, Felix 29. 6. 1950
o. Professor der alten Geschichte in Basel
geb. Basel 28. 12. 1873
gest. Basel 20. 2. 1952

8 FEHR, Hans 29. 6. 1950
o. Professor der deutschen Rechtsgeschichte in Bern
geb. St. Gallen 9. 9. 1874

9 FRACCARO, Plinio 29. 6. 1950
Professor der griechischen und römischen Geschichte in Pavia
geb. Bassano del Grappa (Vicena) 8. 1. 1883

10 NEJEDLÝ, Zdeněk 5. 2. 1953
Professor der Musikwissenschaft in Prag
geb. Litomyšl 10. 2. 1878

11 BERGMANN, Gustav v. 10. 12. 1953
o. Professor der inneren Medizin in München
geb. Würzburg 24. 12. 1878
gest. München 17. 5. 1955

12 WILLERS, Friedrich-Adolf 13. 1. 1955
Professor mit Lehrstuhl für angewandte Mathematik in Dresden
geb. Bremerförde 29. 1. 1883
gest. Dresden 5. 1. 1959

Korrespondierende Mitglieder

1 BARDIN, Ivan Pavlovič — 13. 1. 1955
Direktor des Instituts für Metallurgie der Akademie der Wissenschaften der UdSSR in Moskau
geb. bei Saratov (heute: Saratov-Gebiet) 13. 11. 1883

2 VVEDENSKIJ (WWEDENSKI), Boris Alekseevič — 13. 1. 1955
Vorsitzender des Rates für Radiophysik und Radiotechnik der Akademie der Wissenschaften der UdSSR in Moskau
geb. Moskau 19. 4. 1893

3 STEINHAUS, Wilhelm — 13. 1. 1955
Präsident des Deutschen Amtes für Maß und Gewicht in Berlin
geb. Barmen 30. 4. 1884

4 NESMEJANOV (NESMEJANOW), Aleksandr Nikolaevič — 13. 1. 1955
Professor der organischen Chemie in Moskau, Präsident der Akademie der Wissenschaften der UdSSR
geb. Moskau 9. 9. 1899

5 TOPČIEV (TOPTSCHIJEW), Aleksandr Vasil'evič — 13. 1. 1955
Professor der organischen Chemie am Gubkin-Institut für Erdöl in Moskau
geb. bei Zarizyn (heute: Stalingrad-Gebiet) 9. 8. 1907

6 BÜNNING, Erwin — 13. 1. 1955
o. Professor der Botanik in Tübingen
geb. Hamburg 23. 1. 1906

7 KÖNIG, Walter — 13. 1. 1955
Professor der Farben- und Textilchemie in Dresden
geb. Annaberg (Erzgebirge) 26. 9. 1878

8 ZANGE, Johannes — 13. 1. 1955
Professor mit Lehrstuhl für Hals-, Nasen- und Ohrenheilkunde in Jena
geb. Elberfeld 12. 12. 1880

9 ROSTOSKI, Otto — 13. 1. 1955
Professor mit Lehrstuhl für innere Medizin in Dresden
geb. Würzburg 4. 9. 1872

10 DÖDERLEIN, Gustav — 13. 1. 1955
Professor mit Lehrstuhl für Geburtshilfe und Gynäkologie in Jena
geb. Leipzig 19. 5. 1893

11 KUNTZEN, Heinrich — 13. 1. 1955
(s. OM 1959)

12 FISCHER, Walter — 13. 1. 1955
em. Professor mit Lehrstuhl für Pathologie in Jena
geb. Stuttgart 27. 12. 1882

Korrespondierende Mitglieder

1 LOESCHKE, Hermann — 13. 1. 1955
Professor mit Lehrstuhl für Pathologie in Rostock
geb. Dorpat 13. 5. 1882
gest. Rostock 27. 9. 1958

2 GOERTTLER, Viktor — 13. 1. 1955
Professor mit Lehrstuhl für Tierheilkunde in Jena
geb. Sondershausen 5. 1. 1897

3 FROMME, Albert — 13. 1. 1955
Professor mit Lehrstuhl für Chirurgie in Dresden
geb. Gießen 25. 11. 1881

4 AEBISCHER, Paul — 13. 1. 1955
o. Professor der romanischen Philologie in Lausanne
geb. Hauterive (Kt. Fribourg) 8. 12. 1897

5 WALDSCHMIDT, Ernst — 13. 1. 1955
o. Professor der Indologie in Göttingen
geb. Lünen (Westf.) 15. 7. 1897

6 TEUCHERT, Hermann — 13. 1. 1955
Professor mit Lehrstuhl für deutsche Sprache und ältere deutsche Literatur in Rostock
geb. Loppow (Kr. Landsberg/Warthe) 3. 3. 1880

7 COHEN, Marcel — 13. 1. 1955
Professor der äthiopischen Sprachen in Paris
geb. Paris 6. 2. 1884

8 KIENAST, Richard — 13. 1. 1955
o. Professor der deutschen Philologie in Heidelberg
geb. Berlin 11. 9. 1892

9 PRETZEL, Ulrich — 13. 1. 1955
o. Professor der deutschen Philologie in Hamburg
geb. Berlin 14. 7. 1898

10 VINOGRADOV (WINOGRADOW, VINOGRADOFF), Viktor Vladimirovič — 13. 1. 1955
Professor der russischen Sprache in Moskau
geb. Rjasan 12. 1. 1895

11 ÖHMANN, Emil — 13. 1. 1955
o. Professor der germanischen Philologie in Helsinki
geb. Helsingfors 25. 1. 1894

12 BERSU, Gerhard — 13. 1. 1955
Hon.-Professor der Vor- und Frühgeschichte in Frankfurt a. Main
geb. Jauer (Schles.) 26. 9. 1889

Korrespondierende Mitglieder

1 BÖHM, Jaroslav — 13. 1. 1955
Direktor des Instituts für Vor- und Frühgeschichte der Tschechoslowakischen Akademie der Wissenschaften in Prag
geb. Holešově 8. 3. 1901

2 DÖLGER, Franz — 13. 1. 1955
o. Professor der mittel- und neugriechischen Philologie in München
geb. Kleinwallstadt (Ufr.) 4. 10. 1891

3 JAKOBI, Erwin — 13. 1. 1955
Professor mit Lehrstuhl für Staatsrecht, Verwaltungsrecht, Arbeitsrecht und Kirchenrecht in Leipzig
geb. Zittau 15. 1. 1884

4 LUKÁCS, Georg — 13. 1. 1955
Professor der Ästhetik und Kulturphilosophie in Budapest
geb. Budapest 13. 4. 1885

5 MORAVČSIK, Gyula — 13. 1. 1955
Professor der griechischen Philologie in Budapest
geb. Budapest 29. 1. 1892

6 SANTIFALLER, Leo — 13. 1. 1955
Professor der Geschichte des Mittelalters und der historischen Hilfswissenschaften in Wien
geb. Kastelruth (Südtirol) 24. 7. 1890

7 INFELD, Leopold — 10. 2. 1955
Professor der theoretischen Physik in Warschau
geb. Krakau 20. 8. 1898

8 JÁNOSSY, Lajos — 10. 2. 1955
Professor der Physik in Budapest
geb. Budapest 2. 3. 1912

9 BECKER, Richard — 10. 2. 1955
o. Professor der theoretischen Physik in Göttingen
geb. Hamburg 3. 12. 1887
gest. Bad Schwalbach 16. 3. 1955

10 HEYROVSKÝ, Jaroslav — 10. 2. 1955
Professor der physikalischen Chemie in Prag
geb. Prag 20. 12. 1890

11 HAMPERL, Herwig — 10. 2. 1955
o. Professor der Pathologie in Bonn
geb. Wien 12. 9. 1899

12 KATHE, Johannes — 10. 2. 1955
Professor mit Lehrstuhl für Hygiene und Bakteriologie in Rostock
geb. Stollberg (Harz) 22. 12. 1880

Korrespondierende Mitglieder

1 KRAATZ, Helmut — 10. 2. 1955
(s. OM 1956)

2 KRETSCHMER, Ernst — 10. 2. 1955
o. Professor der Psychiatrie und Neurologie in Tübingen
geb. Wüstenrot bei Heilbronn 8. 10. 1888

3 LANGENBECK, Bernhard — 10. 2. 1955
o. Professor der Hals-, Nasen- und Ohrenkrankheiten in Bonn
geb. Osterode (Harz) 25. 5. 1895

4 SCHWARZ, Egbert — 10. 2. 1955
Professor mit Lehrstuhl für Chirurgie in Erfurt
geb. Riga 22. 6. 1890

5 WULLSTEIN, Horst — 10. 2. 1955
Professor, Direktor der Abteilung für Hals-, Nasen- und Ohrenkrankheiten am Jung-Stilling-Krankenhaus in Siegen/Lahn
geb. Halle/Saale 24. 7. 1906

6 ZETKIN, Maxim — 10. 2. 1955
Professor mit Lehrauftrag für Chirurgie in Berlin
geb. Paris 1. 8. 1883

7 ASCHHEIM, Selmar — 10. 2. 1955
Professor der biologisch-gynäkologischen Forschungen in Paris
geb. Berlin 4. 10. 1878

8 SCHALK, Fritz — 10. 2. 1955
o. Professor der romanischen Philologie in Köln
geb. Wien 17. 1. 1903

9 HAVRÁNEK, Bohuslav — 10. 2. 1955
Professor der Slavistik in Prag
geb. Prag 30. 1. 1893

10 LEHR-SPŁAVINSKI, Tadeusz — 10. 2. 1955
Professor der slavischen Philologie in Krakau
geb. Krakau 20. 9. 1891

11 NÉMETH, Julius — 10. 2. 1955
Professor der Turkologie in Budapest
geb. Karczag 2. 11. 1890

12 SPROCKHOFF, Ernst — 10. 2. 1955
o. Professor der Ur- und Frühgeschichte in Kiel
geb. Berlin 6. 8. 1892

13 BRANDWEINER, Heinrich — 10. 2. 1955
o. Professor des Völkerrechts und Kirchenrechts in Wien und Graz
geb. Wien 20. 3. 1910

Korrespondierende Mitglieder

1 LEFEBVRE, Georges 10. 2. 1955
Professor der Geschichte der Französischen Revolution in Paris
geb. Lille 6. 8. 1874
gest. Boulogne-sur-Seine 28. 8. 1959

2 MAAS, Paul 10. 11. 1955
em. o. Professor der klassischen und byzantinischen Philologie in Oxford
geb. Frankfurt a. Main 18. 11. 1880

3 BOIE, Werner 17. 5. 1956
(s. OM 1959)

4 KIRCHBERG, Helmut 17. 5. 1956
(s. OM 1957)

5 LICHTENHELDT, Willibald 17. 5. 1956
(s. OM 1959)

6 FRUMKIN, Aleksandr Naumovič 17. 5. 1956
Direktor des Instituts für Elektrochemie in Moskau
geb. Kischinew 25. 10. 1895

7 NAZAROV (NASAROW), Ivan Nikolaevič 17. 5. 1956
Direktor des Instituts für organische Chemie der Akademie der Wissenschaften der UdSSR in Moskau
geb. bei Nižnij Novgorod (heute: Gorki-Gebiet, Vačkij Rayon) 12. 6. 1906
gest. Avignon 30. 7. 1957

8 PARHON, Constantin Jon 17. 5. 1956
Direktor des Instituts für Endokrinologie der Akademie der Rumänischen Volksrepublik in Bukarest
geb. Campulung-Muscel 27. 10. 1874

9 MRAS, Karl 17. 5. 1956
Hon.-Professor der klassischen Philologie in Wien
geb. Wien 6. 6. 1877

10 ŽIRMUNSKIJ (SCHIRMUNSKI), Viktor Maksimovič 17. 5. 1956
Professor der deutschen Sprache und Literatur in Leningrad
geb. Petersburg 2. 8. 1891

11 CHILDE, Gordon Vere 17. 5. 1956
Professor der prähistorisch-europäischen Archäologie in London
gest. Sydney 14. 4. 1892
gest. Blue Mountains (Australien) 19. 10. 1957

12 ERUSALIMSKIJ (JERUSALIMSKI), Arkadij Semenovič 17. 5. 1956
Professor der neueren Geschichte in Moskau
geb. Bichov (heute: Belorussische SSR) 1. 6. 1901

Korrespondierende Mitglieder

1 PANKRATOVA, Anna Michailovna 17. 5. 1956
Professor der neueren Geschichte in Moskau
geb. Odessa 28. 1. 1897
gest. Moskau 25. 5. 1957

2 SMIRIN, Moisej Mendeleevič 17. 5. 1956
Professor der Geschichte in Moskau
geb. Disna (heute: Belorussische SSR) 23. 10. 1895

3 TAUBENSCHLAG, Rafał 17. 5. 1956
Professor des antiken Rechts in Warschau
geb. Przemyšl 6. 5. 1881
gest. Warschau 25. 6. 1958

4 TOLSTOV (TOLSTOW), Sergej Pavlovič 17. 5. 1956
Direktor des Instituts für Ethnographie der Akademie der Wissenschaften der UdSSR in Moskau
geb. bei Petersburg (heute: Leningrad-Gebiet) 25. 1. 1907

5 KUO MO-JO 6. 9. 1956
Präsident der Academia Sinica in Peking
geb. Shawan (Bez. Loshan der Prov. Sechuan) 16. 11. 1892

6 RIECHE, Alfred 6. 9. 1956
(s. OM 1959)

7 PAWLOFF, Todor 13. 12. 1956
Präsident der Bulgarischen Akademie der Wissenschaften in Sofia
geb. Schtip 14. 2. 1890

8 KAISCHEW, Rostislaw 24. 1. 1957
o. Professor der physikalischen Chemie in Sofia
geb. Petersburg 16. 2. 1908

9 HOFMANN, Joseph Ehrenfried 4. 4. 1957
Hon.-Professor der Geschichte der Mathematik in Tübingen
geb. München 7. 3. 1900

10 HENNING, Walter Bruno 4. 4. 1957
Professor der zentralasiatischen Forschungen in London
geb. Ragnit (Ostpr.) 26. 8. 1908

11 GONZÁLEZ-REYNA, Jenaro 12. 9. 1957
Chef der Geologen und Ingenieure des Nationalen Instituts für die Erforschung der Bodenschätze in Mexiko
geb. Mineral de las Dos Estrellas (Michoacán/México) 12. 11. 1905

12 AMBARCUMJAN (AMBARZUMIAN), Viktor Amazaspovič 24. 10. 1957
Präsident der Akademie der Wissenschaften der Armenischen SSR in Erevan
geb. Tbilissi 18. 9. 1908

Korrespondierende Mitglieder

1 LISSNER, Anton — 24. 10. 1957
Professor mit Lehrstuhl für chemische Kohleveredelung in Freiberg
geb. Großschönau (Böhmen) 21. 8. 1885

2 KRAEMER, *Maximilian* Heinrich — 21. 11. 1957
Werkdirektor des VEB Metallurgie — Projektierung in Berlin
geb. Saarbrücken 27. 12. 1898

3 KÖHLER, Karl — 21. 11. 1957
Direktor der Metallurgischen Betriebe des VEB Eisen- und Hüttenwerke in Thale
geb. Breslau 27. 12. 1896

4 Du BOIS, William Edward Burghardt — 20. 2. 1958
em. Professor in New York, Vorsitzender des Rats für Afrikanische Angelegenheiten
geb. Great Barrington (Mass.) 23. 2. 1868

5 ŠORM, František — 22. 5. 1958
Professor der organischen Chemie in Prag
geb. Prag 28. 2. 1913

6 KEIL, Josef — 23. 9. 1958
em. Professor der griechischen Geschichte, Altertumskunde und Epigraphik in Wien
geb. Reichenberg (Böhmen) 13. 10. 1878

7 SAMARIN, Aleksandr Michailovič — 9. 4. 1959
Professor, stellvertretender Direktor des metallurgischen Baikov-Instituts der Akademie der Wissenschaften der UdSSR
geb. Sakony (heute: Gorki-Gebiet) 14. 8. 1902

8 HOFFMEISTER, Cuno — 23. 4. 1959
Professor, Direktor der Sternwarte der Akademie in Sonneberg (Thür.)
geb. Sonneberg (Thür.) 5. 2. 1892

9 ALBRING, Werner — 23. 4. 1959
Professor mit Lehrstuhl für angewandte Strömungslehre in Dresden
geb. Schwelm (Hessen) 26. 9. 1914

10 ASINGER, Friedrich — 23. 4. 1959
Professor mit Lehrstuhl für organische Chemie in Dresden
geb. Freiland (Nieder-Österr.) 26. 6. 1907

11 WOLF, *Leopold* Oswald — 23. 4. 1959
Professor mit Lehrstuhl für anorganische Chemie in Leipzig
geb. Niederlungwitz (Sa.) 23. 11. 1896

Korrespondierende Mitglieder

1 NEUNHOEFFER, Otto — 23. 4. 1959
Professor mit Lehrstuhl für Chemie in Berlin
geb. Stuttgart 17. 10. 1904

2 SCHIRMER, Wolfgang — 23. 4. 1959
Werkdirektor des VEB Leuna-Werke „Walter Ulbricht“ in Leuna, Professor mit vollem Lehrauftrag für physikalische Chemie in Leuna-Merseburg
geb. Berlin 3. 3. 1920

3 LEHMANN, Edgar — 23. 4. 1959
Direktor des deutschen Instituts für Länderkunde in Leipzig, Professor mit vollem Lehrauftrag für Geographie in Leipzig
geb. Berlin 25. 3. 1905

4 LÜDEMANN, Karl-Friedrich — 23. 4. 1959
Professor mit Lehrstuhl für Eisenhüttenkunde in Freiberg
geb. Lennep (Rhld.) 7. 6. 1912

5 REDETZKY, Hermann — 23. 4. 1959
Rektor der Akademie für Sozialhygiene, Arbeitshygiene und ärztliche Fortbildung in Berlin
geb. Lüben 10. 8. 1901

6 HINTZE, Fritz — 23. 4. 1959
Professor mit Lehrstuhl für Ägyptologie in Berlin
geb. Berlin 18. 4. 1915

7 GABAIN, Annemarie v. — 23. 4. 1959
apl. Professor der Turkologie in Hamburg
geb. Mörchingen (Lothr.) 4. 7. 1901

8 MEISNER, Heinrich Otto — 23. 4. 1959
Professor mit vollem Lehrauftrag für Archivwissenschaft, Verfassungs- und Verwaltungsgeschichte in Berlin
geb. Berlin 1. 4. 1890

9 WEGNER, Richard Nikolaus — 23. 4. 1959
em. Professor der Anatomie in Greifswald
geb. Gelsenkirchen 13. 5. 1884

10 KRAUS, Ernst — 28. 5. 1959
em. Professor der allgemeinen und angewandten Geologie in München
geb. Freising 10. 7. 1889

2.2 Die ordentlichen Mitglieder

nach ihrer Zugehörigkeit zu den Klassen

2.21 Die ordentlichen Mitglieder im Jahre 1946 nach ihrer Zugehörigkeit zu den zwei Klassen

1. Mathematisch-naturwissenschaftliche Klasse

PLANCK	KREBS	HAMEL
SCHMIDT, E.	VOLMER	BARTELS
LAUE v.	DEFANT	BUTENANDT
GUTHNICK	KOPFF	LUDIN
HAHN	WINDAUS	NORDMANN
PASCHEN	RAMDOHR	HEISENBERG
WAGNER	DEBYE	HEUBNER
STILLE	SAUERBRUCH	KIENLE
HARTMANN, M.	KRAFT	NOACK
RÖSSLE	KÜHN	WARBURG

2. Philosophisch-historische Klasse

MEINECKE	GRAPOW	RÖRIG
FRANKE	WESTERMANN	KUHN
SPRANGER	GELZER	SCHIRMER
BRACKMANN	PINDER	BAETHGEN
MEISSNER	HARTMANN, R.	SPECHT
VASMER	HARTUNG	MITTEIS
HARTMANN, N.	SCHWIETERING	FRINGS
KOSCHAKER	HAENISCH	KOHLRAUSCH
STROUX	REICKE	THURNWALD
BERTHOLET	SCHADEWALDT	WEICKERT
SPAMER		

2.22 Die ordentlichen Mitglieder im Jahre 1949 nach ihrer Zugehörigkeit zu den sechs Klassen

1. Klasse für Mathematik und allgemeine Naturwissenschaften

SCHMIDT
LAUE v.
HAHN
FICKER v.
STILLE
HARTMANN, M.
VOLMER
DEFANT
KOPFF
WINDAUS
RAMDOHR
DEBYE
KÜHN
HAMEL
BARTELS
BUTENANDT
LUDIN
HEISENBERG
KIENLE
NOACK
WARBURG
BONHOEFFER
ERTEL
HUND
SEELIGER
GOTHAN
BUBNOFF v.
HASSE
LÜTTRINGHAUS
THILO

2. Klasse für medizinische Wissenschaften

RÖSSLE
SAUERBRUCH
HEUBNER
FRIEDRICH
LOHMANN
BRUGSCH
EICKEN v.
GULEKE
LÖHLEIN
REIN
STIEVE
STOECKEL
DOBBERSTEIN

3. Klasse für landwirtschaftliche Wissenschaften

MITSCHERLICH
MANGOLD
STUBBE
KAPPERT
WIEDEMANN
BLOHM
PETERSEN

4. Klasse für technische Wissenschaften

WAGNER
NORDMANN
BARKHAUSEN
BINDER
BEYER
DISCHINGER
FRANCK
FRENZEL
KEGEL

5. Klasse für Sprachen, Literatur und Kunst

VASMER
STROUX
GRAPOW
WESTERMANN
HARTMANN, R.
SCKWIETERING
HAENISCH
SCHADEWALDT
KUHN
SCHIRMER
SPECHT
FRINGS
WEICKERT
HAMANN
JUSTI
VOSSLER
EISSFELDT
KRAUSS
NEUBERT
REHM
TRAUTMANN
WISSMANN
ZUCKER

6. Klasse für Gesellschaftswissenschaften

MEINECKE	SPAMER	MITTEIS
SPRANGER	GELZER	THURNWALD
BRACKMANN	HARTUNG	BAUMGARTEN
HARTMANN, N.	REICKE	BOOR de
KOSCHAKER	RÖRIG	HOHL
BERTHOLET	BAETHGEN	UNVERZAGT

2.23 Die ordentlichen Mitglieder im Jahre 1951 nach ihrer Zugehörigkeit zu den fünf Klassen

1. Klasse für Mathematik und allgemeine Naturwissenschaften

SCHMIDT	PRANDTL	ERTEL
LAUE v.	KÜHN	HUND
HAHN	HAMEL	SEELIGER
FICKER v.	BARTELS	STUBBE
SCHRÖDINGER	BUTENANDT	GOTHAN
STILLE	LUDIN	BUBNOFF v.
HARTMANN, M.	HEISENBERG	HASSE
VOLMER	KIENLE	LÜTTRINGHAUS
DEFANT	NOACK	THILO
KOPFF	WARBURG	KAPPERT
WINDAUS	BONHOEFFER	SCHRÖDER, K.
RAMDOHR	MITSCHERLICH	GROTRIAN
DEBYE		

2. Klasse für medizinische Wissenschaften

RÖSSLE	MANGOLD	REIN
SAUERBRUCH	BRUGSCH	STIEVE
FRIEDRICH	EICKEN v.	STOECKEL
LOHMANN	GULEKE	DOBBERSTEIN

3. Klasse für technische Wissenschaften

WAGNER	BEYER	KEGEL
NORDMANN	FRANCK	CORRENS
BARKHAUSEN	FRENZEL	MAURER
BINDER		

4. Klasse für Sprachen, Literatur und Kunst

JAEGER	HAENISCH	EISSFELDT
VASMER	SCHADEWALDT	KRAUSS
STROUX	KUHN	NEUBERT
GRAPOW	SCHIRMER	TRAUTMANN
WESTERMANN	FRINGS	WISSMANN
HARTMANN, R.	HAMANN	ZUCKER
SCHWIETERING	JUSTI	STEINITZ

5. Klasse für Gesellschaftswissenschaften

SPRANGER	HARTUNG	BOOR de
BRACKMANN	REICKE	HOHL
KOSCHAKER	RÖRIG	UNVERZAGT
BERTHOLET	BAETHGEN	BLOHM
SPAMER	MITTEIS	PETERSEN
GELZER	BAUMGARTEN	

2.24 Die ordentlichen Mitglieder im Jahre 1954 nach ihrer Zugehörigkeit zu den fünf Klassen

1. Klasse für Mathematik, Physik und Technik*)

Schmidt	Kienle	Grotrian
Laue v.	Barkhausen	Maurer
Ficker v.	Binder	Rompe
Schrödinger	Ertel	Frühauf
Defant	Hund	Faltin
Kopff	Seeliger	Rammler
Debye	Hasse	Spackeler
Hamel	Frenzel	Eisenkolb
Bartels	Kegel	Jante
Ludin	Schröder, K.	Hertz
Heisenberg		

2. Klasse für Chemie, Geologie und Biologie

Hahn	Mitscherlich	Rienäcker
Stille	Stubbe	Hein
Hartmann, M.	Gothan	Deubel
Volmer	Bubnoff v.	Mothes
Windaus	Lüttringhaus	Bertsch
Ramdohr	Thilo	Nelles
Butenandt	Franck	Leibnitz
Noack	Correns	Schwabe
Warburg	Treibs	Gottschaldt
Bonhoeffer	Langenbeck	

3. Klasse für Medizin

Rössle	Brugsch	Scheunert
Friedrich	Eicken v.	Katsch
Lohmann	Stoeckel	Holtz
Mangold	Dobberstein	Schröder, R.

4. Klasse für Sprachen, Literatur und Kunst

Jaeger	Schadewaldt	Neubert
Vasmer	Kuhn	Wissmann
Stroux	Schirmer	Zucker
Grapow	Frings	Steinitz
Westermann	Hamann	Klaffenbach
Hartmann, R.	Justi	Bielfeldt
Schwietering	Eissfeldt	Klemperer
Haenisch	Krauss	

*) In dieser Aufstellung ist nicht enthalten Wagenmann (OM 19. 3. 1953; bei der Wahl zur Klasse für technische Wissenschaften gehörend), da bereits am 23. 9. 1953 verstorben.

5. Klasse für Philosophie, Geschichte, Staats-, Rechts- und Wirtschaftswissenschaften

Spranger	Baumgarten	Blohm
Gelzer	Boor de	Petersen
Hartung	Hohl	Meusel
Reicke	Unverzagt	Oelssner
Baethgen		

2.25 Die ordentlichen Mitglieder im Jahre 1957 nach ihrer Zugehörigkeit zu den sechs Klassen

1. Klasse für Mathematik, Physik und Technik

Schmidt	Binder	Eisenkolb
Laue v.	Ertel	Jante
Ficker v.	Hund	Hertz
Schrödinger	Seeliger	Hölder
Defant	Hasse	Kähler
Kopff	Frenzel	Obenaus
Debye	Schröder, K.	Görlich
Bartels	Rompe	Neuber
Ludin	Frühauf	Pauer
Heisenberg	Faltin	Steenbeck
Kienle		

2. Klasse für Chemie, Geologie und Biologie

Hahn	Thilo	Schwabe
Stille	Franck	Gottschaldt
Hartmann, M.	Correns	Falkenhagen
Volmer	Treibs	Schüller
Windaus	Langenbeck	Knöll
Ramdohr	Rienäcker	Stresemann
Butenandt	Hein	Kaestner
Noack	Deubel	Gersch
Warburg	Mothes	Thiessen
Bonhoeffer	Bertsch	Simon
Bubnoff v.	Nelles	Köhler
Lüttringhaus	Leibnitz	

3. Klasse für Bergbau, Hüttenwesen und Montangeologie

Kegel	Emicke	Leutwein
Maurer	Bilkenroth	Meisser
Rammler	Kautzsch	Watznauer
Spackeler	Kirchberg	

4. Klasse für Medizin

Friedrich	Dobberstein	Bredt
Lohmann	Scheunert	Felix
Mangold	Katsch	Peiper
Stubbe	Holtz	Röhrer
Brugsch	Schröder, R.	Bürger
Eicken v.	Wels	Kraatz
Stoeckel		

5. Klasse für Sprachen, Literatur und Kunst

JAEGER	SCHIRMER	STEINITZ
VASMER	FRINGS	KLAFFENBACH
GRAPOW	HAMANN	BIELFELDT
HARTMANN, R.	JUSTI	KLEMPERER
SCHWIETERING	EISSFELDT	RUBEN
HAENISCH	NEUBERT	RAMMING
SCHADEWALDT	WISSMANN	HARTKE
KUHN	ZUCKER	BLÜMEL

6. Klasse für Philosophie, Geschichte, Staats-, Rechts- und Wirtschaftswissenschaften *)

SPRANGER	UNVERZAGT	BLOCH
GELZER	KRAUSS	HAUSSHERR
HARTUNG	BLOHM	KUCZYNSKI
REICKE	PETERSEN	STERN
BAETHGEN	MEUSEL	WINTER
BAUMGARTEN	OELSSNER	BEHRENS
HOHL		

*) In dieser Aufstellung ist nicht enthalten LINTZEL (OM 18. 3. 1955), da bereits am 15. 7. 1955 verstorben.

2.26 Die ordentlichen Mitglieder im Jahre 1959 (bis zum Leibniz-Tag, 2. Juli 1959) nach ihrer Zugehörigkeit zu den sechs Klassen

1. Klasse für Mathematik, Physik und Technik

Schmidt	Hund	Hertz
Laue v.	Seeliger	Hölder
Schrödinger	Hasse	Kähler
Defant	Frenzel	Obenaus
Kopff	Schröder, K.	Görlich
Debye	Maurer	Neuber
Bartels	Rompe	Pauer
Ludin	Frühauf	Steenbeck
Heisenberg	Faltin	Boie
Kienle	Eisenkolb	Lichtenheldt
Ertel	Jante	

2. Klasse für Chemie, Geologie und Biologie

Hahn	Franck	Schwabe
Stille	Correns	Gottschaldt
Hartmann, M.	Treibs	Falkenhagen
Volmer	Langenbeck	Schüller
Windaus	Rienäcker	Knöll
Ramdohr	Hein	Stresemann
Butenandt	Deubel	Kaestner
Noack	Mothes	Gersch
Warburg	Bertsch	Thiessen
Lüttringhaus	Nelles	Simon
Thilo	Leibnitz	Rieche

3. Klasse für Bergbau, Hüttenwesen und Montangeologie

Kegel	Bilkenroth	Leutwein
Rammler	Kautzsch	Meisser
Spackeler	Kirchberg	Watznauer
Emicke		

4. Klasse für Medizin

Friedrich	Dobberstein	Felix
Lohmann	Katsch	Peiper
Mangold	Holtz	Röhrer
Stubbe	Schröder, R.	Bürger
Brugsch	Wels	Kraatz
Eicken, v.	Bredt	Kuntzen
Stoeckel		

5. Klasse für Sprachen, Literatur und Kunst

JAEGER	SCHIRMER	KLAFFENBACH
VASMER	FRINGS	BIELFELDT
GRAPOW	HAMANN	KLEMPERER
HARTMANN, R.	EISSFELDT	RUBEN
SCHWIETERING	NEUBERT	RAMMING
HAENISCH	WISSMANN	HARTKE
SCHADEWALDT	ZUCKER	BLÜMEL
KUHN	STEINITZ	

6. Klasse für Philosophie, Geschichte, Staats-, Rechts- und Wirtschaftswissenschaften

SPRANGER	UNVERZAGT	BLOCH
GELZER	KRAUSS	HAUSSHERR
HARTUNG	BLOHM	KUCZYNSKI
REICKE	PETERSEN	STERN
BAETHGEN	MEUSEL	WINTER
BAUMGARTEN	OELSSNER	BEHRENS

2.3 Die Inhaber von Wahlfunktionen seit 1946

2.31 Die Inhaber von Wahlfunktionen, deren Ausübung an die Mitgliedschaft gebunden ist

2.311 Die Präsidenten

1. 7. 1946*)	— 3. 5. 1951	STROUX, Johannes (s. OM 1937)
4. 5. 1951	— 12. 1. 1956	FRIEDRICH, Walter (s. OM 1949)
13. 1. 1956	— 23. 10. 1958	VOLMER, MAX (s. OM 1934)
24. 10. 1958	—	HARTKE, Werner (s. OM 1955)

*) Joh. STROUX war in der Zeit der Vorbereitung der Wiedereröffnung der Akademie seit dem 21. 6. 1945 bereits mit der Wahrnehmung der Funktionen eines Präsidenten beauftragt.

2.312 Die Vizepräsidenten

18. 7. 1946–3. 5. 1951	STILLE, Hans (s. OM 1933) (als „ständiger Vizepräsident“)
4. 5. 1951–25. 8. 1954	STROUX, Johannes (s. OM 1937) (bis 21. 6. 1951 als „ständiger Vizepräsident“; dann Vizepräsident für den gesellschaftswissenschaftlichen Bereich)
22. 6. 1951 *)–	ERTEL, Hans (s. OM 1949) (für den naturwissenschaftlichen Bereich)
18. 11. 1954 **)–	STEINITZ, Wolfgang (s. OM 1951) (für den gesellschaftswissenschaftlichen Bereich)
13. 1. 1956–23. 10. 1958	FRIEDRICH, Walter (s. OM 1949) (als aus dem Amte geschiedener Präsident)
7. 6. 1957–	FRÜHAUF, Hans (s. OM 1953) (für den technischen Bereich)
24. 10. 1958–	VOLMER, Max (s. OM 1934) (als aus dem Amte geschiedener Präsident)

*) Nach vorangegangener Wiederwahl erneut bestätigt am 13. 1. 1956.
**) Nach vorangegangener Wiederwahl erneut bestätigt am 8. 4. 1959.

2.313 Die Sekretare der Klassen

Die zwei Klassen 1946–1949:

1. Mathematisch-naturwissenschaftliche Klasse:

18. 7. 1946*)–30. 12. 1947	RÖSSLE, Robert (s. OM 1934)
31. 12. 1947–16. 2. 1949	BONHOEFFER, Karl Friedrich (s. OM 1947)
26. 5. 1949–6. 12. 1949	NOACK, Kurt (s. OM 1946) (seit 17. 2. 1949 mit der Wahrnehmung der Geschäfte des Sekretars beauftragt)

2. Philosophisch-historische Klasse:

1. 7. 1946**)–6. 12. 1949	HARTUNG, Fritz (s. OM 1939)

Die sechs Klassen 1949–1954:

1. Klasse für Mathematik und allgemeine Naturwissenschaften:

7. 12. 1949–17. 11. 1954	NOACK, Kurt (s. OM 1946)

2. Klasse für medizinische Wissenschaften:

2. 6. 1949–6. 10. 1949	RÖSSLE, Robert (s. OM 1934)
7. 12. 1949–17. 11. 1954	LOHMANN, Karl (s. OM 1949)

3. Klasse für landwirtschaftliche Wissenschaften***):

7. 12. 1949–10. 1. 1951	MITSCHERLICH, *Eilhard* Alfred (s. OM 1947)

*) Vom 21. 6. 1945–30. 11. 1945 war Ludwig DIELS (OM 1931) mit der Wahrnehmung der Funktion eines Sekretars der mathematisch-naturwissenschaftlichen Klasse beauftragt.

**) Fritz HARTUNG war in der Zeit der Vorbereitung der Wiedereröffnung der Akademie seit dem 21. 6. 1945 bereits mit der Wahrnehmung der Funktion eines Sekretars der philosophisch-historischen Klasse beauftragt.

***) Mit Gründung der „Deutschen Akademie der Landwirtschaftswissenschaften zu Berlin“ am 11. 1. 1951 wurde die Klass für landwirtschaftliche Wissenschaften aufgelöst.

Sekretare

4. Klasse für technische Wissenschaften:

7. 12. 1949—30. 10. 1951	NORDMANN, Hans (s. OM 1942)
31. 10. 1951—17. 11. 1954	BINDER, Ludwig (s. OM 1949)

5. Klasse für Sprachen, Literatur und Kunst:

7. 12. 1949—30. 10. 1951	WESTERMANN, Diedrich (s. OM 1938)
31. 10. 1951—17. 11. 1954	FRINGS, Theodor (s. OM 1946)

6. Klasse für Gesellschaftswissenschaften:

7. 12. 1949—11. 12. 1952	HARTUNG, Fritz (s. OM 1939)
12. 12. 1952—24. 4. 1953	FRINGS, Theodor (s. OM 1946) (mit der Vertretung des Sekretars beauftragt)
25. 4. 1953—17. 11. 1954	BAUMGARTEN, Arthur (s. OM 1949) (mit der Wahrnehmung der Geschäfte des Sekretars beauftragt)

Die fünf Klassen 1954—1957:

1. Klasse für Mathematik, Physik und Technik:

18. 11. 1954—30. 12. 1957	ROMPE, Robert (s. OM 1953)

2. Klasse für Chemie, Geologie und Biologie:

18. 11. 1954—30. 12. 1957	NOACK, Kurt (s. OM 1946)

3. Klasse für Medizin:

18. 11. 1954—30. 12. 1957	LOHMANN, Karl (s. OM 1949)

4. Klasse für Sprachen, Literatur und Kunst:

18. 11. 1954—30. 12. 1957	FRINGS, Theodor (s. OM 1946)

Sekretare

5. Klasse für Philosophie, Geschichte, Staats-, Rechts- und Wirtschaftswissenschaften:

18. 11. 1954—30. 12. 1957	UNVERZAGT, Wilhelm (s. OM 1949)

Die sechs Klassen seit 1957:

1. Klasse für Mathematik, Physik und Technik:

31. 12. 1957—	ROMPE, Robert (s. OM 1953)

2. Klasse für Chemie, Geologie und Biologie:

31. 12. 1957—	BERTSCH, Heinrich (s. OM 1953)

3. Klasse für Bergbau, Hüttenwesen und Montangeologie:

31. 12. 1957—	MEISSER, Otto (s. OM 1957)

4. Klasse für Medizin:

31. 12. 1957—	LOHMANN, Karl (s. OM 1949)

5. Klasse für Sprachen, Literatur und Kunst:

31. 12. 1957—	FRINGS, Theodor (s. OM 1946)

6. Klasse für Philosophie, Geschichte, Staats-, Rechts- und Wirtschaftwissenschaften:

31. 12. 1957—22. 5. 1958	UNVERZAGT, Wilhelm (s. OM 1949)
2. 7. 1958—	Meusel, Alfred (s. OM 1953)

2.314 Die Generalsekretäre

24. 6. 1957–	RIENÄCKER, Günther (s. OM 1953)

2.32 Die Inhaber von Wahlfunktionen, deren Ausübung nicht notwendigerweise an die Mitgliedschaft gebunden ist

2.321 Die Mitglieder des Vorstandes der Forschungsgemeinschaft der naturwissenschaftlichen, technischen und medizinischen Institute der Deutschen Akademie der Wissenschaften zu Berlin

24. 6. 1957— FRÜHAUF, Hans*)
(s. OM 1953)

24. 6. 1957— ROMPE, Robert
(s. OM 1953)

24. 6. 1957— SCHRÖDER, Kurt
(s. OM 1951)

24. 6. 1957— THILO, Erich
(s. OM 1949)

24. 6. 1957— GUMMEL, Hans
Professor Dr. med., Direktor am Institut für Medizin und Biologie, Berlin
geb. Berlin 3. 8. 1908

24. 6. 1957— NEELS, Hermann
Dr. rer. nat.
stellvertretender Direktor des Instituts für physikalische Chemie, Berlin
geb. Elsfleth (Oldenburg) 23. 1. 1913

12. 3. 1959— KLARE, Hermann
Professor Dr. phil.
stellvertretender Direktor des Instituts für Faserstoff-Forschung, Teltow
geb. Hameln/Weser 12. 5. 1909

---

*) Zugleich seit 24. 6. 1957 Vorsitzender des Kuratoriums der Forschungsgemeinschaft der naturwissenschaftlichen, technischen und medizinischen Institute der Deutschen Akademie der Wissenschaften zu Berlin.

2.322 Die Vorsitzenden der Sektionen

1 BAUMGARTEN, Arthur
(s. OM 1949)
Vorsitzender der Sektion für Rechtswissenschaft
26. 5. 1955—18. 3. 1959
Vorsitzender der Sektion für Staats- und Rechtswissenschaft
19. 3. 1959—

2 BERTSCH, Heinrich
(s. OM 1953)
Vorsitzender der Sektion für Chemie
1. 7. 1953—

3 BILKENROTH, Georg
(s. OM 1955)
Vorsitzender der Sektion für Bergbau
5. 2. 1955—

4 BLOCH, Ernst
(s. OM 1955)
Vorsitzender der Sektion für Philosophie
26. 6. 1954—

5 BRUGSCH, Theodor
(s. OM 1949)
Vorsitzender der Sektion für Innere Medizin
7. 3. 1952—

6 DEUBEL, Fritz
(s. OM 1953)
Vorsitzender der Sektion für praktische Geologie und angewandte Geophysik
26. 5. 1955—

7 FELIX, Willi
(s. OM 1955)
Vorsitzender der Sektion für Chirurgie
25. 3. 1952—

8 FRIEDRICH, Walter
(s. OM 1949)
Vorsitzender der Sektion für Geschwulstkrankheiten
5. 1. 1952—

9 GOTTSCHALDT, Kurt
(s. OM 1953)
Vorsitzender der Sektion für experimentelle und angewandte Psychologie
11. 6. 1959—

1 GRAPOW, Hermann
(s. OM 1938)
Vorsitzender der Sektion für Altertumswissenschaft
20. 2. 1954–

2 GROTRIAN, Walter
(s. OM 1951)
Vorsitzender der Sektion für Astronomie
1. 11. 1951–3. 3. 1954

3 HOFFMEISTER, Cuno
(s. KM 1959)
Kommissarischer Vorsitzender der Sektion für Astronomie
4. 3. 1954–7. 12. 1955
Vorsitzender gleicher Sektion
8. 12. 1955–

4 JANTE, Alfred
(s. OM 1953)
Vorsitzender der Sektion für Maschinenbau
8. 12. 1955–

5 JUNG, Friedrich
Professor Dr. med.
Vorsitzender der Sektion für Pharmakologie und Pharmazie
12. 12. 1951–
geb. Berlin 21. 4. 1915

6 KAESTNER, Alfred
(s. OM 1955)
Vorsitzender der Sektion für Biologie
26. 5. 1955–5. 2. 1958

7 KÖHLER, Günther
(s. OM 1956)
Vorsitzender der Sektion für Verkehrswesen
13. 6. 1957–11. 7. 1958

8 KRAEMER, *Maximilian* Heinrich
(s. KM 1957)
Vorsitzender der Sektion für Hüttenwesen
25. 9. 1958–

9 LINSER, Karl
Professor Dr. med.
Vorsitzender der Sektion für Dermatologie
2. 10. 1955–
geb. Pforzheim 10. 9. 1895

Sektionsvorsitzende

1 MEUSEL, Alfred
(s. OM 1953)
Vorsitzender der Sektion für Geschichte
3. 5. 1952–

2 NOACK, Kurt
(s. OM 1946)
Vorsitzender der Sektion für Biologie
6. 2. 1958–

3 OELSSNER, Fred
(s. OM 1953)
Vorsitzender der Sektion für Wirtschaftswissenschaften
22. 5. 1954–

4 ÖSTERLE, Paul
Professor Dr. med. Dr. phil.
Vorsitzender der Sektion für Hygiene
28. 5. 1953–
geb. Hechingen 8. 10. 1900

5 POTTHOFF, Gerhard
Professor Dr.-Ing. habil.
Mit der Führung der Geschäfte der Sektion für Verkehrswesen beauftragt
11. 9. 1958–
geb. Frankenthal (Sa.) 9. 5. 1908

6 RATSCHNEVSKY, Paul
Professor Dr. phil.
Vorsitzender der Sektion für Sinologie
6. 3. 1958–
geb. Tiflis 29. 1. 1899

7 ROMPE, Robert
(s. OM 1953)
Vorsitzender der Sektion für Physik
25. 4. 1953–

8 RUBEN, Walter
(s. OM 1955)
Vorsitzender der Sektion für Völkerkunde und deutsche Volkskunde
19. 4. 1958–

9 SCHEUNERT, Arthur
(s. OM 1953)
Vorsitzender der Sektion für Ernährung
9. 8. 1955–10. 1. 1957

Sektionsvorsitzende

1 SCHRÖDER, Kurt
(s. OM 1951)
Vorsitzender der Sektion für angewandte Mathematik und Mechanik
21. 4. 1955–

2 SCHRÖDER, Robert
(s. OM 1953)
Vorsitzender der Sektion für Geburtshilfe und Säuglingsfürsorge
27. 3. 1954–13. 10. 1959

3 STEINITZ, Wolfgang
(s. OM 1951)
Vorsitzender der Sektion für Völkerkunde und deutsche Volkskunde
6. 12. 1952–18. 4. 1958

4 TÄUFEL, Albert *Kurt*
Professor Dr. phil. habil.
Vorsitzender der Sektion für Ernährung
11. 1. 1957–
geb. Crimmitschau 10. 12. 1892

5 UNVERZAGT, Wilhelm
(s. OM 1949)
Vorsitzender der Sektion für Vor- und Frühgeschichte
5. 4. 1952–

2.323 Die Direktoren bzw. Leiter der Institute bzw. Einrichtungen; die Vorsitzenden der Kommissionen*)

1 ALT, Robert
Professor Dr. paed.
Vorsitzender der Kommission für deutsche Erziehungs- und Schulgeschichte, Berlin
10. 9. 1955–
geb. Breslau 4. 11. 1905

2 ATANASIU, Nicolai
Professor Dr. phil.
Stellvertretend mit der Führung der Geschäfte des Instituts zur Steigerung der Pflanzenerträge, Paulinenaue, beauftragt
12. 1. 1956–9. 7. 1956
Kommissarischer Direktor gleichen Instituts 10. 7. 1956–30. 6. 1957
geb. Constanza (Rumänien) 23. 5. 1915

3 BAETHGEN, Friedrich
(s. OM 1944)
Vorsitzender der Deutschen Kommission, Berlin
1. 7. 1946–28. 4. 1948
Leiter der Arbeitsstelle Berlin der Monumenta Germaniae Historica
1. 7. 1946–31. 3. 1948

4 BALDINGER, Kurt
Professor Dr. phil. habil.
Stellvertretender Direktor (Leiter der Arbeiten)
des Instituts für romanische Sprachwissenschaft, Berlin
2. 6. 1949–
geb. Binningen (Kt. Basel Land) 17. 11. 1919

5 BAUMANN, Rudolf
Professor Dr. med.
Direktor des Instituts für kortiko-viszerale Pathologie und Therapie, Berlin
1. 10. 1958–
geb. Düsseldorf 19. 8. 1911

---

*) Das Verzeichnis enthält die Namen
1. der Direktoren bzw. Leiter von Instituten und selbständigen wissenschaftlichen Arbeitsstellen sowie ihrer Stellvertreter, sofern diese vom Plenum gewählt worden sind;
2. der Vorsitzenden von wissenschaftlichen Kommissionen
der Deutschen Akademie der Wissenschaften zu Berlin ab 1. 7. 1946.
Bei Direktoren usw. solcher Institutionen, die schon vor der Eingliederung in die Akademie außerhalb deren Bereichs bestanden haben, wurde als Ernennungsdatum der Tag der Übernahme der betr. Institution durch die Akademie eingesetzt.

Sektionsvorsitzende

1 BECK, Harald
Professor Dr. phil.
Direktor des Heinrich-Beck-Instituts für Lichtbogenforschung, Meiningen
1. 5. 1958–
geb. Frankfurt a. Main 14. 2. 1907

2 BERNHARD, Fritz
Dr.-Ing.
Stellvertretender Direktor des Instituts Miersdorf
14. 6. 1956–5. 6. 1957
Stellvertretender Direktor des Kernphysikalischen Instituts, Miersdorf
6. 6. 1957–
geb. Görlitz 14. 12. 1913

3 BERTSCH, Heinrich
(s. OM 1953)
Direktor am Institut für organische Chemie (Arbeitsbereich Grenzflächenaktive Stoffe und Fette), Berlin
23. 9. 1954–30. 6. 1958
Direktor des Instituts für Fettchemie, Berlin
1. 7. 1958–
Direktor des Instituts für Dokumentation, Berlin
1. 7. 1958–

4 BEWILOGUA, Ludwig
Professor Dr. phil. habil.
Leiter der Arbeitsstelle für Tieftemperaturphysik, Dresden
13. 1. 1955–
geb. Helbigsdorf (Sa.) 28. 8. 1906

5 BIELFELDT, Hans Holm
(s. OM 1953)
Stellvertretender Direktor des Instituts für Slavistik, Berlin
6. 6. 1951–15. 7. 1953
Direktor gleichen Instituts
16. 7. 1953–

6 BOBETH, Wolfgang
Professor Dr.-Ing. habil.
Direktor des Instituts für Technologie der Fasern, Dresden
1. 4. 1959–
geb. Löbau (Sa.) 15. 2. 1918

7 BOLL-DORNBERGER, Katharina
Professor Dr. phil. habil.
Leiter der Arbeitsstelle für Kristallstrukturanalyse, Berlin
3. 9. 1953–30. 6. 1958
Direktor des Instituts für Strukturforschung, Berlin
1. 7. 1958–
geb. Wien 2. 11. 1909

1 BORN, Joachim
Professor Dr. phil.
Direktor am Institut für Medizin und Biologie, Berlin
23. 6. 1955—22. 10. 1957
geb. Berlin 8. 5. 1909

2 BRANDWEINER, Heinrich
(s. KM 1955)
Leiter der Arbeitsstelle für Völkerrecht, Berlin
25. 6. 1959—

3 BRUGSCH, Theodor
(s. OM 1949)
Präsident der Deutschen Arzneibuch-Kommission, Berlin
1. 7. 1952—

4 BUBNOFF, Serge von
(s. OM 1949)
Direktor des Geotektonischen Instituts, Berlin
1. 10. 1950—16. 11. 1957

5 CLAUS, Franz
Dr. phil.
Leiter der Akademie-Bibliothek, Berlin
6. 2. 1946—7. 12. 1949
Kommissarischer Leiter der Akademie-Bibliothek, Berlin
1. 10. 1951—30. 4. 1952
geb. Berlin 6. 10. 1883

6 CORRENS, Erich
(s. OM 1951)
Direktor des Instituts für Faserstoff-Forschung, Teltow
1. 4. 1951—

7 DATHE, Heinrich
Professor Dr. phil.
Leiter der zoologischen Forschungsstelle im Berliner Tierpark
5. 11. 1958—
geb. Reichenbach (Vogtl.) 7. 11. 1910

8 DEUBEL, Fritz
(s. OM 1953)
Leiter der Arbeitsstelle für praktische Geologie, Jena
19. 1. 1956—

1 DICK, Julius
Professor Dr. phil. habil.
Wissenschaftlicher Leiter der Sternwarte Babelsberg
7. 6. 1955–14. 6. 1956
geb. Mannheim 4. 12. 1891

2 DOBBERSTEIN, Johannes
(s. OM 1949)
Leiter der Arbeitsstelle für vergleichende Pathologie, Berlin
1. 7. 1952–30. 6. 1954
Direktor des Instituts für vergleichende Pathologie, Berlin
1. 7. 1954–

3 DUNKEN, Gerhard
Dr. phil.
Kommissarischer Direktor des Akademie-Archivs, Berlin
25. 6. 1959–
geb. Bredereiche (Mark) 24. 8. 1908

4 EICHHORN, Johannes
Dr. phil.
Leiter der Akademie-Bibliothek, Berlin
15. 7. 1952–16. 6. 1954
geb. Dresden 2. 10. 1897

5 EISENKOLB, Friedrich
(s. OM 1953)
Direktor des Forschungsinstituts für metallische Spezialwerkstoffe, Dresden
11. 2. 1958–

6 ERTEL, Hans
(s. OM 1949)
Direktor des Instituts für physikalische Hydrographie, Berlin
1. 4. 1948–
Vorsitzender der Alexander von Humboldt-Kommission, Berlin
5. 6. 1956–

7 FANSELAU, Gerhard
Professor Dr. phil. habil.
Direktor des Geomagnetischen Instituts, Potsdam
1. 1. 1957–
geb. Leipzig 30. 4. 1904

8 FRANCK, Hans *Heinrich*
(s. OM 1949)
Direktor des Instituts für angewandte Silikatforschung, Berlin
1. 1. 1956–31. 3. 1959

Institutsdirektoren

1 FRENZEL, Walter
(s. OM 1949)
Direktor des Instituts für Technologie der Fasern, Dresden
22. 12. 1949—31. 3. 1959

2 FRIEDRICH, Walter
(s. OM 1949)
Direktor des Instituts für Medizin und Biologie, Berlin
28. 1. 1948—22. 6. 1955
Präsident gleichen Instituts
23. 6. 1955—
1. Direktor gleichen Instituts
14. 1. 1959—

3 FRINGS, Theodor
(s. OM 1946)
Vorsitzender der Deutschen Kommission, Berlin
29. 4. 1948—14. 4. 1952
Direktor des Instituts für deutsche Sprache und Literatur, Berlin
15. 4. 1952—

4 GÖRLICH, Paul
(s. OM 1955)
Mitglied des Direktoriums des 2 m-Spiegel-Instituts, Tautenburg
14. 6. 1956—
Vorsitzender der Kommission für Spektroskopie, Berlin
18. 12. 1958—
Direktor am Institut für Optik und Spektroskopie, Berlin
1. 4. 1959—

5 GOTHAN, Walther
(s. OM 1949)
Leiter der Arbeitsstelle für Paläobotanik und Kohlenkunde, Berlin
1. 4. 1951—30. 12. 1954

6 GOTTSCHALDT, Kurt
(s. OM 1953)
Leiter der Arbeitsstelle für experimentelle und angewandte Psychologie, Berlin
13. 10. 1955—

7 GRÄFE, Heinrich-Karl
Dr. rer. pol. habil.
Direktor am Institut für Ernährung, Potsdam-Rehbrücke
7. 11. 1957—
geb. Oßmannstedt (Krs. Weimar) 23. 9. 1904

1 GRAFFI, Arnold
Professor Dr. med.
Direktor am Institut für Medizin und Biologie, Berlin
23. 6. 1955—
1. Direktor des gleichen Instituts
5. 6. 1957—13. 1. 1959
geb. Bistritz (Rumänien) 19. 6. 1910

2 GRAPOW, Hermann
(s. OM 1938)
Direktor des Instituts für Orientforschung, Berlin
1. 1. 1956—
Leiter der Akademie-Bibliothek, Berlin
17. 6. 1954—31. 10. 1956

3 GRELL, Heinrich
Professor Dr. phil. habil.
Geschäftsführender Direktor des Instituts für reine Mathematik, Berlin
1. 4. 1959—
geb. Lüdenscheid (Westf.) 3. 11. 1903

4 GROTRIAN, Walter
(s. OM 1951)
Kommissarischer Direktor der Sternwarte Babelsberg
1. 9. 1950—3. 3. 1954
Direktor des Astrophysikalischen Observatoriums, Potsdam
1. 10. 1950—3. 3. 1954

5 GUMMEL, Hans
Professor Dr. med.
Direktor am Institut für Medizin und Biologie, Berlin
23. 6. 1955—
geb. Berlin 3. 8. 1908

6 HACHENBERG, Otto
Professor Dr. rer. nat.
Direktor des Heinrich-Hertz-Instituts für Schwingungsforschung, Berlin
1. 1. 1951—
geb. Anhausen (Kr. Neuwied/Rh.) 25. 6. 1911

7 HAMANN, Richard
(s. OM 1949)
Leiter der Arbeitsstelle für Kunstgeschichte, Berlin
1. 9. 1954—

8 HAMEL, Georg
(s. OM 1938)
Mitglied des Direktoriums des Forschungsinstituts für Mathematik, Berlin
9. 10. 1947—11. 3. 1954

1 HARTKE, Werner
(s. OM 1955)
1. Direktor des Instituts für griechisch-römische Altertumskunde, Berlin
20. 10. 1955—

2 HARTMANN, Richard
(s. OM 1939)
Vorsitzender der Orientalischen Kommission, Berlin
1. 7. 1946—9. 4. 1947
Direktor des Instituts für Orientforschung, Berlin
10. 4. 1947—31. 12. 1955

3 HARTUNG, Fritz
(s. OM 1939)
Vorsitzender der Historischen Kommission, Berlin
1. 7. 1946—26. 2. 1956
Vorsitzender der Ausgabe der Werke Kants, Berlin
1. 7. 1946—
Leiter der Arbeitsstelle Berlin der Monumenta Germaniae Historica
3. 5. 1952—30. 6. 1955 und 1. 8. 1955—
Vorsitzender der Leibniz-Kommission, Berlin
14. 10. 1954—

4 HASSE, Helmut
(s. OM 1949)
Mitglied des Direktoriums des Forschungsinstituts für Mathematik, Berlin
21. 11. 1946—31. 3. 1959

5 HECKMANN, Otto
(s. KM 1947)
Mitglied des Direktoriums des 2 m-Spiegel-Instituts, Tautenburg
14. 6. 1956—

6 HEIN, Franz
(s. OM 1953)
Leiter der Arbeitsstelle für Komplexchemie, Jena
1. 7. 1956

7 HERTZ, Gustav
(s. OM 1954)
Vorsitzender der Kommission für kernphysikalische Forschung, Berlin
22. 1. 1955—30. 5. 1956
Vorsitzender der Max Planck-Kommission, Berlin
14. 3. 1957—

Institutsdirektoren

1 Hölder, Ernst
(s. OM 1955)
Mitglied des Direktoriums des Forschungsinstituts für Mathematik, Berlin
24. 9. 1955–31. 3. 1959

2 Hoffmeister, Cuno
(s. KM 1959)
Leiter der Sternwarte Sonneberg
18. 10. 1946–31. 10. 1951
Direktor gleicher Sternwarte
1. 11. 1951–
Mitglied des Direktoriums des 2 m-Spiegel-Instituts, Tautenburg
4. 6. 1956–

3 Holzmüller, Werner
Professor Dr. phil. habil.
Direktor am Institut für Chemie und Technologie der Plaste, Leipzig
1. 4. 1959–11. 6. 1959
Direktor am Institut für Plastforschung, Leipzig
12. 6. 1959–
Mitglied des Direktoriums der Institute Leipzig
1. 4. 1959–
geb. Leipzig 15. 12. 1912

4 Irmscher, Johannes
Professor Dr. phil. habil.
Geschäftsführender Direktor des Instituts für griechisch-römische Altertumskunde, Berlin
20. 10. 1955–
geb. Dresden 14. 9. 1920

5 Jancke, Hans
Professor Dr. phil.
Direktor des Instituts für Gerätebau, Berlin
19. 1. 1956–
geb. Frankfurt/Oder 12. 3. 1911

6 Jung, Friedrich
Professor Dr. med.
Direktor am Institut für Medizin und Biologie, Berlin
23. 6. 1955–
geb. Berlin 21. 4. 1915

7 Kähler, Erich
(s. OM 1955)
Mitglied des Direktoriums des Forschungsinstituts für Mathematik, Berlin
24. 9. 1955–31. 3. 1959

1 KAHRSTEDT, Albrecht
Professor Dr. phil.
Kommissarischer Direktor des Astronomischen Recheninstituts, Babelsberg
18. 10. 1946—14. 6. 1956
Kommissarischer Direktor der Sternwarte Babelsberg
18. 10. 1946—19. 12. 1946
Geschäftsführender Leiter gleicher Sternwarte
1. 6. 1955—13. 6. 1956
Direktor gleicher Sternwarte
14. 6. 1956—
geb. Neiße 24. 8. 1897

2 KIENLE, Hans
(s. OM 1946)
Direktor des Astrophysikalischen Observatoriums, Potsdam
4. 11. 1946—30. 9. 1950
Kommissarischer Direktor der Sternwarte Babelsberg
20. 12. 1946—31. 8. 1950
Mitglied des Direktoriums des 2 m-Spiegel-Instituts, Tautenburg
14. 6. 1956—

3 KINDLER, Heinrich
Professor Dr. phil.
Leiter der Arbeitsstelle für Regelungs- und Steuerungstechnik, Dresden
21. 2. 1957—
geb. Breslau 29. 11. 1909

4 KIRCHBERG, Helmut
(s. OM 1957)
Direktor des Forschungsinstituts für Aufbereitung, Freiberg
11. 2. 1958 —

5 KLAFFENBACH, Günther
(s. OM 1953)
2. Direktor des Instituts für griechisch-römische Altertumskunde, Berlin
20. 10. 1955—

6 KLAUS, Georg
Professor Dr. phil.
Leiter der Arbeitsgruppe für Philosophie, Berlin
18. 12. 1958—
geb. Nürnberg 28. 12. 1912

7 KNÖLL, Hans
(s. OM 1955)
Direktor des Instituts für Mikrobiologie und experimentelle Therapie, Jena
1. 1. 1956—

1 KOCKEL, Bernhard
Professor Dr. phil. habil.
Leiter der Forschungsgruppe Theoretische Chemie, Leipzig
1. 4. 1959–
geb. Leipzig 3. 9. 1909

2 KOHLMEY, Gunther
Professor Dr. rer. pol.
Leiter der Arbeiten des Instituts für Wirtschaftswissenschaften, Berlin
15. 10. 1953–2. 6. 1954
Direktor gleichen Instituts
3. 6. 1954–19. 3. 1958
geb. Berlin 27. 7. 1919

3 KOKKALIS, Petros
Professor Dr. med.
Leiter der Arbeitsgruppe für experimentelle Kreislaufchirurgie der Arbeitsstelle für Kreislaufforschung, Berlin
8. 12. 1955–
geb. Levadia (Griechenland) 18. 9. 1896

4 KRAUSS, Werner
(s. OM 1949)
Leiter der Arbeitsgruppe zur Geschichte der deutschen und französischen Aufklärung, Berlin
10. 11. 1955–

5 KRETZSCHMAR, Hellmut
Professor Dr. phil.
Vorsitzender der Kommission für Landesgeschichte, Berlin
18. 6. 1955–26. 2. 1956
geb. Stolpen 12. 7. 1893

6 KRÖBER, Gerhard
Dr. rer. nat.
Leiter des wissenschaftlich-technischen Büros für Kraftmotorenbau, Berlin
1. 7. 1959–
geb. Leipzig 23. 2. 1919

7 KRUMBACH, Gerhard
Professor Dr. phil.
Direktor des Instituts für Erdbebenforschung, Jena
18. 10. 1946–21. 5. 1954
Direktor des Instituts für Bodendynamik und Erdbebenforschung, Jena
22. 5. 1954–23. 12. 1955
geb. Hamburg 22. 3. 1895
gest. Jena 23. 12. 1955

1 KÜHNE, Klaus
Dr. rer. nat.
Direktor des Instituts für angewandte Silikatforschung, Berlin
1. 4. 1959–
geb. Eisenach 2. 2. 1924

2 LAMBRECHT, Hermann
Professor Dr. phil. nat. habil.
Mitglied des Direktoriums des 2 m-Spiegel-Instituts, Tautenburg
14. 6. 1956–
geb. Weimar 27. 9. 1908

3 LANGE, Fritz
Professor Dr. phil. Dr. der physiko-mathem. Wissensch.
Direktor am Institut für Medizin und Biologie, Berlin
15. 5. 1959–
geb. Berlin 16. 12. 1899

4 LANGE, *Fritz* Gustav
Leiter des Akademie-Archivs, Berlin
1. 3. 1952–31. 5. 1959
Kommissarischer Leiter der Historisch-kritischen Ausgabe der Briefe Alexander von Humboldts, Berlin
1. 6. 1959–
geb. Posen 24. 1. 1905

5 LANGENBECK, Wolfgang
(s. OM 1953)
Direktor des Instituts für Katalyseforschung (Arbeitsbereich Organische Katalyse), Rostock
24. 3. 1954–30. 9. 1959
Direktor des Instituts für organische Katalyseforschung, Rostock
1. 10. 1959–

6 LAU, Ernst
Professor Dr. phil.
Leiter des Optischen Laboratoriums, Berlin
1. 1. 1948–6. 2. 1952
Direktor des Instituts für Optik und Feinmechanik, Berlin
7. 2. 1952–9. 7. 1957
Direktor des Instituts für Optik und Spektroskopie, Berlin
10. 7. 1957–31. 3. 1959
geb. Brünn 7. 3. 1893

1 LEIBNITZ, Eberhard
(s. OM 1953)
Direktor des Instituts für organische Grundstoffchemie, Leipzig
11. 2. 1958—30. 10. 1958
Direktor des Instituts für Verfahrenstechnik der organischen Chemie, Leipzig
1. 11. 1958—
Vorsitzender des Direktoriums der Institute, Leipzig
28. 1. 1959—

2 LEITHÄUSER, Gustav
Professor Dr. phil.
Direktor des Heinrich-Hertz-Instituts für Schwingungsforschung, Berlin
1. 11. 1946—31. 12. 1950
geb. Hamburg 20. 12. 1881

3 LINTZEL, Martin
(s. OM 1955)
Leiter der Arbeitsstelle Berlin der Monumenta Germaniae Historica
1. 7. 1955—15. 7. 1955

4 LOHMANN, Karl
(s. OM 1949)
Direktor des Instituts für Medizin und Biologie, Berlin
27. 6. 1947—27. 1. 1948
1. Direktor gleichen Instituts
23. 6. 1955—4. 6. 1957
Direktor am gleichen Institut
5. 6. 1957—
Präsident des Instituts für Ernährung, Potsdam-Rehbrücke
7. 11. 1957—

5 MAGER, Albrecht
Dr. rer. nat.
Direktor des Instituts für magnetische Werkstoffe, Jena
1. 5. 1954—30. 6. 1955
geb. Ansbach 11. 10. 1918

6 MARTIN, Hans
Professor Dr. phil. habil.
Direktor des Instituts für Bodendynamik und Erdbebenforschung, Jena
12. 4. 1956—
geb. Altenburg (Thür.) 4. 6. 1899

7 MITSCHERLICH, *Eilhard* Alfred
(s. OM 1947)
Direktor des Instituts zur Steigerung der Pflanzenerträge, Paulinenaue
31. 10. 1947—3. 2. 1956

1 MÖGLICH, Friedrich
Professor Dr. phil. Dr. rer. nat.
Direktor des Instituts für Festkörperforschung, Berlin
1. 7. 1947—17. 6. 1957
geb. Berlin 12. 10. 1902
gest. Berlin 17. 6. 1957

2 MOTHES, Kurt
(s. OM 1953)
Vizepräsident der Deutschen Arzneibuch-Kommission, Berlin
1. 7. 1952—
Leiter der Arbeitsstelle für Biochemie der Pflanzen, Halle
1. 1. 1958—

3 MÜHLENPFORDT, Justus
Dr.-Ing.
Direktor des Instituts für physikalische Stofftrennung, Leipzig
11. 2. 1958—
Mitglied des Direktoriums der Institute Leipzig
28. 1. 1959—
geb. Lübeck 22. 4. 1911

4 MÜHLIG, Fritz
Professor Dr. phil.
Kommissarischer Direktor des Geodätischen Instituts, Potsdam
4. 11. 1946—31. 12. 1951
geb. Leipzig 28. 8. 1896

5 MÜLLER, Kurt
Professor Dr. phil.
Leiter der Arbeiten der Leibniz-Kommission, Berlin
1. 8. 1946—
geb. Nordhausen 14. 5. 1907

6 NAAS, Josef
Professor Dr. phil.
Mitglied des Direktoriums des Instituts für reine Mathematik, Berlin
1. 4. 1959—
geb. Köln 16. 10. 1906

7 NOELLE, Annemarie
Dr. phil.
Kommissarischer Leiter der Arbeitsgruppe Philosophiehistorische Texte, Berlin
1. 10. 1958—17. 12. 1958
geb. Villingen 19. 2. 1920

8 NOWOTNY, Paul
Dr. phil.
Direktor des Instituts für sorbische Volksforschung, Bautzen
1. 8. 1952—
geb. Bautzen 6. 1. 1912

1 OBERMANN, Karl
Professor Dr. phil.
Direktor des Instituts für Geschichte, Berlin
27. 2. 1956—
geb. Köln 22. 9. 1905

2 OELSSNER, Fred
(s. OM 1953)
Direktor des Instituts für Wirtschaftswissenschaften, Berlin
20. 3. 1958—

3 ORTMANN, Henry
Dr.-Ing.
Leiter der Arbeitsgruppe für Lumineszenzforschung, Liebenwalde
1. 1. 1958—30. 6. 1958
geb. Hamburg 18. 6. 1908

4 OSTWALD, Karl Otto
Leiter des Wilhelm-Ostwald-Archivs und Forschungsstätte, Großbothen
27. 8. 1953—5. 8. 1958
geb. Leipzig 23. 6. 1890
gest. Leipzig 5. 8. 1958

5 OTTERBEIN, Georg
Dr. phil.
Mit der Führung der Geschäfte des Instituts Miersdorf beauftragt
16. 11. 1950—14. 7. 1952
geb. Heilbronn 7. 12. 1906

6 PAPAPETROU, Achilles
Professor Dr. rer. techn.
Mitglied des Direktoriums des Instituts für reine Mathematik, Berlin
1. 4. 1959—
geb. Serres (Griechenland) 2. 2. 1907

7 PAVEL, Friedrich
Professor Dr. phil.
Kommissarischer Direktor des Geodätischen Instituts, Potsdam
1. 1. 1952—20. 9. 1954
geb. Neumarkt (Schles.) 9. 4. 1889
gest. Rom 20. 9. 1954

8 PFLÜCKE, Maximilian
Professor Dr. phil.
Direktor des Instituts für Dokumentation, Berlin
15. 12. 1956—30. 6. 1958
geb. Potsdam 26. 7. 1889

1 REICHARDT, Hans
Professor Dr. phil. habil.
Mitglied des Direktoriums des Instituts für reine Mathematik, Berlin
1. 4. 1959—
geb. Altenburg (Sachsen-Altenburg) 2. 4. 1908

2 REICHEL, Ludwig
Professor Dr.-Ing.
Leiter des Laboratoriums für organische Chemie, Berlin
1. 4. 1947—31. 12. 1951
geb. Weißenburg (Bayern) 21. 5. 1900

3 REICHENEDER, Karl
Professor Dr. rer. techn.
Kommissarischer Direktor des Geodätischen Instituts, Potsdam
1. 10. 1954—11. 4. 1956
Direktor gleichen Instituts
12. 4. 1956—
geb. Augsburg 30. 8. 1903

4 REMY, Winfried
Dr. rer. nat. habil.
Mit der Führung der Geschäfte der Arbeitsstelle für Paläobotanik und Kohlenkunde Berlin beauftragt
27. 1. 1955—
geb. Breslau 21. 3. 1924

5 RICHTER, Gustav
Professor Dr.-Ing.
Direktor des Instituts Miersdorf
14. 6. 1956—5. 6. 1957
Direktor des Kernphysikalischen Instituts, Miersdorf
6. 6. 1957—
geb. Yokohama (Japan) 10. 3. 1911

6 RIECHE, Alfred
(s. OM 1959)
Direktor am Institut für organische Chemie (Arbeitsbereich Vor- und Zwischenprodukte), Berlin
23. 9. 1954—30. 6. 1958
Direktor des Instituts für organische Chemie, Berlin
1. 7. 1958—

7 RIENÄCKER, Günther
(s. OM 1953)
Direktor des Instituts für Katalyseforschung (Arbeitsbereich Anorganische Katalyse), Rostock
24. 3. 1954—30. 9. 1959
Direktor des Instituts für anorganische Katalyseforschung, Berlin
1. 10. 1959—

1 Rinow, Willi
Professor Dr. phil. habil.
Mitglied des Direktoriums des Instituts für reine Mathematik, Berlin
1. 4. 1959–
geb. Berlin 28. 2. 1907

2 Ritschl, Rudolf
Professor Dr. phil. habil.
Direktor des Instituts für Optik und Spektroskopie, Berlin
1. 4. 1959–
geb. Bonn 27. 12. 1902

3 Rörig, Fritz
(s. OM 1942)
Vorsitzender der Kommission für Vor- und Frühgeschichte, Berlin
19. 6. 1947–1. 6. 1949
Leiter der Arbeitsstelle Berlin der Monumenta Germaniae Historica
1. 4. 1948–29. 4. 1952

4 Röttig, Ernst
Dr. rer. nat.
Mit der Führung der Geschäfte des Instituts für Magnetische Werkstoffe, Jena, beauftragt
1. 7. 1955–31. 10. 1956
Vorsitzender des Direktoriums gleichen Instituts
14. 1. 1959–15. 3. 1959
geb. Niedergrund 2. 12. 1919

5 Rompe, Robert
(s. OM 1953)
Direktor des Instituts für Strahlungsquellen, Berlin
23. 2. 1950–30. 6. 1958
Direktor des Physikalisch-technischen Instituts, Berlin
1. 7. 1958–
Vorsitzender der Kommission für kernphysikalische Forschung, Berlin
31. 5. 1956–

6 Scharoun, Hans
Professor Dr.-Ing. E. h.
Direktor des Instituts für Bauwesen, Berlin
16. 10. 1947–6. 9. 1950
geb. Bremen 20. 9. 1898

7 Schmidt, Erhard
(s. OM 1918)
Mitglied des Direktoriums des Forschungsinstituts für Mathematik, Berlin
1. 10. 1946–31. 3. 1959

1 SCHRÄDER, Theodor
Dr. phil. habil.
Leiter der Forschungsstelle für Limnologie, Jena
1. 2. 1959—
geb. Münster i. W. 6. 6. 1904

2 SCHRICKEL, Klaus
Dr. paed.
Leiter der Arbeitsgruppe Philosophiehistorische Texte, Berlin
1. 2. 1956—30. 9. 1958
geb. Gera 13. 1. 1922

3 SCHRÖDER, Kurt
(s. OM 1951)
Mitglied des Direktoriums des Forschungsinstituts für Mathematik, Berlin
2. 11. 1950—31. 3. 1959
Vorsitzender der Euler-Kommission, Berlin
1. 3. 1956—
Direktor des Instituts für angewandte Mathematik und Mechanik, Berlin
1. 4. 1959—

4 SCHULENBURG, Michael v. d.
Dr. rer. nat.
Kommissarischer Leiter des Instituts Miersdorf
15. 7. 1952—13. 6. 1956
Stellvertretender Direktor des Instituts Miersdorf
14. 6. 1956—5. 6. 1957
Stellvertretender Direktor des Kernphysikalischen Instituts, Miersdorf
6. 6. 1957—26. 11. 1958
geb. Petersburg 18. 3. 1903
gest. Berlin 26. 11. 1958

5 SCHULZ, Paul
Professor Dr. phil.
Leiter des Laboratoriums für Gasentladungsphysik, Greifswald
1. 7. 1947—30. 9. 1949
geb. Rostock 31. 1. 1911

6 SCHWAN, Werner
Dr. rer. nat. habil.
Mit der Führung der Geschäfte des Direktors des Geotektonischen Instituts, Berlin, beauftragt
27. 11. 1957—
geb. Berlin 27. 1. 1912

7 SEEL, Hans
Professor Dr. med.
Leiter der Arbeiten der Deutschen Arzneibuch-Kommission, Berlin
1. 1. 1953—
geb. Würzburg 16. 9. 1898

1 Seeliger, Rudolf
(s. OM 1949)
Leiter des Laboratoriums für Gasentladungsphysik, Greifswald
1. 10. 1949–5. 3. 1952
Direktor des Instituts für Gasentladungsphysik, Greifswald
6. 3. 1952–31. 12. 1958

2 Serowy, Fritz
Professor Dr. phil.
Leiter der Arbeitsstelle für Mineralsalzforschung, Berlin
13. 10. 1955–31. 12. 1959
geb. Tilsit 28. 6. 1894

3 Simon, Hellmut
Professor Dr. rer. techn. habil.
Mit der Leitung des Instituts für Festkörperforschung, Berlin, beauftragt
27. 6. 1957–30. 6. 1958
geb. Meißen 26. 7. 1895

4 Spamer, Adolf
(s. OM 1938)
Vorsitzender der Kommission für Volkskunde, Berlin
17. 1. 1947–20. 6. 1953

5 Stasiw, Ostap
Professor Dr. phil. habil.
Leiter des Laboratoriums für Festkörperforschung, Berlin
1. 2. 1947–6. 2. 1952
Direktor des Instituts für Kristallphysik, Berlin
7. 2. 1952–
geb. Borščeviči (Kr. Lemberg) 1. 1. 1903

6 Steenbeck, Max
(s. OM 1956)
Direktor des Instituts für magnetische Werkstoffe, Jena
1. 11. 1956–13. 1. 1959
Vorsitzender des Kuratoriums gleichen Instituts
14. 1. 1959–
Direktor des Instituts für Magneto-Hydrodynamik, Jena
1. 1. 1959–

7 Steinitz, Wolfgang
(s. OM 1951)
Vorsitzender der Kommission für Volkskunde, Berlin
21. 6. 1953–28. 10. 1953
Direktor des Instituts für deutsche Volkskunde, Berlin
29. 10. 1953–

1 Stille, Hans
(s. OM 1933)
Direktor des Geotektonischen Instituts, Berlin
12. 9. 1946—30. 9. 1950

2 Strauch, Helmar
Dr.-Ing.
Kommissarischer Leiter der Akademie-Bibliothek, Berlin
8. 12. 1949—30. 9. 1951
geb. Straßburg (Elsaß) 2. 9. 1907

3 Stresemann, Erwin
(s. OM 1955)
Leiter der zoologischen Forschungsstelle im Tierpark Berlin
1. 7. 1958—4. 11. 1958

4 Stroux, Johannes
(s. OM 1937)
Vorsitzender der Kommission für griechisch-römische Altertumskunde, Berlin
1. 7. 1946—24. 8. 1954
Vorsitzender der Kommission für spätantike Religionsgeschichte, Berlin
1. 7. 1946—24. 8. 1954
Vorsitzender der Leibniz-Kommission, Berlin
1. 8. 1946—24. 8. 1954
Direktor des Instituts für hellenistisch-römische Philosophie, Berlin
1. 9. 1946—24. 8. 1954

5 Stubbe, Hans
(s. OM 1949)
Direktor des Instituts für Kulturpflanzenforschung, Gatersleben
1. 4. 1948—

6 Täufel, Albert *Kurt*
Professor Dr. phil. habil.
1. Direktor des Instituts für Ernährung, Potsdam-Rehbrücke
7. 11. 1957—
geb. Crimmitschau 10. 12. 1892

7 Thierbach, Alfred
Dr. phil.
Kommissarisch mit der Führung der Geschäfte des
Instituts für romanische Sprachwissenschaft, Berlin
beauftragt
18. 9. 1958—
geb. Leipzig 29. 12. 1908

8 Thiessen, Peter Adolf
(s. OM 1955)
Direktor des Instituts für physikalische Chemie, Berlin
7. 2. 1957—

1 THILO, Erich
(s. OM 1949)
Direktor des Instituts für anorganische Chemie, Berlin
16. 11. 1950–

2 THINIUS, Kurt
Dr. sc. nat.
Direktor des Instituts für Chemie und Technologie der Plaste, Leipzig
11. 2. 1958–11. 3. 1959
Direktor am gleichen Institut
12. 3. 1959–11. 6. 1959
Direktor am Institut für Plastforschung Leipzig
12. 6. 1959–
Mitglied des Direktoriums der Institute Leipzig
28. 1. 1959–
geb. Hertneck (Ungarn) 27. 1. 1903

3 TRAUTMANN, Reinhold
(s. OM 1949)
Direktor des Instituts für Slavistik, Berlin
22. 12. 1949–5. 6. 1951

4 ULMANN, Max
Professor Dr. rer. nat. habil.
Direktor am Institut für Ernährung, Potsdam-Rehbrücke
7. 11. 1957–
geb. Goldingen (Kurland) 22. 10. 1897

5 UNVERZAGT, Wilhelm
(s. OM 1949)
Vorsitzender der Kommission für Vor- und Frühgeschichte, Berlin
2. 6. 1949–14. 10. 1953
Direktor des Instituts für Vor- und Frühgeschichte, Berlin
15. 10. 1953–
Vorsitzender der Kommission für Heimatforschung, Berlin
11. 12. 1955–

6 VASMER, Max
(s. OM 1931)
Vorsitzender der Slavischen Kommission, Berlin
1. 7. 1946–31. 3. 1947
Direktor des Instituts für Slavistik, Berlin
1. 4. 1947–21. 12. 1949

7 WARTBURG, Walther v.
(s. KM 1947)
Professor bei der Akademie
19. 2. 1948–
Direktor des Instituts für romanische Sprachwissenschaft, Berlin
19. 6. 1947–31. 7. 1958

1 WEISS, Carl Friedrich
Professor Dr. phil. habil.
Direktor des Instituts für angewandte Radioaktivität, Leipzig
11. 2. 1958—
Mitglied des Direktoriums der Institute Leipzig
28. 1. 1959
geb. Leipzig 24. 1. 1901

2 WEMPE, Johann
Professor Dr. phil. habil.
Kommissarischer Direktor des Astrophysikalischen Observatoriums, Potsdam
4. 3. 1954—13. 6. 1956
Direktor gleichen Observatoriums
14. 6. 1956—
Kommissarischer Direktor der Sternwarte Babelsberg
4. 3. 1954—1. 6. 1955
Mitglied des Direktoriums des 2 m-Spiegel-Instituts, Tautenburg
14. 6. 1956—
geb. Bremen 31. 12. 1906

3 WENDE, Alfred
Dr. rer. nat.
Leiter des Instituts für Faserstoff-Forschung, Teltow
1. 1. 1948—31. 3. 1951
Leiter des Laboratoriums für Kunststoffe, Berlin
20. 3. 1952—30. 6. 1958
(seit 23. 9. 1954 im Rahmen des Instituts für organische Chemie als Arbeitsbereich Organische Kunststoffe [Hochpolymere mit Ausnahme der Fasern und Gespinste])
Direktor des Instituts für Kunststoffe, Berlin
1. 7. 1958—
geb. Neuhammer 12. 3. 1904

4 WENIG, Otto
Dr. theol.
Direktor der Akademie-Bibliothek, Berlin
1. 11. 1956—27. 5. 1959
geb. Schönebeck/Elbe 30. 4. 1911

5 WESTERMANN, Diedrich
(s. OM 1938)
Vorsitzender der Sprachwissenschaftlichen Kommission, Berlin
1. 7. 1946—31. 5. 1956

6 WINDISCH, Friedrich
Professor Dr. phil.
Direktor am Institut für Medizin und Biologie, Berlin
14. 5. 1958—
geb. Berlin 20. 12. 1895

1 WINTER, Eduard
(s. OM 1955)
Vorsitzender der Kommission zur Herausgabe der Werke von E. W. von Tschirnhaus, Berlin
25. 6. 1959—

2 WISSMANN, Wilhelm
(s. OM 1949)
Vorsitzender der Sprachwissenschaftlichen Kommission, Berlin
1. 6. 1956—

3 WITTBRODT, Hans
Dr.-Ing.
Leiter des wissenschaftlichen Sekretariats der Forschungsgemeinschaft Berlin
24. 6. 1957—
geb. Berlin 19. 11. 1910

4 WOLLENBERGER, Albert
Professor Dr. phil.
Leiter der Arbeitsgruppe für Biochemie der Arbeitsstelle für Kreislaufforschung, Berlin
8. 12. 1955—
geb. Freiburg i. Br. 21. 5. 1912

5 WULFHEKEL, Herbert
Dr. phil.
Mit der Wahrnehmung der Geschäfte des Direktors des Instituts für Gasentladungsphysik, Greifswald, beauftragt
1. 1. 1959—
geb. Cammin 10. 7. 1905

2.324 Die wissenschaftlichen Direktoren bei der Akademie

1 NAAS, Josef
Dr. phil.
Direktor bei der Akademie (gemäß Satzung vom 31. 10. 1946)
28. 11. 1946—20. 4. 1953
geb. Köln 16. 10. 1906

2 WITTBRODT, Hans
Dr.-Ing.
Direktor bei der Akademie (gemäß Satzung vom 31. 10. 1946)
21. 4. 1953—16. 6. 1954
Wissenschaftlicher Direktor (gemäß Statut vom 17. 6. 1954)
17. 6. 1954—23. 6. 1957
geb. Berlin 19. 11. 1910

3. Anhang

Die Inhaber der akademischen Medaillen und Auszeichnungen seit deren Wiedereinführung bzw. Schaffung nach 1946

3.1 LEIBNIZ-Medaille

Im Jahre 1952 erneuerte die Regierung der Deutschen Demokratischen Republik das Recht der Akademie auf Verleihung der LEIBNIZ-Medaille, die in den folgenden Jahren als Silbermedaille verliehen wurde.

1953

1 MARZELL, Heinrich
Professor Dr. phil., Oberstudienrat i. R.
in Gunzenhausen (Mittelfr.)
in Anerkennung seiner Verdienste um die Erforschung der deutschen Pflanzennamen und der botanischen Volkskunde
geb. München 23. 1. 1885

2 KLOCKE, Wilhelm
Laborant
in Berlin
in Anerkennung seiner Verdienste um die Erarbeitung eines Verfahrens zur Herstellung von Gesichtsprothesen von außerordentlicher Güte
geb. Wusten (Kr. Schettmar) 4. 9. 1887

3 RICHTER, Martin
Postbeamter a. D.
in Pößneck (Thür.)
in Anerkennung seiner Verdienste auf dem Gebiete der urgeschichtlichen Höhlenforschung
geb. Eibau (Sa.) 30. 8. 1889

1954

4 FORSSMANN, Werner
Dr. med., Facharzt für Chirurgie und Urologie
in Bad Kreuznach
in Anerkennung seiner Verdienste um die Erfindung des Herzkatheterismus, einer Methode, die heute zur Untersuchung und Behandlung der Herzkrankheiten in der ganzen Welt herangezogen wird und insbesondere die operative Behandlung von angeborenen Herz- und Herzklappenfehlern ermöglicht
geb. Berlin 29. 8. 1904

5 HERMANN, Friedrich
Rechtsanwalt
in Bernburg/Saale
in Anerkennung seiner umfangreichen floristischen Studien der europäischen Pflanzenwelt, die vor allem auch in seinem Werk „Die Flora von Deutschland und Fennoskandinavien sowie von Island und Spitzbergen" ihren Ausdruck fanden
geb. Tunzenhausen 24. 11. 1873

1 LÖBERING, Walter
Kunstmaler
in Fasendorf (Vogtl.)
in Anerkennung seiner 30jährigen Beobachtungstätigkeit der Jupiteratmosphäre, deren Ergebnisse er in zahlreichen Zeichnungen mit feinsten Farbnuancen niederlegte
geb. Plauen (Vogtl.) 12. 7. 1885

1955

2 BLÜTHGEN, Paul
Dr. rer. nat. h. c., Senatspräsident a. D.
in Naumburg/Saale
in Anerkennung seiner Verdienste um die taxonomische Erforschung schwieriger Hymenopteren-Gruppen, die eine wesentliche Förderung der Entomologie bedeutet
geb. Mühlhausen (Thür.) 25. 7. 1880

3 NAWKA, Michael
Dozent an der Universität Leipzig
in Anerkennung seiner Verdienste um die Sprache und Kultur des sorbischen Volkes
geb. Radibor (Kr. Bautzen) 22. 11. 1885

4 OTTO, Helmut
Dr. phil., Physiker
in Leuna
in Anerkennung seiner Verdienste um die Erforschung der prähistorischen Metallurgie Mitteleuropas unter Anwendung quantitativer spektralanalytischer Untersuchungen
geb. Bitterfeld 21. 11. 1910

1956

5 GRAMATZKI, Hugh John
Dr. phil., Privatgelehrter
in Klein-Machnow bei Berlin
in Anerkennung seiner Verdienste um die konstruktive Optik und die Astronomie
geb. in Indien 12. 8. 1882
gest. Klein-Machnow bei Berlin 14. 3. 1957

6 MOSCHKAU, Rudolf
Dr. phil. h. c., Lehrer i. R.
in Leipzig
in Anerkennung seiner Verdienste um die Vor- und Frühgeschichte Sachsens
geb. Leipzig 19. 12. 1886

Inhaber der Leibniz-Medaille

1 SCHULZ, Arthur
Oberstudiendirektor a. D.
in Stendal
in Anerkennung seiner wissenschaftlichen Verdienste um die Winckelmann-Forschung und die Schaffung einer Winckelmann-Forschungsstätte
geb. Wasserburg/Inn 31. 5. 1885

1957

2 MÜNCH, Arthur
Lehrer i. R.
in Karl-Marx-Stadt
in Anerkennung seiner Verdienste um die Erforschung der vielgestaltigen, geologisch bedeutsamen Graptolithen
geb. Zittau 3. 9. 1886

3 VOLK, Max
Lehrer
in Steinach
in Anerkennung seiner Verdienste um die grundlegende Erforschung des Thüringer Ober-Devons und des Phycodenschiefers
geb. Steinach 7. 11. 1900

4 HOHMANN, Karl
Dr. phil., Oberstudiendirektor i. R.
in Eichwalde
in Anerkennung seiner Verdienste um die Erforschung der Vor- und Frühgeschichte der Mark Brandenburg
geb. Stendal 6. 10. 1885

1958

5 BEYER, Max
Dr. rer. nat. h. c., Direktor der Staatlichen Handelsschule und Höheren Handelsschule
in Hamburg-Bergedorf
in Anerkennung seiner Verdienste um die Beobachtung veränderlicher Sterne und der Kometen
geb. Hamburg 22. 10. 1894

6 MELL, Rudolf
Dr. phil. h. c., Lehrer i. R.
in Berlin-Frohnau
in Anerkennung seiner Verdienste um die Erforschung und Sammlung der Fauna Sinica
geb. Gera 16. 2. 1878

7 BIERBACH, Arthur
Dr. phil., Studienrat i. R.
in Halle/Saale
in Anerkennung seiner Verdienste um die Erforschung der Geschichte der Stadt Halle
geb. Bromberg 8. 12. 1879

1959

1 KIPPES, Otto
Dr. theol., Pfarrer
in Glattbach bei Aschaffenburg
in Anerkennung seiner Verdienste um den Identitätsnachweis der kleinen Planeten auf Grund geistreicher Berechnungsmethoden ihrer Bahnen
geb. Bamberg 23. 7. 1905

2 JONAS, Hans
Dr. phil., Studienrat i. R.
in Berlin
in Anerkennung seiner verdienstvollen Forschungen auf dem Gesamtgebiet der Differentialgeometrie, besonders der Theorie der Transformationen
geb. Stettin 30. 12. 1882

3 HOFFMANN, Richard
Stadtoberinspektor i. R.
in Potsdam
in Anerkennung seiner Verdienste um die Erforschung der vor- und frühgeschichtlichen Entwicklung Potsdams
geb. Potsdam 11. 10. 1891

3.2 HELMHOLTZ-Medaille

(Am 22. 4. 1892 im Rahmen der HELMHOLTZ-Stiftung bestätigt, neu gestiftet durch Beschluß des Plenums vom 30. 9. 1954)

1959

1 HAHN, Otto
(s. OM 1924)
in Anerkennung seiner Verdienste um die Erforschung der natürlichen Radioaktivität und um die theoretische Deutung der drei großen Zerfallsreihen sowie in Würdigung seiner fundamentalen Entdeckung der Spaltung des Urans

2 LAUE, *Max* Theodor Felix v.
(s. OM 1920)
in Anerkennung seiner Verdienste um die entscheidende Entdeckung der Röntgenstrahl-Interferenzen mit ihren bedeutungsvollen Anwendungen in Wissenschaft und Technik und in Würdigung seiner hervorragenden Arbeiten auf den Gebieten der Thermodynamik, der Elektrodynamik, der Relativitätstheorie und der Supraleitung.

3 HERTZ, Gustav
(s. OM 1954)
in Anerkennung seiner Verdienste um die Untersuchung der quantenhaften Anregung von Atomen durch Elektronen und in Würdigung seiner bedeutenden Beiträge auf den Gebieten der Gasentladungs- und Festkörperphysik, vor allem aber wegen seiner Arbeiten über die Isotopentrennung durch Diffusionsvorgänge, die heute in der ganzen Welt die Grundlage für die weitere wissenschaftliche Entwicklung und für die technische Anwendung der Isotopentrennung bilden.

3.3 FRIEDRICH-ENGELS-Preis

(Gestiftet durch Beschluß des Plenums
vom 15. 3. 1956)

1957

1 Cornu, Auguste
Dr. phil. Professor mit Lehrstuhl für Kulturgeschichte an der Universität Berlin
in Anerkennung seiner Verdienste um die Erforschung des Lebens und Wirkens von Karl Marx und Friedrich Engels
geb. Beaune (Frankreich) 9. 8. 1888

4. Bildnisse

der Präsidenten, Vizepräsidenten und des Generalsekretärs der Deutschen Akademie der Wissenschaften zu Berlin seit 1. Juli 1946

JOHANNES STROUX

Präsident 1. 7. 1946 – 3. 5. 1951
Vizepräsident 4. 5. 1951 – 25. 8. 1954

Johannes Stroux

WALTER FRIEDRICH

Präsident 4. 5. 1951 – 12. 1. 1956
Vizepräsident 13. 1. 1956 – 23. 10. 1958

Walter Friedrich

MAX VOLMER

Präsident 13. 1. 1956 – 23. 10. 1958
Vizepräsident seit 24. 10. 1958

Max Volmer

WERNER HARTKE

Präsident seit 24. 10. 1958

Werner Hartke

HANS STILLE

Vizepräsident 18. 7. 1946 — 3. 5. 1951

Hans Stille

HANS ERTEL

Vizepräsident seit 22. 6. 1951

WOLFGANG STEINITZ

Vizepräsident seit 18. 11. 1954

Wolfgang Steinitz

HANS FRÜHAUF

Vizepräsident seit 7. 6. 1957

TAFEL VIII

GÜNTHER RIENÄCKER

Generalsekretär seit 24. 6. 1957

5. Namenregister

für die Abschnitte 2.1—3.3

Es bedeuten

die *vor* einem (oder *ohne* folgenden) Schrägstrich stehenden Ziffern: Seitenzahlen;
die *hinter* einem Schrägstrich stehenden Ziffern: die Nummer des Namens auf der betr. Seite

FSC
www.fsc.org
MIX
Papier | Fördert
gute Waldnutzung
FSC® C083411

Kolibri 360 GmbH
Ferdinand-Jühlke-Straße 7
99095 Erfurt, Deutschland
produktsicherheit@kolibri360.de